国家自然科学基金项目（40373044,21146005）资助
江苏高校优势学科建设工程资助项目

四氯化碳在复杂岩溶含水系统中的运移规律研究

韩宝平 朱雪强 袁涛 裴宗平 刘喜坤 梁峙 著

中国矿业大学出版社
China University of Mining and Technology Press

内容提要

四氯化碳是一种具有"三致"作用的有机污染物，本书作者是国内首先开展岩溶地下水中四氯化碳运移规律研究的团队。依托两项国家自然科学基金和多项省市治理项目的资助，自2000年以来，对国内发现的第一个大型四氯化碳污染场地进行了系统全面的研究，其成果在国内外有重要影响，多次受邀在国际和国内重要学术会议上做报告，并获得2012年江苏省科学技术奖。本书全面总结了团队16年的系统研究成果，对国内外类似污染场地治理与修复有重要的参考价值。本书内容包括序言（介绍国内外研究进展）、污染场地背景概况、复合含水介质研究、四氯化碳污染羽时空演化特征、四氯化碳在松散层中的迁移与转化、四氯化碳在岩溶水中的迁移、四氯化碳迁移的数值模拟、四氯化碳生物降解研究、零价铁还原降解四氯化碳的实验研究、四氯化碳污染场地治理与修复等，含相关照片彩页12页。

本书适合环境科技工作者、高校教师、环境专业本科生、研究生参考使用。

图书在版编目(CIP)数据

四氯化碳在复杂岩溶含水系统中的运移规律研究
/韩宝平等著. —徐州：中国矿业大学出版社，2016.12
ISBN 978-7-5646-3414-8

Ⅰ. ①四… Ⅱ. ①韩… Ⅲ. ①四氯化碳—研究 Ⅳ. ①O623.21

中国版本图书馆CIP数据核字(2016)第317845号

书　　名　四氯化碳在复杂岩溶含水系统中的运移规律研究
著　　者　韩宝平　朱雪强　袁　涛　裴宗平　刘喜坤　梁　峙
责任编辑　潘俊成
出版发行　中国矿业大学出版社有限责任公司
（江苏省徐州市解放南路　邮编 221008）
营销热线　(0516)83885307　83884995
出版服务　(0516)83885767　83884920
网　　址　http://www.cumtp.com　**E-mail**：cumtpvip@cumtp.com
印　　刷　江苏凤凰数码印务有限公司
开　　本　787×1092　1/16　**印张** 14.75　**插页** 16　**字数** 390千字
版次印次　2016年12月第1版　2016年12月第1次印刷
定　　价　56.00元

前　言

近些年来，土壤和地下水有机污染问题已成为国际学术界关注的热点问题，相关研究成果也很丰硕，但四氯化碳污染方面的研究主要集中在土壤和松散含水层中，徐州市七里沟水源地四氯化碳污染是国内外报道岩溶水四氯化碳污染的第一例。我和我的研究团队开展了系统研究，对七里沟四氯化碳污染区已进行了连续监测研究16年，使之成为国际上对一个污染场地连续监测研究最长的场地之一，多次受邀在国际相关学术会议上做报告，并受邀与Margarita Stoytcheva教授等人联合出版了*Pesticides in the Modern World—Risks and Benefits*（InTech，2011）一书。

作为第一个大型岩溶水四氯化碳污染场地，有必要在此回顾一下其研究历程：由于发展阶段和技术进步的时代关系，在2000年之前，四氯化碳在水质监测中不是必须连续检测的指标。2000年10月，徐州市自来水公司购进一台美国产气相色谱仪，11月对自来水公司的水井进行水质测试时，发现位于七里沟盆地的3口井水中四氯化碳超标，引起了市自来水公司和环保局的高度重视。我参加了污染源的调查工作，并提供了水文地质图件，在随后2001年的应急处理中，我作为技术专家组组长参与了处理方案的论证和实施，市政府拨专款进行了紧急抽出处理。我当时在中国矿业大学环境与测绘学院工作，为了掌握矿业大学文昌校区内5口岩溶水自备井的水质资料，经争取中国矿业大学设立了一个6万元的水质监测基金，利用此基金我的团队开始了系统研究工作。2004年和2012年两次获得国家自然基金资助，据此开展了国际合作研究，聘请了PRB技术专利发明者、加拿大滑铁卢大学的R. W. Gillham教授、美国新泽西理工学院的J. N. Meegoda教授、法国阿尔比矿业学院的A. Nzihou教授等多名国际知名学者作为合作者。在研究的过程中，市政府给予了很大支持，多年设立专项基金用于治理七里沟四氯化碳污染。本项工作还得到了江苏省水利厅的大力支持，2010年“七里沟岩溶水源地四氯化碳污染修复技术”获得江苏省水利厅资助，其成果获得2011年江苏省水利厅“科技优秀成果二等奖”。依托上述各方支持，我们团队连续16年对七里沟水源地水质变化进行监测，每年丰水和枯水季节各统测一次水位、水质（40～60口井），典型井每周测一次（大约15口井），2001～2004年雨季，对于几口污染重的井暴雨后则每天测一次水位、水质。依托各类项目培养了多名博士和硕士研究生，共发表中、英文论文20余篇，综合成果2012年获得“江苏省科学技术三等奖”。

本专著是我们研究团队多年研究的系统总结，是相关项目研究报告和我指导的博士学位论文的集成，撰写分工如下：总体思路与章节框架、前言由韩宝平完成；绪论由朱雪强、韩宝平完成；第二章由韩宝平、朱雪强、裴宗平完成；第三章由朱雪强、韩宝平、刘喜坤完成；第四章由裴宗平、袁涛完成；第五章由袁涛完成；第六章由梁峙完成；第七章由朱雪强完成；第八章由刘喜坤、朱雪强完成；结论和建议由朱雪强、韩宝平完成；附图除两张外均由韩宝平拍摄。书稿由朱雪强初步编辑统稿，最终由韩宝平统稿完成。

韩宝平

2016年11月

目 录

第一章 绪 论

第一节 研究背景与意义

地下水作为全球水资源的重要组成部分，是供水水源、生态系统的重要支撑和维持水系统良性循环的重要保障，全世界超过 15 亿人主要以地下水作为饮用水[1]，地下水提供了 25%～40%的饮用水[2]。地下水对于我国国民经济和社会发展、安全供水保障更是具有十分重要的作用，2014 年全国地下水供水量 1 117 亿 m^3，约占总供水量(6 095 亿 m^3)的 18.3%，其中北方省份地下水供水量占有相当大的比例，河北、河南、北京、山西和内蒙古 5 个省(自治区、直辖市)地下水供水量约占总供水量一半以上[3]。地下水是我国经济和社会发展以及人民生活所必需的、不可替代的重要资源。但是随着社会经济的快速发展，近些年来，我国地下水质量呈现恶化趋势。对京津冀、长江三角洲、珠江三角洲、淮河流域平原区等地区地下水中有机污染调查表明，主要城市及近郊地区地下水中普遍检测出有毒微量有机污染指标，其中氯代烃类是检出率较高的有机污染物，在华北平原[4]、珠江三角洲[5]、长江三角洲[6]等地区地下水中均检出三氯乙烯(TCE)、四氯化碳(CCl_4，CT)、三氯甲烷(氯仿，CF)等。国外亦是如此，美国地质调查局对美国 5 000 多口井在 1985～2002 年间的 55 种挥发性有机化合物的连续监测调查表明，在浓度超过 0.20 μg/L 的污染物检出率排名中，氯仿、四氯乙烯、三氯乙烯、1,1,1-三氯乙烷、四氯化碳分别占据第 1、3、4、5 和 28 位；在浓度超过污染物最大限制浓度(MCLs)的 24 种挥发性有机物(VOCs)的检出率排名中，PCE、TCE、1,1-二氯乙烯、顺式 1,2-二氯乙烯和氯乙烯分别占据第 1、2、7、8 和 10 位[7]。在美国 1 689 个国家优先控制名录(NPL)中的 1 022/924 个场地检测出 TCE/PCE[8]。

氯代烃类作为最常见的土壤—地下水污染物和可疑致癌物，被美国环境保护署(EPA)列入"129 种优先控制污染物"名单[9]和我国"69 种水中优先控制污染物"黑名单[10]。氯代烃类如四氯乙烯(PCE)、TCE、CCl_4、1,1,1-三氯乙烷(1,1,1-TCA)、CF 等作为清洗剂、脱脂剂等而被广泛使用。它们是重质非水相液体(DNAPLs)，在地下环境中可以多种状态存在，如溶解相(溶解于地下水或土壤水)、蒸气相(土壤气体)、吸附相(吸附于地层介质上)和 DNAPL 相等。国内外研究表明，氯代烃类一旦扩散至地下环境介质中就很难监测和消除，因此土壤和地下水氯代烃污染及其修复问题近些年来受到了国内外学术界的广泛关注。表 1-1 为氯代有机溶剂的物理化学特性[11]。

表 1-1　　常见氯代有机溶剂的物理化学特性

物种		分子式	分子量/(g/mol)	密度/(g/mL)	溶解度/(mg/L)	亨利常数/(10^{-3} atm·m^3/mol)	Log(K_{ow})	Log(K_{oc})	MCL/(mg/L)
氯代甲烷	CT	CCl_4	153.8	1.59	800	28.9	2.64	1.9	0.005
	CF	$CHCl_3$	119.4	1.49	8 200	3.8	1.97	1.52	0.10
	DCM	CH_2Cl_2	84.9	1.33	13 200	1.7	1.25	—	0.005
	CM	CH_3Cl	50.5	0.92	5 235	9.6	0.91	—	NR
氯代乙烷	HCA	C_2Cl_6	236.7	2.09	50	—	3.93	—	NR
	PCA	C_2HCl_5	202.3	1.68	500	2.5	2.89	—	NR
	1122-TeCA	$C_2H_2Cl_4$	167.9	1.60	2 962	0.44	2.39	1.9	NR
	1112-TeCA	$C_2H_2Cl_4$	167.9	1.54	1 100	2.4	—	—	NR
	111-TCA	$C_2H_3Cl_3$	133.4	1.35	1 495	14.5	2.49	2.25	0.2
	112-TCA	$C_2H_3Cl_3$	133.4	1.44	4 394	0.96	2.38	—	0.005
	12-DCA	$C_2H_4Cl_2$	99.0	1.25	8 606	1.2	1.48	1.52	0.005
	11-DCA	$C_2H_4Cl_2$	99.0	1.17	4 676	6.2	1.79	—	NR
	CA	C_2H_5Cl	64.5	0.90	5 700	1.8	1.43	—	NR
氯代乙烯	PCE	C_2Cl_4	165.8	1.63	150	26.3	2.88	2.29	0.005
	TCE	C_2HCl_3	131.4	1.46	1 100	11.7	2.53	1.53	0.005
	cis-DCE	$C_2H_2Cl_2$	96.9	1.28	3 500	7.4	1.86	—	0.07
	trans-DCE	$C_2H_2Cl_2$	96.9	1.26	6 260	6.8	1.93	—	0.1
	11-DCE	$C_2H_2Cl_2$	96.9	1.22	3 344	23.0	2.13	—	0.07
	VC	C_2H_3Cl	62.5	0.91	2 763	79.2	1.38	—	0.002

注：NR 表示未作规定。

裂隙岩溶水是我国北方许多城市的供水水源（如徐州、枣庄、济南等），但裂隙岩溶含水层非均质性较强，使得污染物在此类含水介质中的运移特征和修复技术等与孔隙含水介质具有显著的差异，因此非均质裂隙岩溶含水层污染及修复是水资源领域所面临的极富挑战性课题，是一个世界性难题。本团队在国家自然科学基金项目（40373044、21146005）、江苏省水利科技重点项目（2007006、2009007）、徐州市科技合作计划项目（XM12B099）、徐州市政府水污染专项治理资金等资助下，以徐州市七里沟岩溶水源地四氯化碳污染场地为研究对象，采用实验室研究与现场试验、实验测试与数值模拟、机理研究与技术研究相结合的技术路线，综合运用水文地质学、环境科学、数学模型与数值计算、环境微生物学等学科的理论和方法，系统研究了非均质岩溶含水层中四氯化碳的污染机理、迁移规律及其修复技术。

第二节　国内外研究现状

一、地下水四氯化碳污染现状

四氯化碳是一种无色透明挥发液体，具有特殊的芳香气味。分子量为 153.8，常温常压下密度为 1.595 g/cm^3，沸点为 76.8 ℃，蒸气压为 15.26 kPa(25 ℃)，蒸气密度为 5.3 g/L。微溶于水，易溶于多数有机溶剂，辛醇/水分配系数的对数值为 2.64。四氯化碳是常用的灭火剂，也是脂肪、油漆、树脂、橡胶等物质的优良溶剂，在实验室及工业上多用做溶剂或萃取剂。四氯化碳早在 20 世纪初就被用做化学生产原料，距今已有 100 多年历史，20 世纪 70 年代的生产量为 12 亿 t 左右，达到历史顶峰。过去几十年，由于其毒性不断被人们所认识，产量也在逐年减少。四氯化碳凭借其特性较易进入自然环境，是地下水中最常见的污染物[12]，属于 B2 类致癌物质，被美国毒物与疾病登记署列入优先整治的有害物质之一[13]。作为一种危险的致癌物质，四氯化碳可以在地下水中长期存在，威胁饮用者的身体健康。美国和我国的饮用水质标准均要求饮用水中四氯化碳含量不超过 3 μg/L(GB 5749—85)；我国卫生部最新颁布并于 2006 年 9 月 1 日起实施的《生活饮用水卫生规范》中规定 CCl_4 的最高浓度不得超过 2.0 μg/L。

自 20 世纪 60 年代以来，国内外地下水 CCl_4 污染的事例屡见不鲜。1992 年对西班牙 La Coruna、Ferrol 等 7 个城市的检测分析表明，供水系统中 CCl_4 浓度达到了 1.5～39.5 μg/L[14]。1992 年芬兰 Kajaani 镇的 6 个地下水厂和 1 个地面水厂的饮用水中都发现有 CCl_4 污染物[15]。1999 年，绿色和平组织对印度博帕尔农药厂遗址北边的三口井中地下水分析发现，CCl_4 浓度高达 200～3 400 μg/L[16]。美国 Livermore 地区的地下水监测发现，有毒有害垃圾的堆放导致 CCl_4 污染物的产生，有毒物质渗滤液中 CCl_4 的浓度高达 500 μg/L[17]。1986 年，加利福尼亚地下水检测中发现 38 口井受到了 CCl_4 污染，浓度达 5.0 μg/L[18]。美国阿贡国家实验室的 Alvarado 和 Lorraine 2006 年调查了 Nebraska 和 Kansas 州的 47 处地下水 CCl_4 污染点，其地下水中 CCl_4 浓度最高达 7 000 μg/L[19]。汉福德是美国华盛顿南部重要的原子能研究中心，从 1955 年到 1973 年，共有 1 000 t CCl_4 倾倒在附近的三个地方，使得其西部 200 号地区遭到 CCl_4 严重污染，地下水中 CCl_4 平均浓度达 1 000～2 000 μg/L[20]。中国山东小清河沿岸的浅层地下水中四氯化碳浓度最高达 380 μg/L，受污染面积达 80 km^2[21]。华北某污染场地地下水中四氯化碳浓度最高达9.31 μg/L[22]。

二、氯代烃类污染地下水修复技术

在监测数据的基础上，针对地下水污染物的特性，选择合适的修复处理技术恢复含水层功能是国际上流行的做法。地下水污染处理修复技术与地表水有相似之处，归纳起来主要有物理处理法、抽出处理法、水动力控制法与原位处理法等四种。

1992 年以前，地下水污染修复技术以抽出处理法(Pump-and-Treat，简称 PT 法)为主，但该技术费用高且效果缓慢(平均抽水处理系统操作维持约 18 年)[23]，而且往往不能实现修复目标，如美国用此技术的 77 个污染场地中有 69 个未实现修复目标[24]，因此，至 2005 年美国利用抽出处理技术进行治理的场地数量已减至全部修复场地的 20%以下。经过 30 多年的发展，地下水氯代烃污染的修复方法已从传统的抽出处理技术发展到渗透性反应墙(PRB)、原位化学氧化(ISCO)、强化生物降解、基于监测的自然衰减技术等，详见表 1-2。

表 1-2　　氯代烃污染的修复目标、策略及适用的修复技术[11]

目标	策略	可能的处理技术
源控制	物理屏障	地下连续墙
		隔离板桩
	水力屏障	地下水抽提与回注
源修复	污染物移除	土壤移除
		助溶剂或表面活性剂淋洗
		汽提法
		原位热脱附
	原位破解	原位化学氧化还原
		原位生物修复
污染羽运移控制	反应墙	化学还原
		生物修复
	水力控制	异位处理
		原位曝气
		原位化学修复
		原位生物修复
污染羽去除	物理法	抽出处理
		曝气(水平井或垂直井)
	化学法	化学氧化
	生物法	原位生物修复
		自然生物修复(监测的自然衰减)

第三节　七里沟岩溶水源地四氯化碳污染概况

七里沟地下水源地位于徐州市区东南部，南至铜山区三堡一带，北以京杭运河为界，西沿中山路一线，东至潘塘、大黄山一带，贯穿铜山新区、市主城区和经济开发区，水源地面积 221.70 km^2，岩溶地下水可采资源量 20 万 m^3/d，为特大型水源地。该水源地是徐州市最早开发利用的水源地，早在 20 世纪 30 年代抗日战争期间就开始开采岩溶地下水作为生活饮用水，20 世纪 90 年代初水源地开采总量达到最大(18 万 m^3/d)。主开采区为水源地富水区三官庙至铜山新区一带，多年来由首创水务公司、铜山自来水公司平均开采，供水约 10 万 m^3/d。七里沟水源地被列入 2010 年《江苏省第二批集中式饮用水源地名录》；2012 年徐州市政府发布了《徐州市重要生态功能保护区规划》，其中划定了七里沟水源地为地下水饮用水源保护区，一级、二级、准保护区总面积共 88 km^2。2013 年，江苏省政府下发了《省政府关于印发江苏省生态红线区域保护规划的通知》，其中确定的徐州市生态红线区域包括七里沟地下水饮用水水源保护区，将七里沟水源地一级保护区划定为一级管控区，包括水源地补给区在内的二级、准保护区划定为二级管控区。

徐州市 2000 年 11 月首次对地下水开展四氯化碳含量监测，发现南郊七里沟水源地内有 3 口水井受到了污染，污染源为铜山区某农药厂。至 2001 年 5 月，已有 53 口岩溶地下水水井受到了污染，面积达 17.5 km^2。水中四氯化碳最高浓度达 3 909.2 μg/L，超过当时的国家饮用水标准 1 954.6 倍。据监测，该农药厂生产废水中四氯化碳的浓度最高达 2 584.4 μg/L，严重超过国家排放标准。历时十余年的监测表明，岩溶含水层中四氯化碳衰减较缓慢，目前污染区内许多水井中四氯化碳浓度仍远高于国家标准。

第四节 研究内容

本课题在国家及省等重点计划的支持下，经过十余年系统监测和调查，对非均质裂隙岩溶含水层中四氯化碳的迁移规律、演变机制及修复技术等进行了深入研究，在探索松散层—岩溶含水介质二元复合系统四氯化碳污染机理及控制方面取得了突破，本项研究主要包括下列内容：

(1) 岩溶含水介质特征研究。

(2) 四氯化碳在岩溶含水层中的运移、转化规律和影响因素。

(3) 四氯化碳在污染区松散层中的迁移、降解特征及其控制因素。

(4) 基于双重介质理论的岩溶含水层中四氯化碳运移规律研究。

(5) 四氯化碳高效降解菌的筛选及其降解机理研究。

(6) 零价铁还原降解四氯化碳的实验研究。

(7) 岩溶含水层四氯化碳污染处理修复技术与工程实践及其效果评估。

第二章　含水介质特征研究

第一节　自然地理与地形地貌

徐州市位于江苏省的西北部，为苏、鲁、豫、皖四省交界处，素有“五省通衢”之称。由丰县、沛县、睢宁县、邳州市、新沂市等五县（市）及五区（贾汪、云龙、鼓楼、泉山、铜山）和金山桥、高新两个经济开发区组成。地理坐标东经116°22′～118°40′，北纬33°43′～34°58′，全市东西长约210 km，南北宽约140 km，总面积11 258 km^2。

研究区七里沟盆地地处徐州市区东南部，为一系列北东走向的链状山丘所围成的复向斜盆地，面积约120 km^2。盆地内山丘高程约200 m，最高为265 m，盆地中心区域地面标高30～40 m。地表主要河流为北—南流向的奎河与西—东流向的废黄河。

研究区属徐州丘陵山区的一部分，中间为北东—南西向狭长状山间低地，两侧翼为低山丘陵，基岩裸露区由寒武系和奥陶系碳酸盐岩地层组成，山体低矮，呈浑圆状，沿北东向展布。东侧有洞山、阎山、段山，山顶标高130.0～144.0 m；西侧有凤山、大牛山、双山等，山顶标高79.0～178.0 m。山间低地的基底主要由奥陶系碳酸盐岩地层组成，上覆第四系坡、洪、冲积物。三官庙至后二堡一带，地面标高30.1～31.9 m，北部为废黄河漫滩，地势较高，地面标高37.0～41.0 m，形成北部地表水分水岭；后二堡到吴楼村一带地势缓升，吴楼村、铜山农药西厂附近地面标高达到34.0 m。纵观山间低地地势特点，在吴楼村以北，地势从西、北向东、东南微倾斜。

研究区地形地质如图2-1所示。

第二节　含水岩组及其富水性

按含水介质的岩性条件，研究区内地下水可划分为第四系孔隙含水岩组和碳酸盐岩裂隙溶洞（岩溶水）含水岩组两种类型。

按地层沉积顺序自上而下简述如下：

（1）第四系冲积层含水岩组及其富水性

该层广泛分布在研究区的山前和平原区，厚度1.0～30.49 m，平均为15.95 m，向斜盆地外缘薄、中间厚，与下伏基岩呈不整合接触。浅部的砂质土、含砂礓砂质黏土、埋藏孔隙潜水，水位呈季节性变化；下部砂礓、砾石黏土埋藏孔隙水，具承压性，透水性不均一。第四系冲积层孔隙水富水性弱，属极弱的含水层，单井水量小于50.0 m^3/d，可作为当地村民生活用水水源。

（2）太原组—本溪组灰岩含水岩组及其富水性

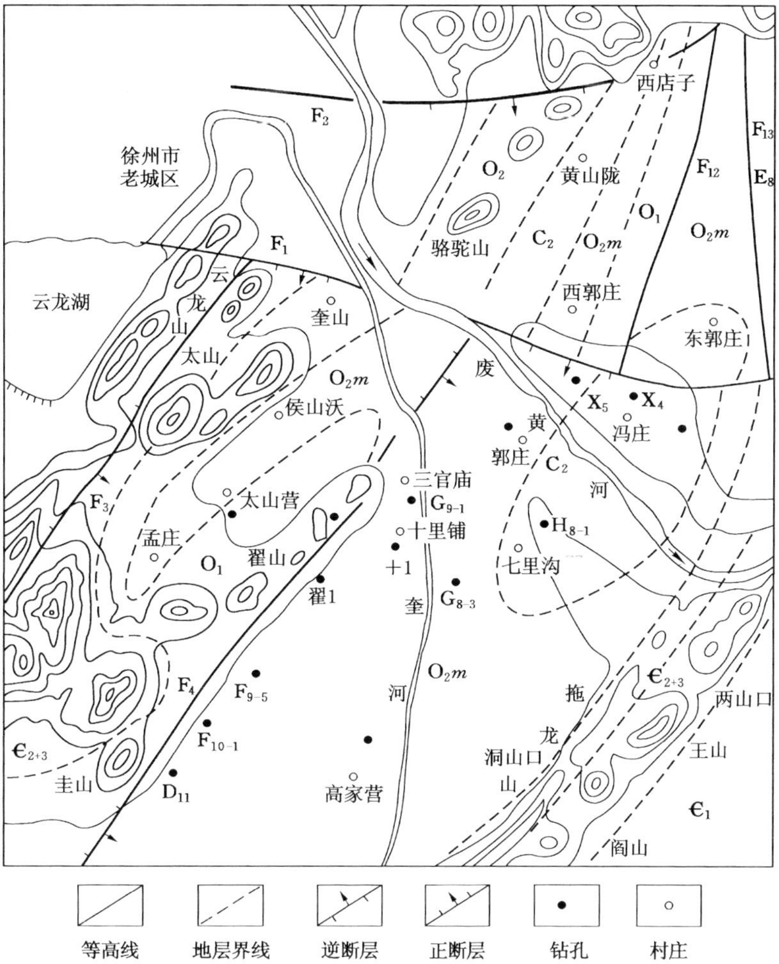

图 2-1　研究区地形地质图

上石炭统太原组（C_2t），地层厚约 145.0 m，属海陆交替相沉积，岩性由砂岩、泥岩、灰岩及煤层相间组成。该组赋存十多层薄层灰岩，其中以 3、4、10、12 层灰岩裂隙溶洞发育，区内姚庄村、冯庄村、郭庄机场等单位打井开采该层岩溶地下水，单井出水量 500.0～1 000.0 m^3/d，属富水性中等的含水层。

（3）阎庄组—萧县组灰岩含水岩组及其富水性

本岩组由中奥陶统阎庄组（O_2g）、下奥陶统马家沟组（O_1m）和萧县组（O_1x）组成，按其岩性分为上、中、下三部分。上部地层厚 70.0 m，以厚层白云岩为主，夹中薄层灰岩及白云质灰岩；中部地层厚 200.0 m，以厚层豹皮状灰岩为主，夹含燧石条带灰岩、白云岩及薄中层含泥质或白云质灰岩；下部地层厚 250.0 m，为中厚层（含角砾）灰岩、白云岩、夹薄层泥质白云岩。岩石质地较纯，岩溶化程度较高。在裸露区常形成溶丘、溶沟、溶槽、溶洞等溶蚀地貌，研究区现有资料揭示蜂窝状溶孔、裂隙溶洞具有较好的连通性，岩溶发育强烈部位主要在褶曲核部和断裂带附近。本岩组地下水富集程度受岩溶发育程度、地质构造的控制，表现出明显的不均一性，从勘探与开采井出水量分析，出水量悬殊，干井有之，一般单井出水量达

1 000.0～5 000.0 m^3/d。三官庙、七里沟井(群)达到 1.5 万～2.0 万 m^3/d,属于强含水层。

(4) 贾汪组—崮山组灰岩含水岩组及其富水性

本组可分为上、下两段。上段由贾汪组(O_1j)、三山子组(O_1s)和凤山组(ϵ_3f)组成,岩性以白云岩、含泥质的白云质为主,夹灰岩、白云质灰岩;下段由长山组(ϵ_3c)和崮山组(ϵ_3g)组成,以中至薄层灰岩、泥质灰岩为主,夹鲕状灰岩。本岩组裂隙、溶洞不甚发育,富水性受构造控制,水量较小,成井率低。研究区的西部中段,分布有崔庄井、东樵村井及铜水22# 井,单井开采量 500.0～1 000.0 m^3/d,属富水性中等的含水层。

(5) 张夏组灰岩(ϵ_2)含水岩组及其富水性

该组厚 200.0 m 左右,岩性以厚层鲕状灰岩及豹皮斑状灰岩为主,夹中薄层泥质灰岩或泥质白云岩,岩石出露在本向斜两翼,组成低山丘陵,形成地下水的分水岭。本岩组裂隙溶洞发育,岩溶水富集程度较高,出水量较大的井(孔)多分布在背斜核部、断裂带附近。该组岩溶地下水是徐州地区仅次于奥灰岩溶水的第二个供水水源层位。分布在研究区的开采井有坡里井、汪庄井及北部边界的骆驼山三号井、里湖井等,单井开采量 500.0～1 000.0 m^3/d,属于富水性中等至强的含水层。

第三节　岩溶发育的总体特征

一、岩溶含水介质的宏观特征

现场地表调研发现,七里沟含水盆地两翼的裸露区,常见的岩溶形态有溶隙、溶洞和裂隙等。由于近代地壳升降运动的韵律性和地质结构面分布的等距性,岩溶发育程度和溶洞层高差在垂直方向也经常表现出韵律性变化,如部分地表露头发育部分裂隙呈现“等距性”特征;部分地区呈现“X”节理发育的岩溶裂隙,裂隙交错存在,含水介质表现为双重介质,由溶孔、溶隙和相互连通的管道二者交错组成,其中前者是岩溶水的主要储集空间,后者是岩溶水快速流动的主要通道。

研究区内裸露区的地表岩溶形态,对大气降水及地表水入渗补给极为有利,也成为污染物的运移通道(见图 2-2 与所附彩页)。由图片可以看出,岩溶发育具有明显的分层性且埋深不一致,主要的储水空间为蜂窝状溶孔、溶洞及溶蚀裂隙,快速的运动空间为管道状的裂隙介质。

向斜盆地两翼溶蚀裂隙、孔洞发育,是降雨的入渗补给通道

图 2-2　七里沟盆地裸露区岩溶溶蚀现象

基岩中沿X形节理发育的溶蚀裂隙

溶蚀裂隙

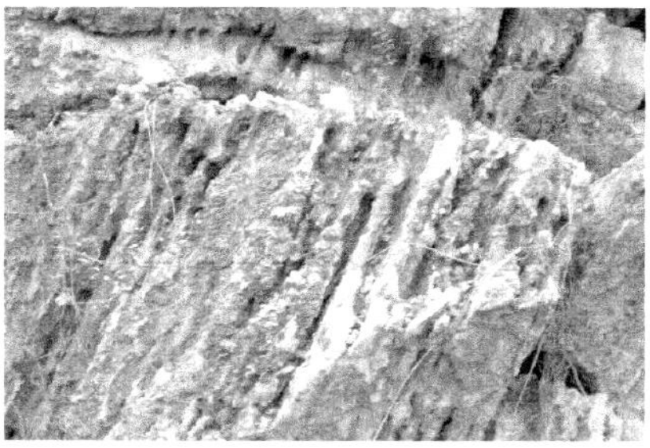

岩石表面强烈的顺层溶蚀现象

溶蚀溶洞

续图 2-2 七里沟盆地裸露区岩溶溶蚀现象

本研究收集了区内 62 口水井的钻孔资料，进行综合分析研究，结果表明本区岩溶含水介质储水空间主要为蜂窝状溶孔、溶洞及溶蚀裂隙，其中沿断裂破碎带发育的溶蚀管道是地下水集中汇水和运动的主要通道。部分井孔水文地质资料见表 2-1，部分岩芯岩溶发育情况如图 2-3 和所附彩页所示。

表 2-1　　研究区典型井(孔)水文地质资料表

井(孔)号	孔深/m	冲积层厚度/m	含水层位	含水层岩溶发育特征及其富水性	涌水量/(m^3/h)
铜水 9#(X-38)	186.0	9.20	O_1x	9.4 m 处全漏水；15.4～29 m 蜂窝状溶蚀发育；52～106 m 为强含水层，其中 97～104 m 蜂窝状溶蚀发育	84.02～161.93
铜水 10#(X-42)	153.0	14.80	O_1x	50～54 m 较破碎；67 m、75 m、85 m、89 m 四处蜂窝状溶蚀发育；137～144 m 蜂窝状溶蚀	59.62～126.0
铜水 14#(X-43)	181.0	13.80	O_1x	20.5 m、36.4～44 m 溶蚀裂隙发育，24 m 处全漏水；88 m、90 m、97～100 m 三处溶蚀明显，富水性好	112.79
三官庙 2#	131.5	12.17	O_1	偶见蜂窝状溶洞，113 m 处见一 0.9 m 溶洞	299.88
三官庙 4#(X-29)	163.2	14.50	O_1	34.4～35.2 m 见 ϕ8 cm 孔洞，49.8～50.7 m 呈网格状及蜂孔，129.5～141.8 m 零星小孔洞，141.8～143.6 m 蜂孔发育	≥370.0
聋校 1#	113.13	17.34	O_1	21 m 处漏水；50 m 左右裂隙内充填方解石，97.59 m 为豹皮状灰岩，裂隙稍发育，100～113.13 m 见少量溶孔、溶洞	74.99
聋校 2#	139.84	17.31	O_1	41.85 m 处漏水；86 m 处溶孔溶洞发育；103 m 发现漏水层；106～108 m 发现溶孔溶洞，孔洞内充填方解石小晶体；124 m 发现小溶洞；132 m 漏水；138 m 岩芯破裂	130.0

续表 2-1

井(孔)号	孔深/m	冲积层厚度/m	含水层位	含水层岩溶发育特征及其富水性	涌水量/(m^3/h)
聋校 3# (X-26)	218.7	22.06	O_1	35 m 处漏水,24～50 m 裂隙断续发育,62 m、102 m 见蜂孔溶孔,113～163 m 裂隙断续发育,182～183 m 溶洞 ϕ3～5 cm	
七里沟 1# (X-24)	179.1	26.54	O_1	38 m、52 m、60 m、107～113 m、150～158 m、172～179 m 有小溶洞蜂孔溶孔,51.8 m 处溶洞 ϕ0.7 m,138 m 溶洞 5×1.5 cm	63.07
七里沟 8#	187.79	27.92	O_1	36.28～57.3 m、81.3～89.5 m、97.2～103.4 m、119～120 m、145～147 m 岩溶发育,39.4 m 漏水,181～182.9 m 溶隙较发育,有溶孔	84.02
矿大 4#	172.0	9.2	O_1	48.5～62.8 m 岩溶裂隙发育,漏水;85.4～123.5 m、142.8～168 m 岩溶裂隙发育,漏水	180.0
矿大北井 (X-25)	180.07	15.33	O_1	41.97 m 溶蚀严重,136.0～150.0 m ϕ10～20 cm 蜂窝状小溶洞发育,为主要含水层段,178 m 岩芯破碎	37.1
煤建学院南井(X-37)	148.4	4.40	O_1m	18 m 漏水,27.55 m 全漏,30～32 m 小溶洞发育,64.7～75.5 m 岩溶发育为泥质充填,95 m、109 m、122 m 处偶见溶孔隙	84.24
溶剂厂井 (X-17)	158.8	30.00	O_1	44～51 m 溶洞发育,95～97.5 m、119～119.4 m、129.4～130.7 m为密集型溶孔洞 ϕ1～5 m/m 被黄泥充填,122.4 m 水蚀裂隙	117.0
铜山农药西厂井(X-49)	140.0	6.80	O_1x	24～27 m、32～41 m、65～73 m、126～130 m 四段溶蚀,蜂窝状,小溶洞发育	25.14
铜山油脂厂井(X-46)	131.0	14.00	O_1x	见基岩破碎漏水,32～33 m 夹泥,43 m、70 m 蜂窝小溶洞,80～90 m 岩溶发育差,130 m 破碎带	29.02
国家粮库井 (X-44)	151.5	17.60	O_1	24.5 m 全漏水,24.5～25.0 m、57～57.5 m 溶蚀较发育,孔底部裂隙发育,但被方解石脉充填	38.05～75.82
热电厂井 (X-59)	154.3	11.25	O_1	11.25～24 m 灰色辉绿岩,下部破碎;29 m 溶蚀发育;90 m 网格状溶蚀发育;103～107.2 m、109～111.2 m 蜂窝状溶蚀发育	77.0
江苏师范大学井	197	6		6～13 m,有较大溶洞;13～41 m,裂隙发育,41 m 漏水严重;61 m 漏失量大;84～110 m 岩芯破裂,裂隙发育;110～140 m,裂隙岩溶不发育;140～169 m,裂隙岩溶发育,岩芯不完整,为第Ⅲ段含水层;169～197 m,致密,裂隙不发育,岩芯完整	
医药中专井	179.22	8.40	O_1m O_1x	10.0～10.70 m,岩溶发育,54.50～54.70 m 岩溶发育,溶孔直径约为 1 cm;116.11 m 处有火成岩侵入,厚约 40 cm;162.58～163.08 m 岩溶发育,含许多豆状小溶孔,该处掉钻约 20 cm	118.0
航空压铸厂井	195.95	6.86	O_1	6.86～60.56 m 上部溶洞发育,下部裂隙较发育,均被泥质充填;112.8～119.4 m 见小溶孔、洞,151.8～159.3 m 见三个溶洞发育	
凤凰山 3# 井 (X-23)	201.20	14.40	O	20.47～31.38 m 发育岩溶,31.38 m 处漏水;106.15～143.58 m 有零星孔洞发育	36.97
铸本井	110.00	11.70	O	42.0～46.0 m,以厚层白云质灰岩为主,岩溶发育;60.0～69.0,厚层灰岩,岩溶发育	56.0

图 2-3　地下岩溶发育特点(部分水源井岩芯溶蚀情况)

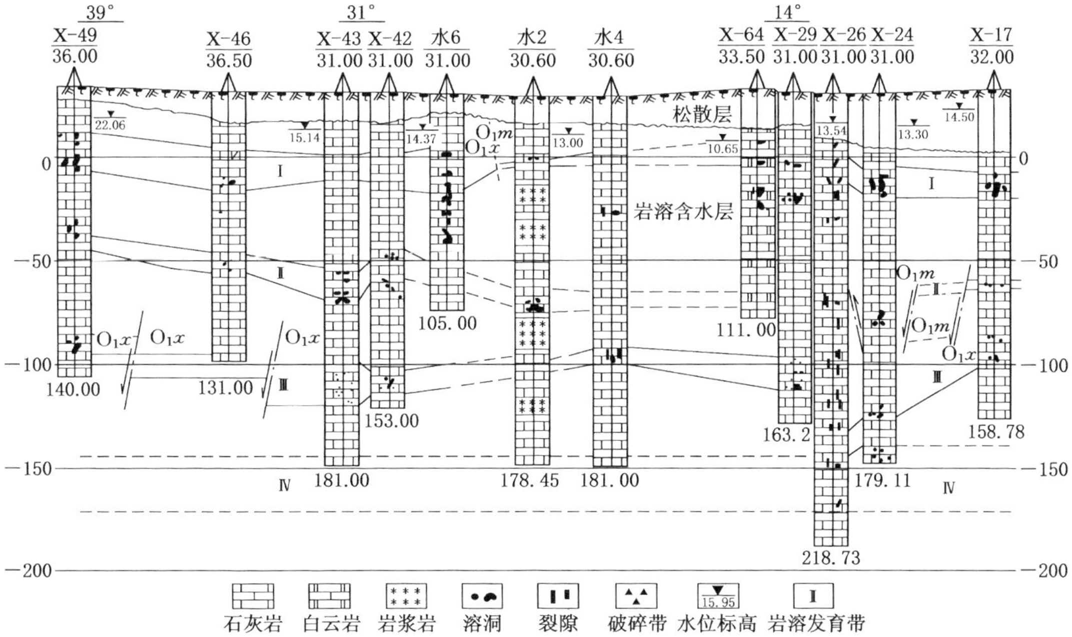

图 2-4　研究区垂向岩溶分带图

根据钻孔揭露的岩溶发育程度，按埋藏深度可将本区岩溶划分为4个带，其深度分别为24.0～50.0 m、80.0～100.0 m、130.0～150.0 m和170.0～185.0 m(图2-4)。从岩溶发育带平面展布趋势看，由南向北愈来愈好，南区和铜山新区地段岩溶发育有Ⅰ～Ⅲ个带，三官庙→七里沟一带岩溶发育有Ⅰ～Ⅳ个带，是七里沟供水水源地的集中开采中心。中部岩浆岩的侵入切割加剧了研究区含水介质的不均一性。岩溶发育部位主要处于下奥陶统马家沟组和萧县组灰岩地层上，岩溶发育带的部位，是径流带的部位；强岩溶发育带也可视为强径流带；在径流带之间，存有岩溶不发育的相对隔水层，使得径流带间的垂向水力联系比较弱。

二、区域岩溶富水性的控制因素

总体上来说，岩溶富水性层段受岩性控制，而富水地段则受地质构造控制。

本区基岩主要以碳酸盐岩为主，碳酸盐岩的分布控制了本区岩溶发育的深度和广度，仅寒武系张夏组和奥陶系马家沟组厚层灰岩分布面积就占有总面积的50%之多，是该区岩溶发育的主要层位。张夏组鲕粒灰岩，质纯层厚、溶蚀性强，连通性好，而马家沟组灰岩由于其岩石结构的独特性及成分的差异性，极有利于选择性溶蚀作用的进行，从而形成各种溶孔溶隙，使之成为良好的岩溶含水介质[25]。另外，根据地层残渣分析结果(表2-2)可知，二者的可溶性较其他组岩石的可溶性高。

表2-2　　灰岩岩性分析表

地层单位	岩石名称	残渣含量/%	碳酸盐岩含量/%	CaO/%	MgO/%
馒头组	泥质泥灰岩	47.81	42.19	—	—
	灰质泥灰岩	31.86	68.14	—	—
	含泥质石灰岩	14.02	85.98	—	—
张夏组	石灰岩	3.88	96.12	53.61	0.64
	鲕粒灰岩	1.80	98.20	51.87	1.86
马家沟组	石灰岩	4.77	95.23	51.83	1.76

资料来源：徐州市城市供水水文地质报告(1985)。

地质构造的作用在于改变了岩层原有的空间分布形式和应力特点，加大了原有介质的孔隙、裂隙性和空隙间的连通性，增强了地下水的活动，控制了强岩溶带的总体分布。

(1) 七里沟向斜对岩溶富水性的控制

七里沟向斜为一个两翼不对称的向斜构造，也是一个独立的富水盆地构造，边界条件清楚，补给、径流、排泄条件清晰。南东翼地层倾角60°～90°，属急倾斜陡立岩层，北西翼地层倾角12°～51°，属缓倾斜～倾斜岩层，并且北西翼岩溶露头区明显宽于南东翼岩溶露头区。通常，向斜两翼倾角过大，层面近似岩性结构面的特征，层间裂隙不发育；两翼倾角为30°～50°时，极易发育张开程度较好的层间裂隙，有利于地下水的存储和运移。据区内施工水源井的成井率，南东翼成井率低，北西翼成井率高。因此，七里沟向斜的开采井分布和岩溶水开采量，都集中在向斜奥陶系含水岩组的核部及其西翼。

（2）断裂构造对岩溶富水性的作用

本区地层走向为NE向，而废黄河张扭性断裂走向为NWW向，二者近乎正交，从而切穿多个岩溶含水层，使不同时代含水层之间通过断裂带发生水力联系，形成岩溶水强径流带或富集区。同时，龟山—焦山逆断裂带还多次受到废黄河断裂带的切割，受多次挤压和拉张作用的影响，在两断裂带的交汇处岩石破碎，岩溶最发育，三官庙—七里沟井群就布置在此处，因此水量也最大。南西、北、北东的三个部位受到多期褶皱、断裂地质构造的控制和影响，使下奥陶统萧县组、马家沟组灰岩岩组多次受到拉伸、挤压的构造应力作用，在平面上、垂向上展布的穿层节理、裂隙、溶洞极为发育，赋存Ⅰ～Ⅳ个岩溶发育的强径流带，岩溶水非常丰富，盆地中南地段水井均以该岩组为目的层。

第四节　岩溶主导运移路径研究

岩溶含水介质发育特征的调查结果显示，岩溶含水介质主要为溶孔溶隙及小溶洞等形态。为系统准确地获得岩溶含水介质中管道介质分布的相关参数，课题组在研究区开展了现场示踪试验，对地下水运动的管道介质通道及对应的溶质运移主通道的空间分布进行了研究。

一、示踪剂的选择

现场示踪试验是探查岩溶管道的有效方法，对于自然环境状态的天然含水层，试验方案比较容易设计，示踪剂也好选取。作为徐州市南部重要的地下水水源地，对示踪剂的要求较为严格，为避免对地下水源造成二次污染，示踪剂的选取应遵循无毒、无害、状态稳定的原则；其次，由于研究区范围较大，地下水水量较大，水流速度较大，为了使示踪剂浓度达到可检测范围，需要投放较大量的示踪剂，因此也应将示踪剂的价格以及监测灵敏度等作为选择的重要标准。通过多种方法进行了预试验，包括以孢子作为示踪剂等，但由于现场条件和水文地质因素的控制，试验效果差异性较大，在此探索的基础上，最终选择了食用葡萄糖作为示踪剂进行现场示踪试验的方案。

二、检测方法

依照示踪方案设计，检测仪器选用高精度分光光度计。糖类物质与硫酸作用脱水，生成糠醛或糠醛的衍生物，再用分光光度计在490 nm测定光密度，以2.0 mL水作参比进行比色定量。

三、场地布置

在预试验时，曾选择多口投放井分别进行了测试，按照测试结果，最终方案分别依次选取污染源农药厂附近井X-61和X-47作为示踪剂投放井，选取11口典型井作为观测取样井，监测接收采集时间间隔为30 min，每次投放葡萄糖20 kg，具体的投放井与观测井的平面分布如图2-5所示。

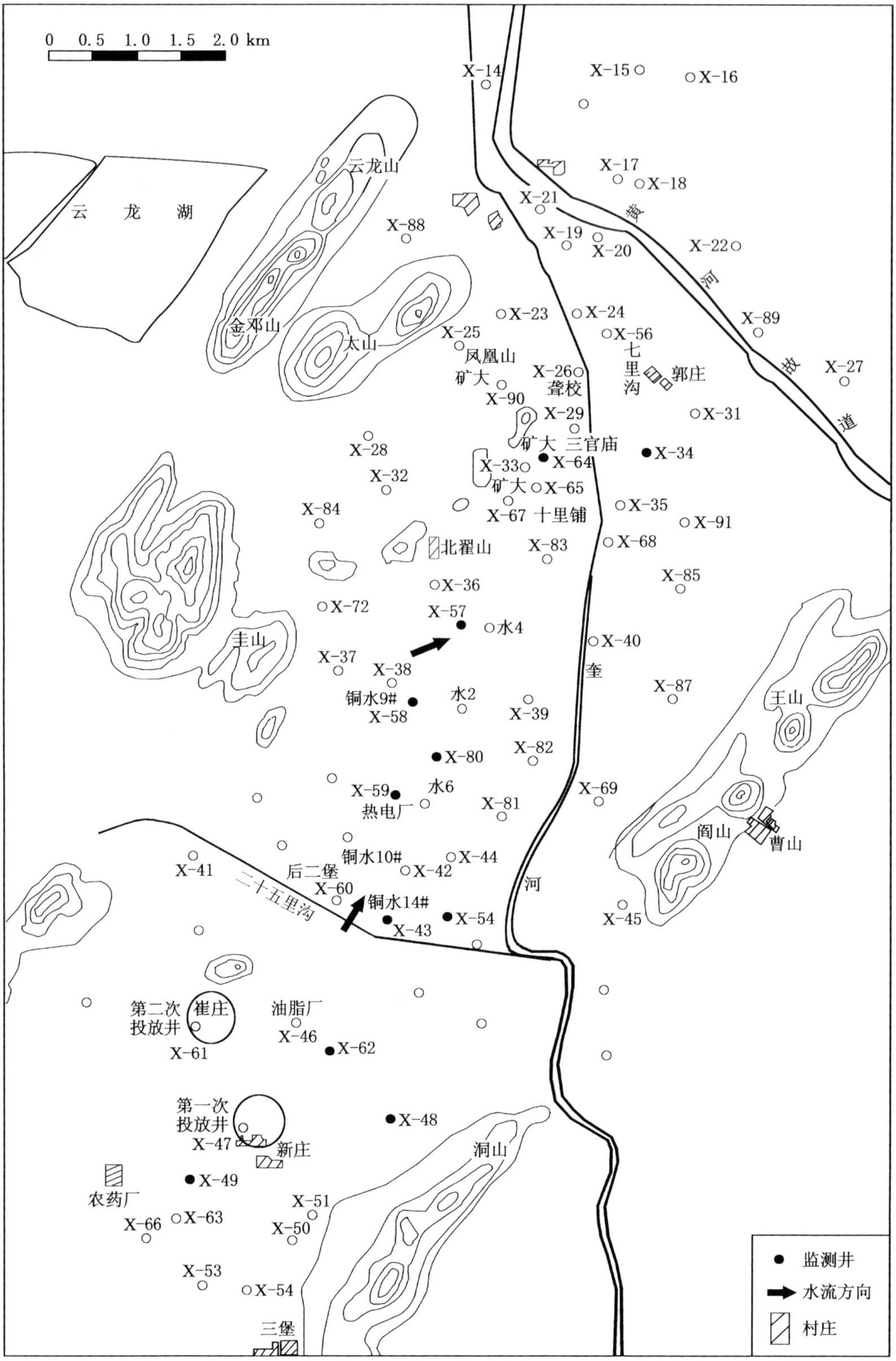

图 2-5 示踪试验投放点与接收点位置图

四、示踪试验结果

经过两次投放和连续多天的监测，示踪试验取得了较为满意的结果。表 2-3 与表 2-4 为选取两处不同井作为投放点的示踪试验结果。

表 2-3　　X-47 作为投放井的示踪结果

取样点	至投放点距离/m	接收时长/h	地下水流速/(m/h)
X-43	2 777.8	4	694.45
X-48	1 324.8	8	165.6
X-49	527.8	4	131.95
X-80	5 555.6	4～8	388.9～694.45
X-59	4 055.6	7	579.37
X-57	6 055.6	2	3 027.8
X-58	5 000.0	3	1 666.7
X-62	1 222.2	11	305.6
X-64	7 616.4	—	—
X-34	7 123.3	—	—
X-54	3 154.1	9	718.4

注：—，代表没收到示踪剂。

表 2-4　　X-61 作为投放井的示踪结果

取样点	至投放点距离/m	接收时长/h	地下水流速/(m/h)
X-43	2 500	4～13	(625)～192.31
X-48	2 300	7	328.6
X-49	1 980	5	396.0
X-80	4 183.6	6	730.6
X-59	3 500.0	4～10	875～350
X-57	5 444.4	4	1 361.1
X-58	4 333.3	2	2 166.7
X-62	1 500.0	11	136.4
X-34	6 465.8	—	—
X-64	7 023.5	—	—
X-54	2 800.8	10	712.3

注：—，代表没收到示踪剂。

分析示踪试验结果可知：

(1) 由于实验区地下水储量较大，流速较快，致使示踪剂葡萄糖得以较快地稀释、扩散，因此，下游部分接收点示踪剂的峰值到达较快，峰值的衰减也较快，并且在投放后的第二日已无法监测到示踪剂的存在，说明岩溶管道十分通畅，水流在水井附近管道内滞留时间短，快速通过此处。

(2) 示踪结果表明，该区地下含水介质不均一性明显，距投放点最远处的 X-64、X-34 在监测期内没有接收到示踪剂，分析原因在于区内岩溶含水介质不均，部分地段地下水流动速度较慢，示踪剂在既定时间内未到达接收点；距投放点稍近的观测井 X-57、X-58 很快就监测到示踪剂，计算表明主通道上地下水的流速很大，最大值约 3 000 m/h，揭示了岩溶含水系统中从示踪剂投放点到此部分区域确实存在断裂带、溶洞等管道介质，透水性好，地下水运动速度较大，是良好的运移通道；而距离投放井较近的观测井 X-59、X-62，经过两次示踪实验测试，接收到示踪剂的时间反而较相对较远的 X-57、X-58 晚，说明其与投放井的水力联系差。根据钻孔资料及地层剖面图比较，岩溶中孔隙介质发育不明显，岩芯段较为完整，透水性较差。总之，示踪实验结果与钻孔资料验证相一致，可作为后期模型中孔隙介质的划分与管道介质位置选取的良好依据。

(3) 大部分观测井内均监测到示踪剂含量，说明研究区内岩溶含水层内部孔隙介质、管道介质交错连通密切，地下水运动连续性较好。

分析区内岩溶发育特征与示踪试验结果，可以概化出本区的岩溶地下水流路图，并勾绘出岩溶管道位置(图 2-6)，为岩溶含水层双重介质模型的建立奠定了坚实的水文地质基础。

综上所述，研究区内岩溶发育具有不均一性和各向异性，同时存在溶孔、溶隙为主的孔隙介质与沿断裂带发育的溶洞双重介质。在岩溶地下水主连通管道上流速快，水流运动通道与溶质运移通道畅通，岩溶孔隙介质、裂隙等管道介质发育完整，构成了区内相互连通而又结构复杂的岩溶、裂隙网络系统。通过该示踪试验与钻孔资料的对比，验证了示踪实验的可靠性，确定了研究区内岩溶含水层中导管介质的物理位置，并可根据获得的地下水流速、接收时间的差异，设定管道介质中渗透系数的初始值。

第五节　本 章 小 结

(1) 研究区为上覆松散层、下伏岩溶含水层的双重介质体系，岩溶含水介质发育完整，溶孔和溶隙为主的孔隙介质为地下水缓慢运动的储水空间；部分区域有裂隙类管道介质存在，是地下水快速流动的通道，因此岩溶含水介质体系又是以溶孔溶隙为主的达西流和断裂带溶洞的非达西流的双重介质体系。通过历史地质、水文地质资料分析、野外水文地质调查和钻孔勘探等多种手段，掌握了岩溶含水介质的双重发育特征，确定了含水介质的垂向上分带情况。

(2) 通过现场示踪试验揭示，区内地下水流速快，水流运动通道与溶质运移通道畅通，岩溶孔隙介质、裂隙和管道介质发育完整，构成了区内相互连通而又结构复杂的岩溶、裂隙网络系统，并通过示踪试验数据计算，确定了岩溶含水层中管道介质的平面分布特征。

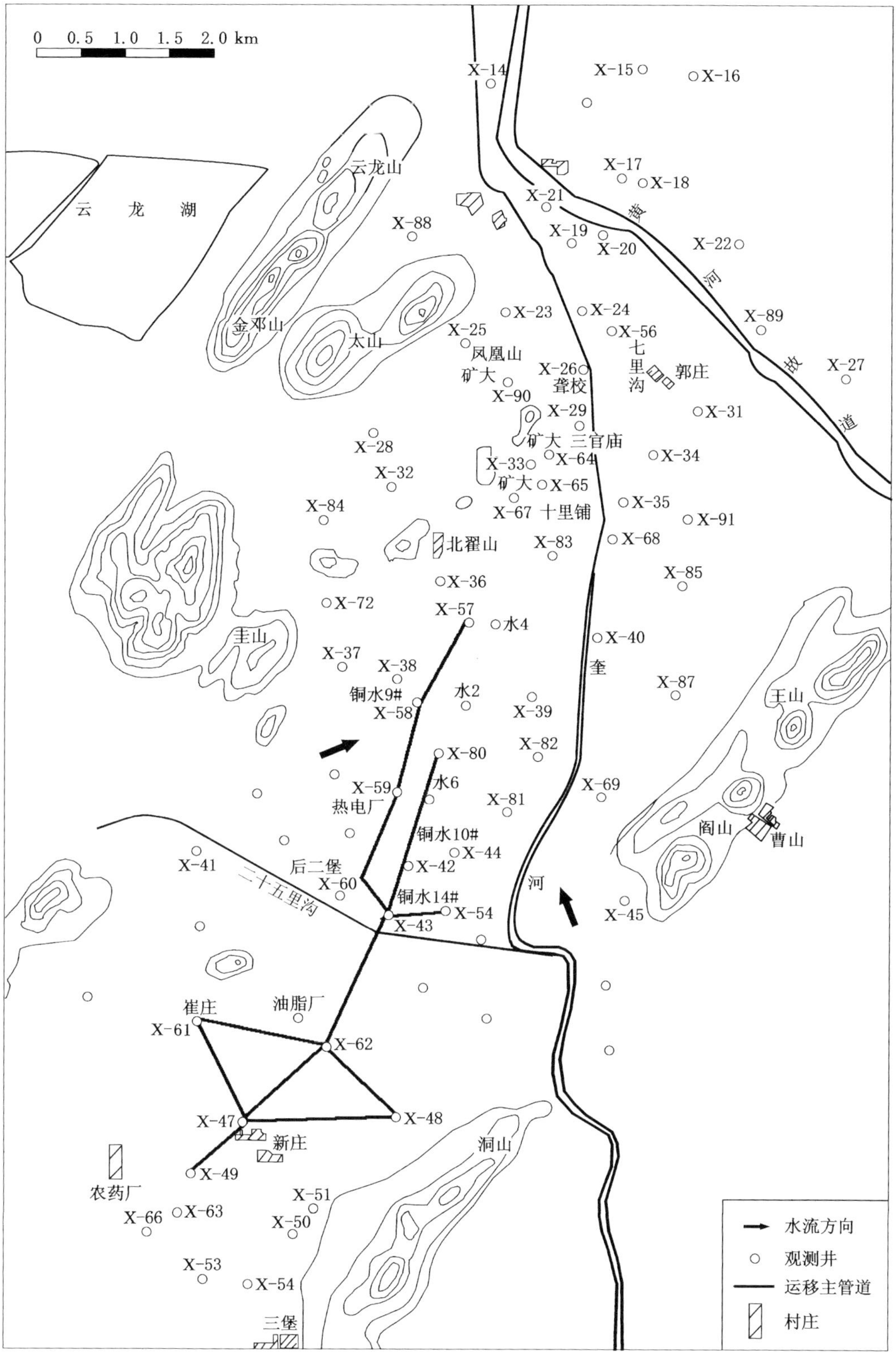

图 2-6　研究区岩溶含水层运移主管道示意图

第三章　岩溶水中四氯化碳时空演化特征

2000 年 11 月监测资料表明，徐州市南郊的七里沟水源地的岩溶水已受到了四氯化碳污染，污染源位于该水源地补给区山坡上的某农药厂，该厂在生产农药时用四氯化碳作溶剂，自 1992 年至 2000 年，已累计使用了 46.5 t。该农药厂生产供水井水中四氯化碳最高浓度达 3 909.2 μg/L，表明农药厂附近岩溶地下水已受到了四氯化碳的严重污染。多年的连续监测结果表明，仍有许多井中的岩溶水四氯化碳浓度超过国家饮用水标准。本章主要结合区域地下水观测数据、区域水文地质条件和开采情况，揭示岩溶水中四氯化碳的演化特征及控制因素。

第一节　七里沟污染区四氯化碳污染特征

自污染事件发生后，研究团队利用各种项目资金，对本区进行了系统监测。在七里沟污染区，选择原供水井和新打的供水井 15 口作为典型观测井，每周测一次水位、水温、水质；每年在枯水期和丰水期对区内所有能取水的水井(包括机井、人工大口井等)一般 45～63 d 进行水位和水质统测一次；2001～2005 年对污染源区几口四氯化碳浓度大的水井，在大暴雨后每天测一次水质，现依据 4 000 多个监测数据对其规律进行分析。

一、空间分布特征

(一) 平面分布特征

一般来说，在松散含水层中，随着迁移距离的增加，污染羽内污染物浓度会逐渐降低(见图 3-1)[26]。而研究区岩溶水四氯化碳污染初始阶段在平面上呈条带状“哑铃形”分布，主要污染区从某农药厂污染源开始，沿 NE 方向分布，这与强导水带和示踪试验结果一致，污染重心在南部污染源亚区和北部人工集中排泄亚区(见图 3-2，图 3-3)，这主要是受独特的水文地质条件和人工开采所控制。

(1) 南部污染源附近亚区为污染源之所在，从地质、水文地质条件来看，某农药厂井(编号 X-49)南部是七里沟向斜的翘起端，地势高于某农药厂井，同时也是三堡水源地和七里沟水源地的分水岭；而某农药厂井东部发育有北东向的滕寨—三堡逆断层，倾向南东，受其切割，形成了沿着断层走向发育的独立的滕寨～三堡镇水泥厂的奥灰水源地。因此污染的岩溶水只能沿着含水层的层面和岩溶裂隙发育带，向北部的人工开采井方向径流和排泄，进而污染中区和北区水井，而水质监测表明南部的坡里村井(X-52)、麦楼村井(X-53)、农机站井(X-54)和东部的滕寨井(X-48)均未受到四氯化碳污染。

(2) 中区岩浆岩的阻隔作用，如铜水 2#、3#、9#、12#、13# 井和江苏师范大学井等均揭露有多层岩浆岩侵入体，侵入体最大厚度为 16 m，侵入体岩性野外鉴定多为辉绿岩，局部为闪长斑岩和煌斑岩,岩型致密,孔隙、裂隙不发育,常常成为局部隔水层,受其分隔,本段岩溶含水层分为上下两段,彼此间水力联系较弱。从岩溶发育柱状图来看,虽然中区部分水井穿透了岩浆岩,但岩浆岩下部岩溶基本也不发育,水井一般只揭露Ⅰ、Ⅱ段含水段,因此井水中四氯化碳浓度相对比较低。

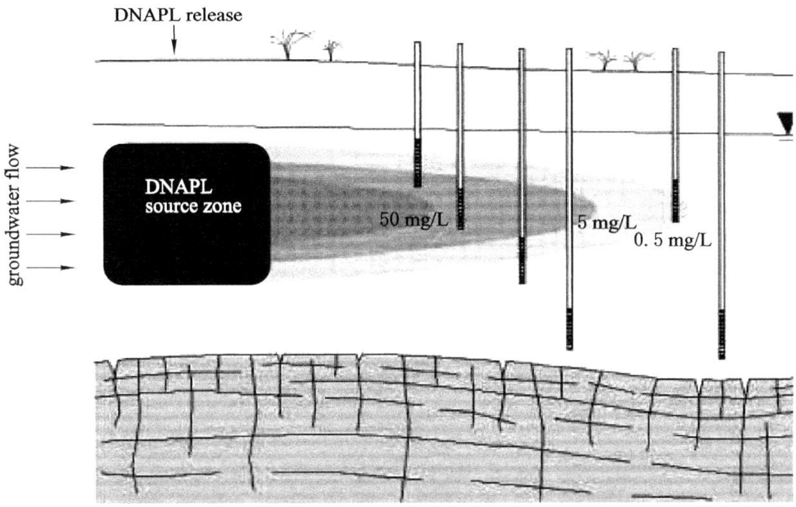

图 3-1　松散含水层中 DNAPL 污染羽浓度分布图[26]

(3) 北区位于废黄河断裂带、龟山—焦山断裂带及两断裂带交汇处,平面上、垂向上展布的穿层节理、裂隙、溶洞极为发育,钻探过程中漏水现象严重,如三官庙 2# 井、聋校 1# 井、七里沟 8# 井等,而且岩溶总体发育深度为全区之最。多年的开采实践揭示了该区是岩溶水最为富集的地区,也是地下水开采强度最大的地段,来自南西方向的补给水流在此处汇集,使得该区水井四氯化碳浓度较中区高。

综合考虑污染源及地下水流场特征,污染区可以分为三个亚区(见图 3-3),即:污染源铜山某农药厂形成的点状污染及排污渠造成的带状污染,在特定的水文地质条件下,受污染的岩溶地下水只能以散流的方式向下游运移,而将该区域定义为散流区;研究区中部,地下水流速很大,两侧均为隔水边界,没有其他来源的补给,四氯化碳在此无法长期聚集,很快向下游运移,而将该区域定义为畅流区;研究区北部,受长期开采的影响形成以三官庙井群为中心的降落漏斗,四氯化碳在地下水的携带下向地下水开采降落漏斗中心运移,而北面又被废黄河断裂带另一盘所阻隔,没有其他来源的汇水,使得该区域的四氯化碳含量不断上升,因而将该区域定义为汇流区。

(二) 垂直分布特征

四氯化碳是一种比水重的非水相有机污染物,在相距很近、地下水流场和含水岩组等水文地质条件相似的情况下,其在含水层中的分布主要受重力影响,因此井深越深,井水中四氯化碳含量就越大[27]。以七里沟和三官庙井群为例,四氯化碳浓度随井深的变化曲线如图 3-4 所示。四氯化碳在重力影响下向下运移,遇到含水层底部的隔水层或弱透水层则不断聚集,在水平流场的控制下,它在含水层中主要沿含水层底部运移,因此井深对井水中的四氯化碳含量有较大的影响,比较浅的水井(深度小于 150 m)四氯化碳含量较低,而在深度较

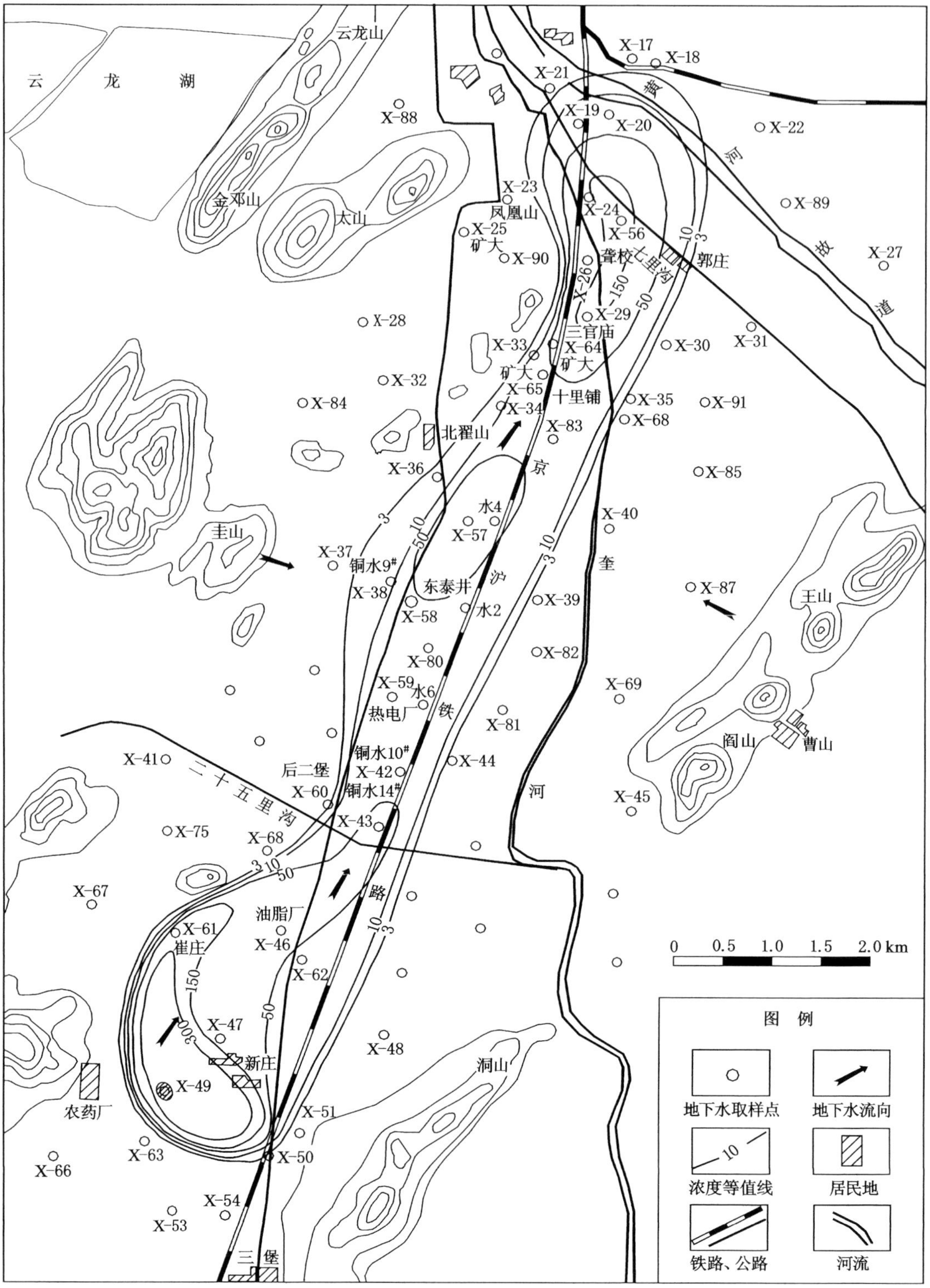

图 3-2 研究区四氯化碳污染等值线图(2004 年 4 月 18 日)

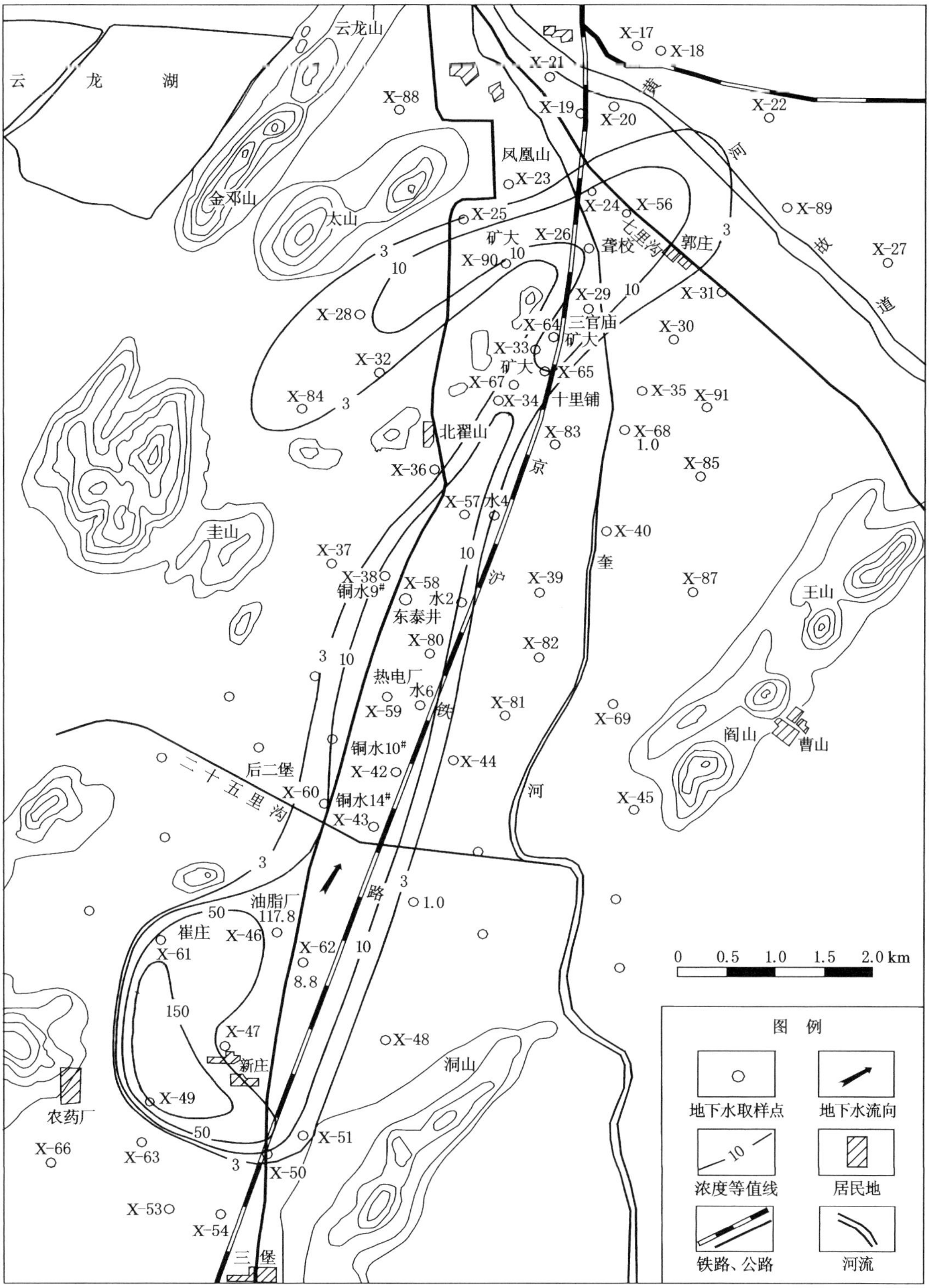

续图 3-2　研究区四氯化碳污染等值线图(2008 年 4 月 30 日)

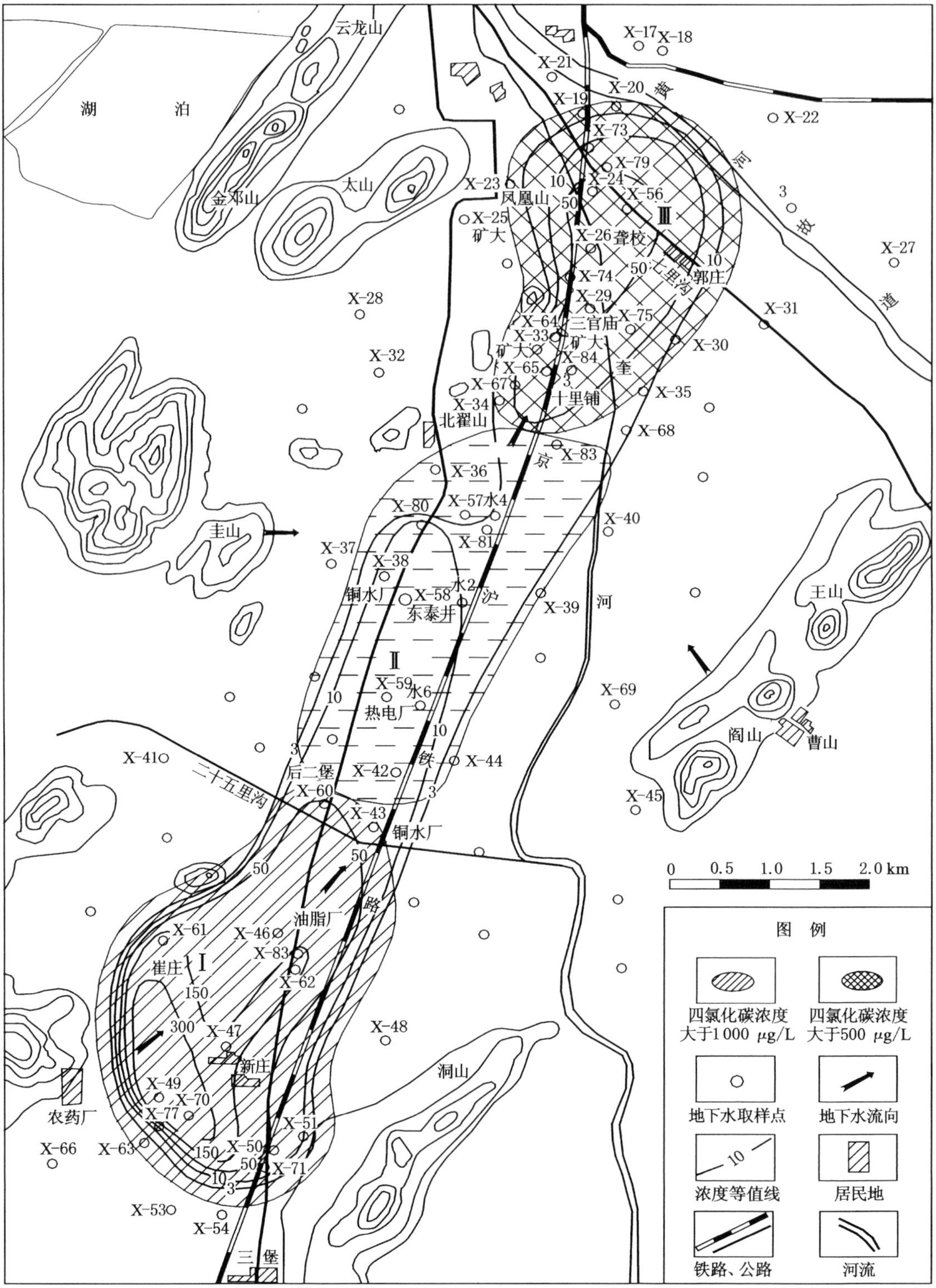

图 3-3 岩溶地下水污染分区图（Ⅰ区为散流区，Ⅱ区为畅流区，Ⅲ区为汇流区）

大的水井(深度大于 150 m)中浓度则较高(图 3-4)。

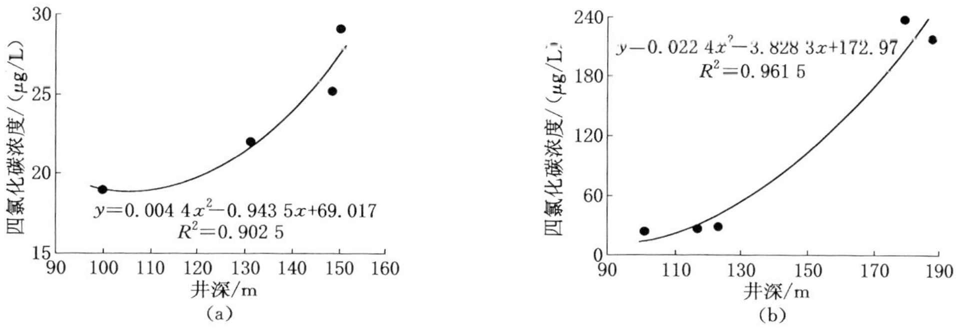

图 3-4 井中四氯化碳含量与井深关系图

(a) 三官庙井群(2001 年 1 月 23 日);(b) 七里沟井群(2001 年 5 月 9 日)

二、时间变化特征

(一) 典型井四氯化碳浓度变化特征

通过多年的四氯化碳监测资料分析,结果表明研究区四氯化碳浓度总体呈下降趋势(表 3-1)。从表可知,南区和北区各典型井四氯化碳浓度总体呈下降趋势,而中区各典型井四氯化碳浓度相对比较稳定。部分典型井四氯化碳浓度变化曲线如图 3-5～图 3-9 所示。

表 3-1　2001～2010 年典型井中四氯化碳浓度年平均值(μg/L)

	水井	2001	2003	2004	2005	2006	2007	2008	2009	2010
南区	X-49(农药西厂井)	2149.3	517.8	704.9	550.70	786.9	311.88	286.23	123.15	279.30
	X-61(崔庄井)	180.7	1656.0	372.1	132.12	72.73	68.37	38.05	51.06	119.77
	X-47(新庄井)	113.9	74.5	30.9	90.52	64.27	57.31	59.75	16.97	13.41
中区	X-43(铜水 14# 井)	22.5	22.4	52.1	35.78	43.02	18.74	21.92	/	/
	X-59(热电厂井)	49.0	27.3	31.3	28.61	21.18	18.34	11.49	11.01	22.36
	X-58(东泰井)	45.1	92.5	49.1	23.84	/	/	/	/	/
	X-57(保鲜剂厂井)	73.9	20.6	17.1	12.62	8.26	7.09	6.74	/	/
北区	X-29(三官庙井)	/	191.5	87.8	66.8	/	/	/	/	/
	X-64(矿大 1# 井)	/	107.0	30.2	36.6	34.22	20.36	16.63	11.34	32.87
	X-26(聋校 1# 井)	/	456.3	95.5	/	/	/	/	/	/
	X-56(果园井)	/	473.0	91.1	50.07	31.20	17.71	16.59	11.35	37.29

注:"/"因为关井而无法监测。

某农药厂井是距离污染源农药厂区仅 465 m 的生产用水供水井,一直是区域污染最严重的水井。在污染初期该水井中四氯化碳浓度曾高达 3 902.2 μg/L,是该区其他水井污染的源头,自 2001 年以来,经监测井水中四氯化碳浓度为 30.6～3 909.2 μg/L,平均为 507.6 μg/L(图 3-5)。这主要是因为:① 污染源某农药厂坐落在下奥陶统三山子灰岩(O_1s)和贾

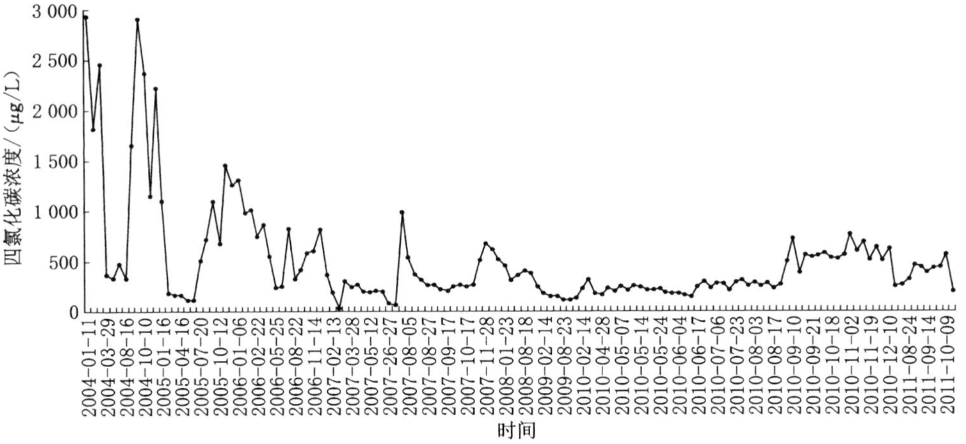

图 3-5　某农药厂井(X-49)四氯化碳浓度变化曲线

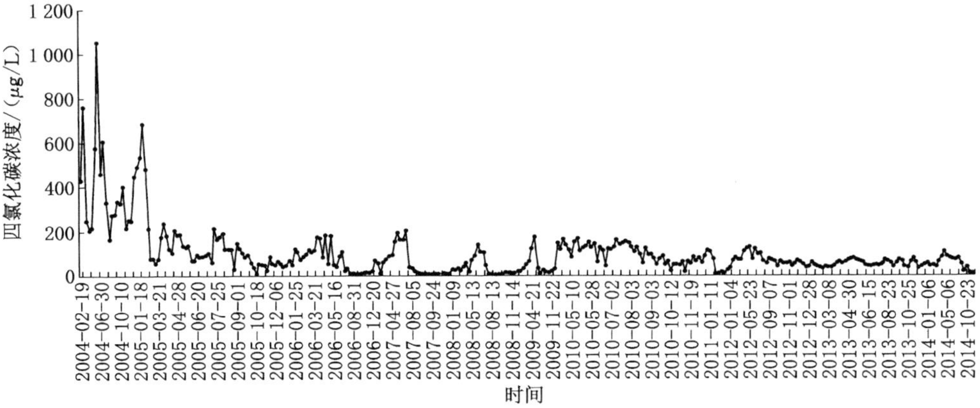

图 3-6　崔庄井(X-61)四氯化碳浓度变化曲线

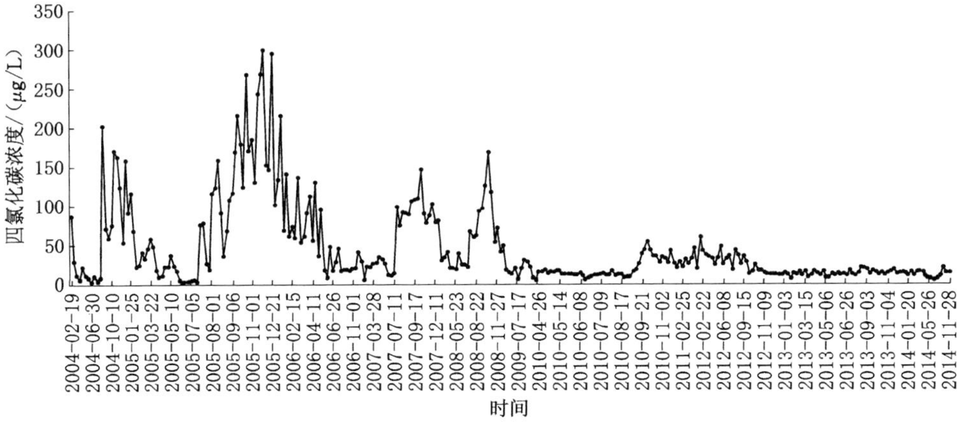

图 3-7　新庄井(X-47)四氯化碳浓度变化曲线

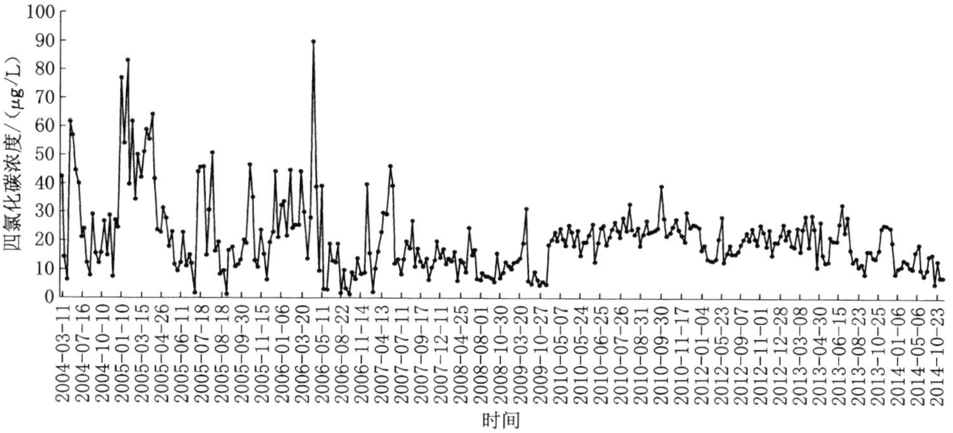

图 3-8　热电厂井(X-69)四氯化碳浓度变化曲线

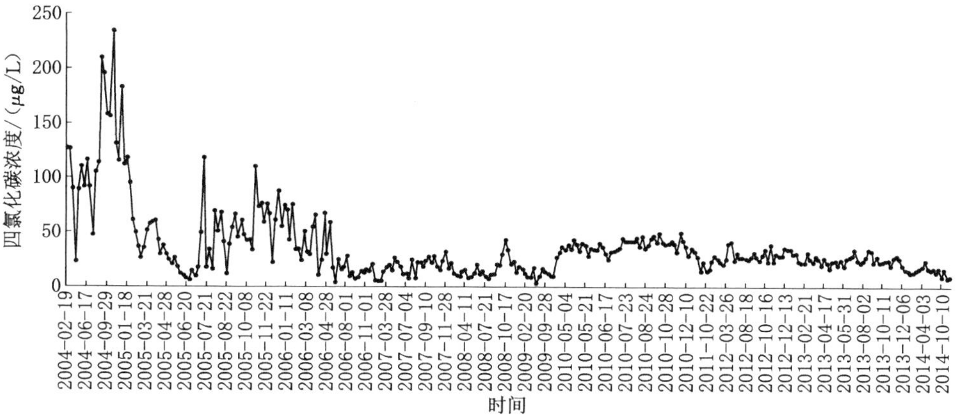

图 3-9　果园井(X-56)四氯化碳浓度变化曲线

汪页岩地层(O_1j)上，农药厂井处在下奥陶统萧县组(O_1x)地层上，距污染源农药厂仅 465 m，距该农药厂排污沟最近处仅约 200 m。排污沟有几段基岩裸露，具有很强的入渗能力，污水可以直接与基岩溶蚀裂隙相接触，渗漏率较高(经测试达 22.0%)，生产废水能迅速入渗污染岩溶水。② 污染源区勘探结果表明，该农药厂井位于基岩面相对低洼处，为一汇水区域，同时该农药厂井安装有两台 80 m^3/h 的深井泵，通过开泵输水至厂区→工业用水→外排污水→渗透污染岩溶水→再开泵输入至厂区的人工周期小循环，加快了岩溶水力交替运动，并在污染源区形成了以该农药厂井为中心的局部水位降落漏斗，农药厂井成为此处的汇水中心，污染的地下水长期向此汇集，导致其井水中四氯化碳含量虽然早期浓度下降较快而后期则相对居高不下。

崔庄井和新庄井是南区距离污染源较近的两口典型井，主要为当地农村居民提供灌溉用水。由于该地区距离污染中心农药厂较近，与农药厂地下水水力联系较强，这两口井中的四氯化碳浓度也较高，其中崔庄井四氯化碳浓度为 3.78～1 054.3 μg/L，平均为 100.2 μg/L(图 3-6)；新庄井四氯化碳浓度为 3.4～300.5 μg/L，平均为 45.2 μg/L(图 3-7)。

热电厂井由于开采量稳定，与南区污染中心的水力联系较好，导致井水中四氯化碳浓度也相对稳定，四氯化碳浓度为 1.4～89.5 μg/L，平均为 20.9 μg/L(图 3-8)。

位于北区的果园井，在污染初期其四氯化碳浓度与南区主要水井中的四氯化碳浓度具有同步变化特征。污染事件发生后，北区大部分水井被关停，南北开采差异性减弱，改变了地下水局部流场，导致该井四氯化碳浓度升高。2005 年以后，该井的四氯化碳浓度波动不大，基本在 50 μg/L 以下，但仍远高于 2 μg/L 的国家标准(图 3-9)。

总体上来说，污染区典型水井四氯化碳浓度动态变化具有如下特征：

(1) 污染源区地下水四氯化碳浓度高于铜山新区和七里沟—三官庙一带。南部污染源亚区和北部人工集中排泄区四氯化碳浓度呈下降趋势，中间过渡区四氯化碳浓度相对比较稳定。

(2) 浓度变化的季节性明显，8～10 月的丰水期四氯化碳浓度最高，2～6 月的枯水期四氯化碳浓度最低。

(3) 个别典型井四氯化碳浓度具有急剧变化的特征。

一般在多孔介质中，由于对流和弥散的共同作用，在一个水井中当污染物到达以前，其浓度为背景值，到达后出现一个陡的锋面，以后浓度基本稳定在一个较高的数值，一般不会出现浓度随时间剧烈振荡的现象。本区岩溶含水层许多水井中四氯化碳浓度都有急剧变化的现象，分析原因如下：

① 岩溶含水介质具有相当大的地下水流速，示踪试验表明本区岩溶地下水流速最高达 3 027.0 m/h，最低为 131.9 m/h，比孔隙介质中的地下水流速要高很多，是一个对流占绝对优势的含水系统。因此只要污染源有任何变化，很快就能反映在水井污染物时间曲线上。

② 局部流场频繁变化的影响。研究区是徐州市的大型水源地，分布着 80 多眼水井，抽水井分属不同的单位，有着不同的供水目的，此开彼停，造成很复杂而频繁的局部流场的变化，从而引起水井中四氯化碳浓度的变化。崔庄井(X-61)和某农药厂井(X-49)同属于污染源区，两者相距约 1 600 m，在 2001 年 5 月 26 日～2001 年 7 月中旬对崔庄井进行连续强排抽水治理，这一阶段井水中四氯化碳浓度随抽水而逐渐增加，由最低的 555 μg/L 增加到 2 574.8 μg/L，平均浓度为 1 699.9 μg/L，2001 年 7 月 20 后改为每日定点供水，减少了高污染水向崔庄井的补给，四氯化碳浓度逐步降低，由 907.7 μg/L 降至 90.0 μg/L，平均为 407.4 μg/L(图 3-10)。这是因为崔庄井和某农药厂井之间具有良好的水力连通性，而且地下水水位前者比后者低 3.0～5.0 m，形成 2‰～3‰的水力坡度，当崔庄井连续抽水时，加速了某农药厂污染中心的高浓度污染水向该井流动，致使崔庄井四氯化碳浓度急剧升高。油脂厂井(X-46)四氯化碳浓度变化趋势与崔庄井类似。由此可知，不同水井的抽水和停抽将造成四氯化碳浓度的急剧变化。

③ 污染源的变化。污染源主要来自某农药厂外排废水的入渗，农药厂因生产周期变化和有时因故障停产，致使其外排废水四氯化碳浓度变化剧烈，最高达 2 584.4 μg/L，最低仅为 3.1 μg/L。

④ 岩溶含水层中污染物运移通道的复杂性。研究区岩溶发育纵横交错、岩溶层相互叠置，由溶洞、溶隙和裂隙组成了相互联系程度不等的立体双重含水介质，水井间的水力联系十分复杂，非均质性极强。由于受含水介质不均一性和人工开采的影响，本区地下水流场极其复

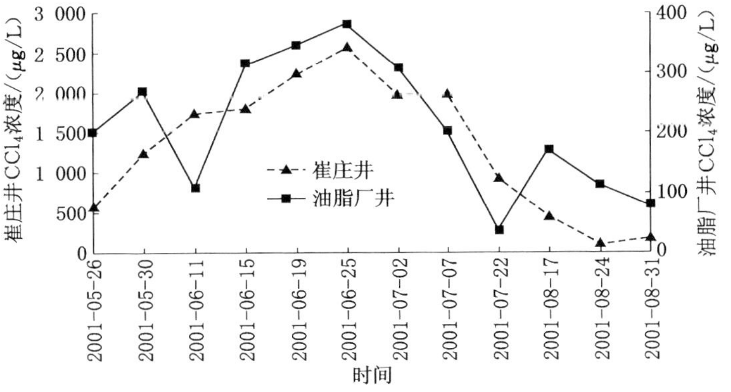

图 3-10　应急强排期间崔庄井和油脂厂井四氯化碳浓度变化曲线

杂，在示踪试验中出现离示踪剂投放点远的接收点先接收到、近的接收点后接收到的现象即为明证。

（二）典型井四氯化碳浓度变化趋势分析

随时间变化的现场监测数据不能定量证实一些监测数据趋势，因此需要统计工具来分析这些监测数据的变化趋势。主要的统计工具有 Mann-Kendall、Mann-Whitney 测试，这些统计方法可以对预定点的浓度时间序列数据进行趋势评估。Mann-Kendall 非参数检验方法是国际气象组织推荐的应用于环境数据时间序列趋势分析的方法，其优点是不需要样本遵从一定的分布，也不受少数异常值的干扰，是目前比较常用的趋势诊断方法[28]。其统计量 Z 为正值表示上升趋势，负值表示下降趋势。非参数检验公式如下：

$$Z_{\mathrm{MK}}=\begin{cases}(S-1)/\sqrt{\mathrm{Var}(S)}, & S>0\\ 0, & S=0\\ (S+1)/\sqrt{\mathrm{Var}(S)}, & S<0\end{cases}\tag{3-1}$$

其中，S 是 Mann-Kendall 检验统计量，Var(S)为方差，其定义如下：

$$S=\sum_{i=1}^{n-1}\sum_{k=i+1}^{n}\mathrm{sgn}(X_k-X_i)\tag{3-2}$$

$$\mathrm{sgn}(\theta)=\begin{cases}1, & \theta>0\\ 0, & \theta=0\\ 1, & \theta<0\end{cases}\tag{3-3}$$

$$\mathrm{Var}(S)=\frac{n(n-1)(2n+5)}{18}\tag{3-4}$$

当 $|Z_{\mathrm{MK}}|>Z(1-\alpha/2)$ 时，则在显著性水平 α 上拒绝无趋势假定，其中 $Z(1-\alpha/2)$ 是概率超过 $\alpha/2$ 时标准正态分布值。例如，取 $\alpha=0.05$，则当 $|Z_{\mathrm{MK}}|>1.96$ 时，趋势具有该水平上的显著性，即显著上升或下降。

采用 Mann-Kendall 检验，运用 Minilab 软件对研究区典型水井四氯化碳浓度时间序列资料进行了趋势检验，结果见表 3-2。结果表明，在 95% 的置信度水平下，研究区地下水中四氯化碳浓度呈现持续下降的趋势，其中污染源区和人工集中排泄区较中区更为显著。

表 3-2　典型水井四氯化碳浓度时间序列趋势 M—K 检验结果

观测井	时间	Z_{MK}值	变化趋势
某农药厂井	2004 年 2 月～2010 年 9 月	−4.355 32	下降，显著
崔庄井	2004 年 2 月～2010 年 9 月	−5.721 19	下降，显著
新庄井	2004 年 2 月～2010 年 9 月	−4.746 61	下降，显著
206 国道井	2005 年 2 月～2010 年 9 月	−2.358 38	下降，显著
铜水 14# 井	2004 年 2 月～2008 年 12 月	−3.388 38	下降，显著
热电厂井	2004 年 2 月～2010 年 9 月	−2.800 19	下降，显著
矿大 1# 井	2004 年 2 月～2010 年 8 月	−4.671 32	下降，显著
果园井	2004 年 2 月～2010 年 9 月	−5.110 15	下降，显著

注：① $\alpha=0.05$；② 时间不一致是由于水井开采、关停时间不一致所致。

（三）四氯化碳污染羽的变化趋势

四氯化碳污染羽呈“哑铃”形状展布（见图 3-11）。2004 年前，丰水期四氯化碳污染羽范围大于平水期和枯水期。丰水期间北部人工集中排泄亚区污染范围向西扩张至凤凰山附近，向北推进至东陇海铁路，进而污染凤凰山井、矿大北井、七里沟 5# 井等。凤凰山 3# 井（X-23）、矿大 5# 井（X-25）、七里沟 5# 井（X-19）单位涌水量分别为 3.95 L/(m·s)、1.26 L/(m·s)和 13.11 L/(m·s)，而周围的七里沟 1# 井（X-24）、七里沟 4# 井、七里沟 6# 井、三官庙 3#（X-29）井和三官庙 4# 井的单位涌水量分别为 56.14 L/(m·s)、72.14 L/(m·s)、79.35 L/(m·s)、31.14 L/(m·s)和 41.7 L/(m·s)，因此凤凰山井、矿大北井、七里沟 5# 井富水性相对较弱，补给水源相对不充沛，丰水期相对开采量大，水位降深大，形成局部降落漏斗（见图 3-20），污染的岩溶水将向此处径流补给，造成四氯化碳污染羽在丰水期期间向凤凰山和东陇海铁路扩张。南部污染源附近亚区污染范围在丰水期间向东略有推进。2005 年，北区四氯化碳污染羽没有呈现出丰水期高于平水期和枯水期的特征，甚至出现了枯水期污染羽范围最大的现象，这主要由北区开采井发生显著变化所致。

（四）岩溶含水层四氯化碳衰减的因素分析

进入岩溶含水层中的四氯化碳，会受到挥发、稀释、吸附、化学反应、生物或非生物降解等归趋过程的强烈影响，导致浓度逐渐降低。模型描述四氯化碳在含水层的衰减需要大量的参数，目前的研究水平还难以实现。因此对部分衰减影响因素进行简要定性分析。

（1）观测井中自由相四氯化碳存在性分析

大部分有机物在地下含水层中以 NAPL 的形式存在，而 NAPL 是地下水中溶解相有机物的长期来源。美国环境保护署的研究表明，地下水中 NAPL 的存在是导致抽出处理效果不好的关键因素。因此判断观测井中 NAPL 是否存在很重要。但是，由于受 NAPL 有效溶解度和典型观测井被稀释等影响，在野外很难检测到高浓度的溶解相有机物（接近溶解度），使得确定 NAPL 范围很困难。美国环境保护署提出了 DNAPL 存在的间接测量方法，即 1%原则：若地下水中与 NAPL 相关的化学物质浓度大于纯相或者有效溶解度的 1%，则 NAPL 可能存在于这个地方[29]。25 ℃时纯相四氯化碳的溶解度为 785 mg/L。根据 1%原

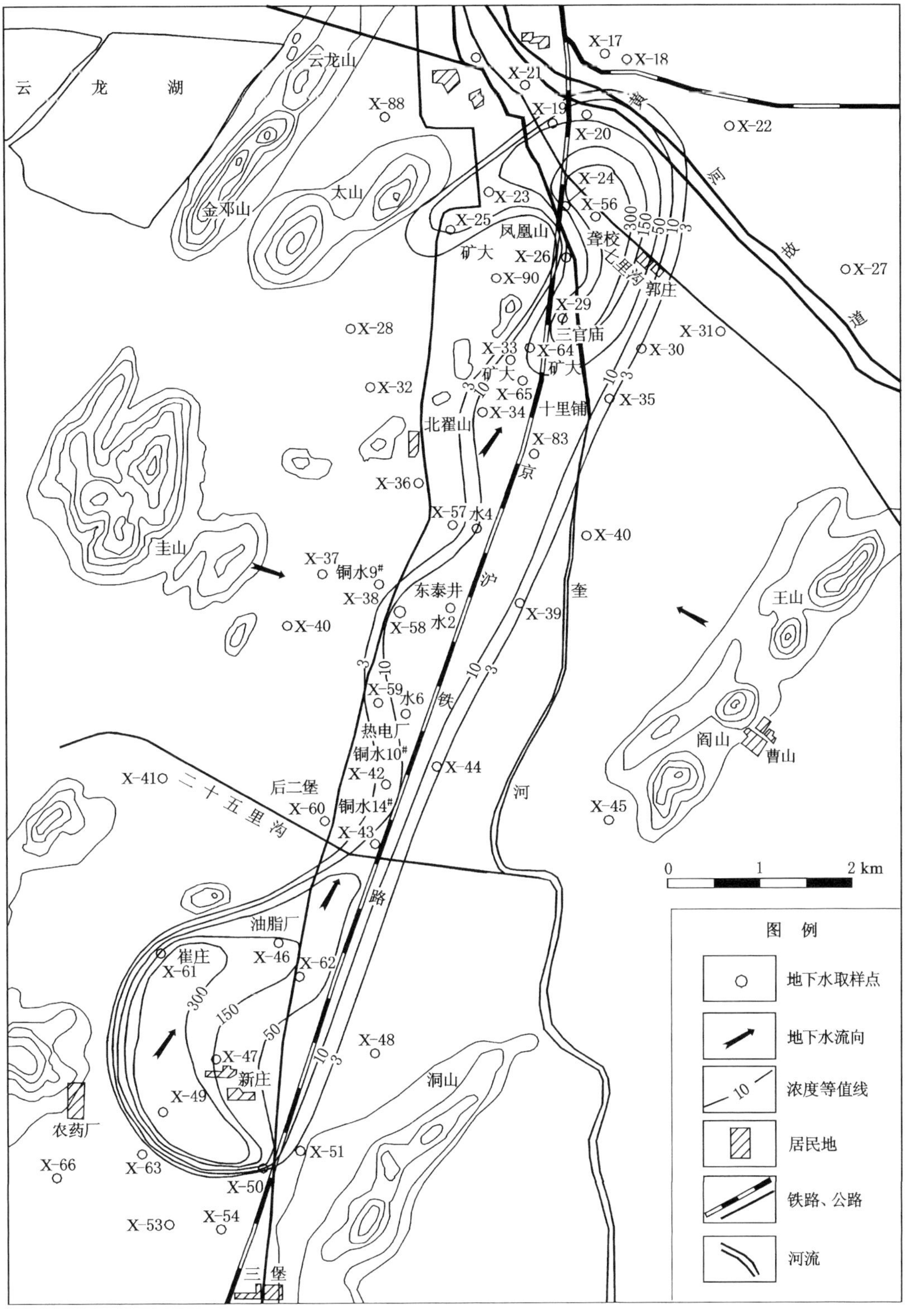

图 3-11 七里沟水源地四氯化碳浓度等值线(2001 年 8 月 30 日)

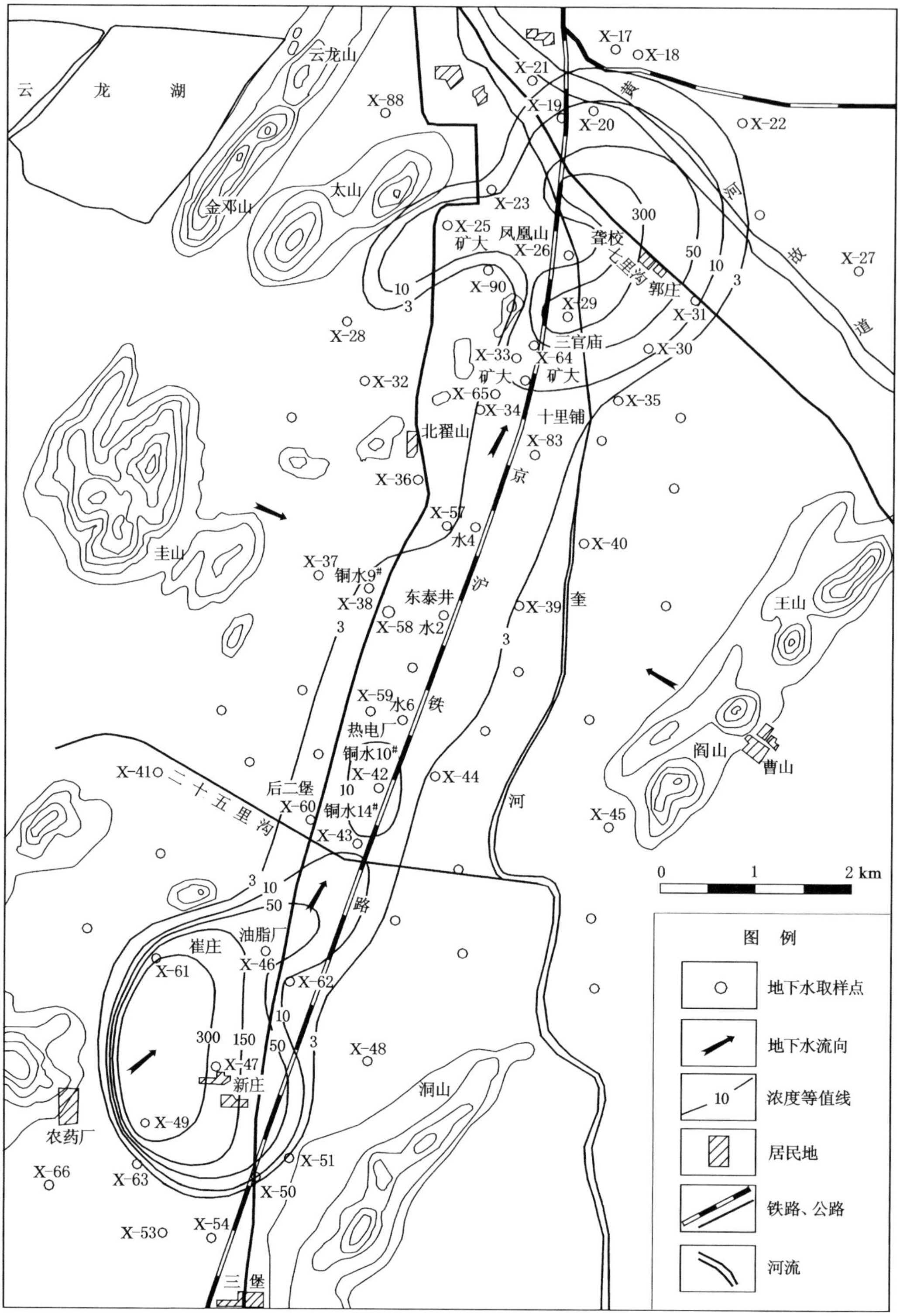

续图 3-11　七里沟水源地四氯化碳浓度等值线(2004 年 8 月 30 日)

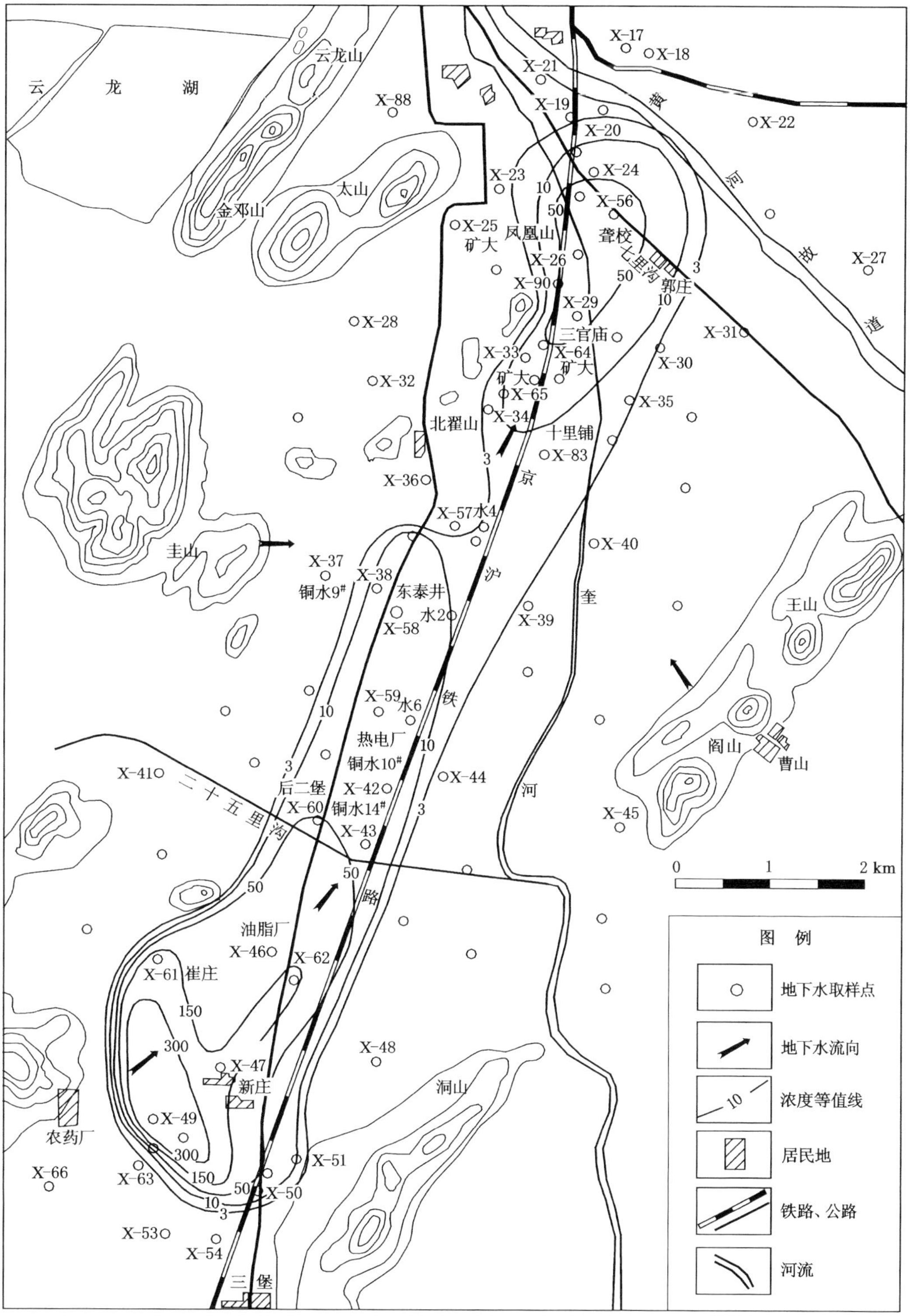

续图 3-11　七里沟水源地四氯化碳浓度等值线(2005 年 8 月 30 日)

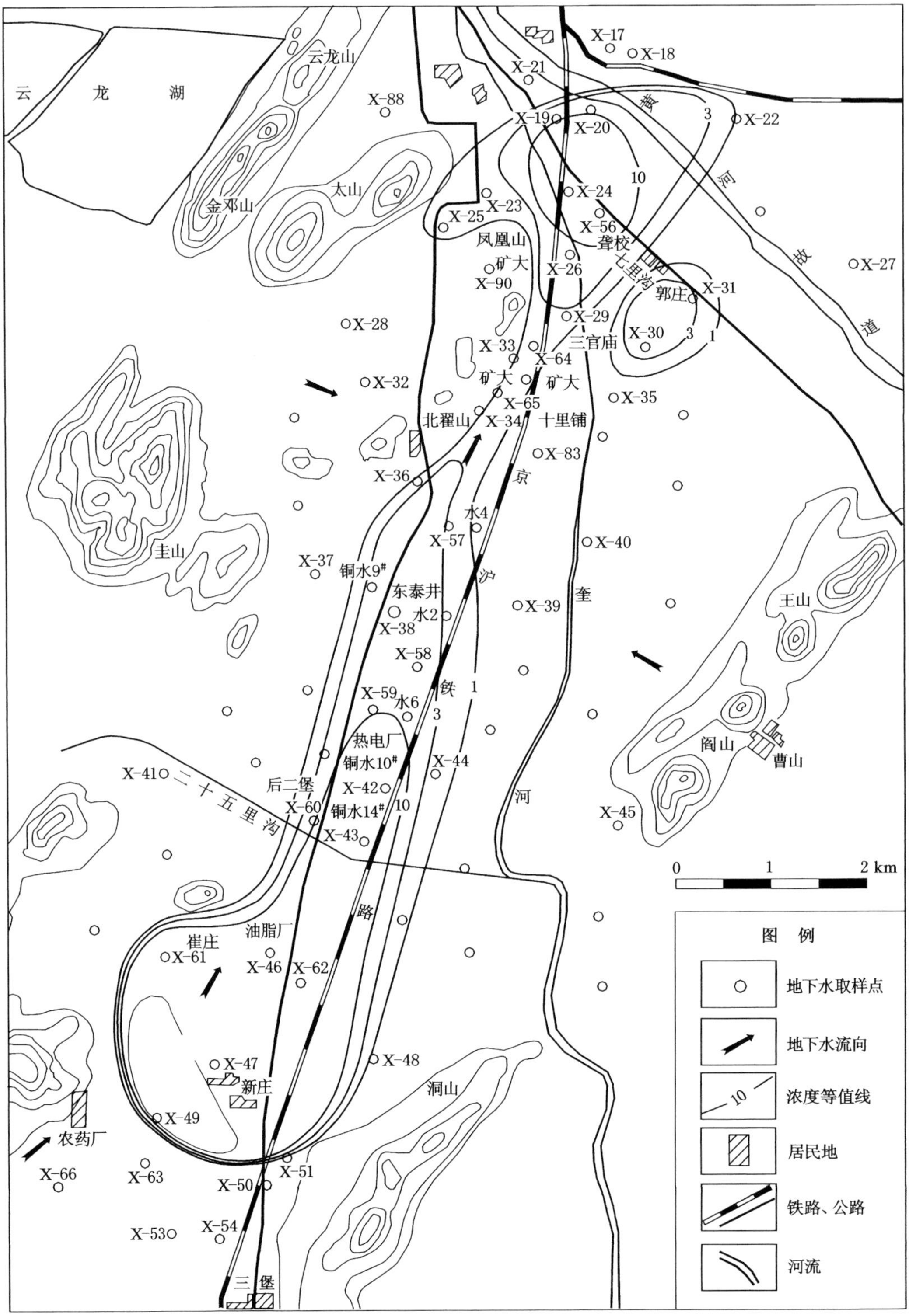

续图 3-11　七里沟水源地四氯化碳浓度等值线(2009 年 8 月 30 日)

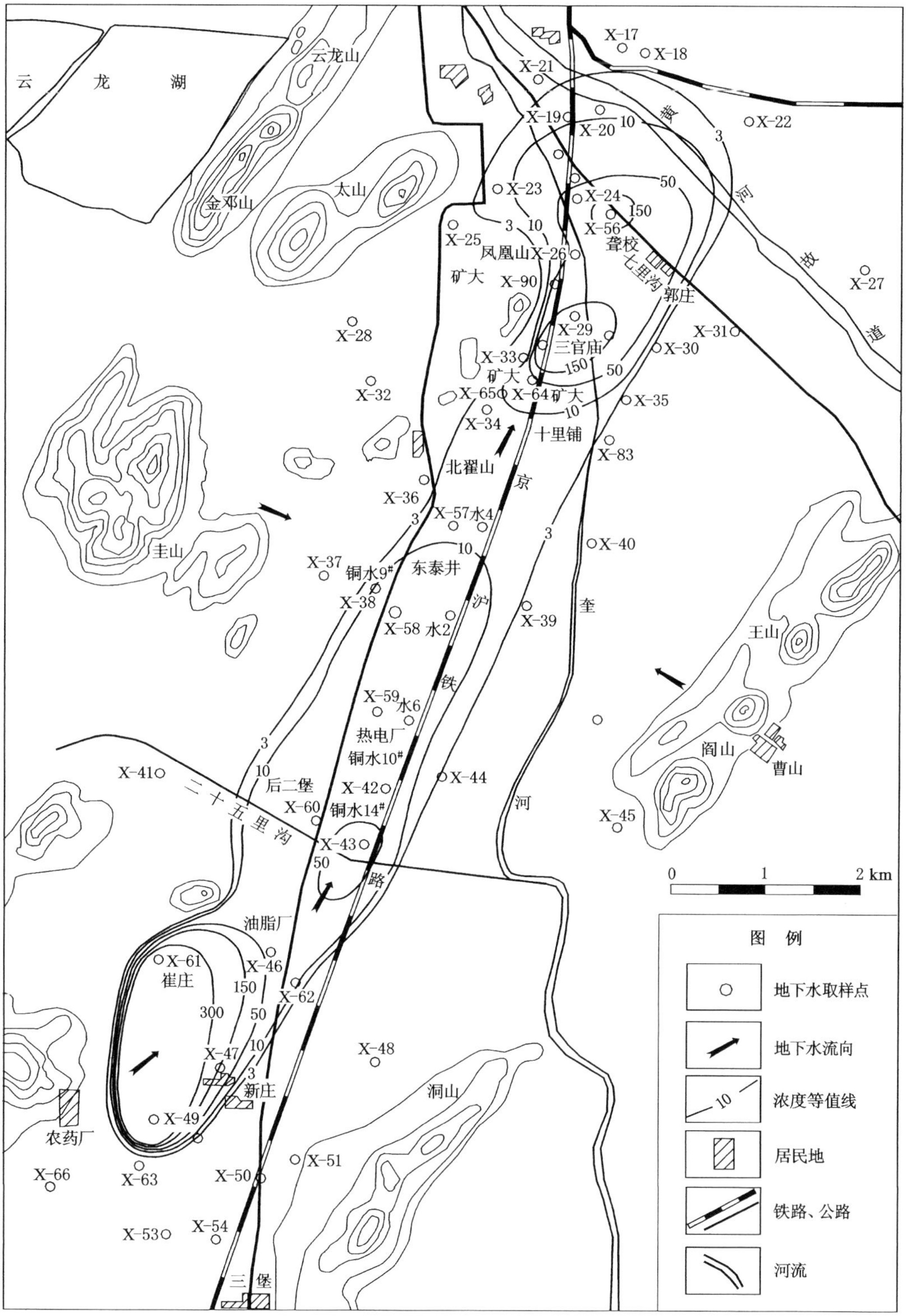

续图 3-11　七里沟水源地四氯化碳浓度等值线（2004 年 12 月 30 日）

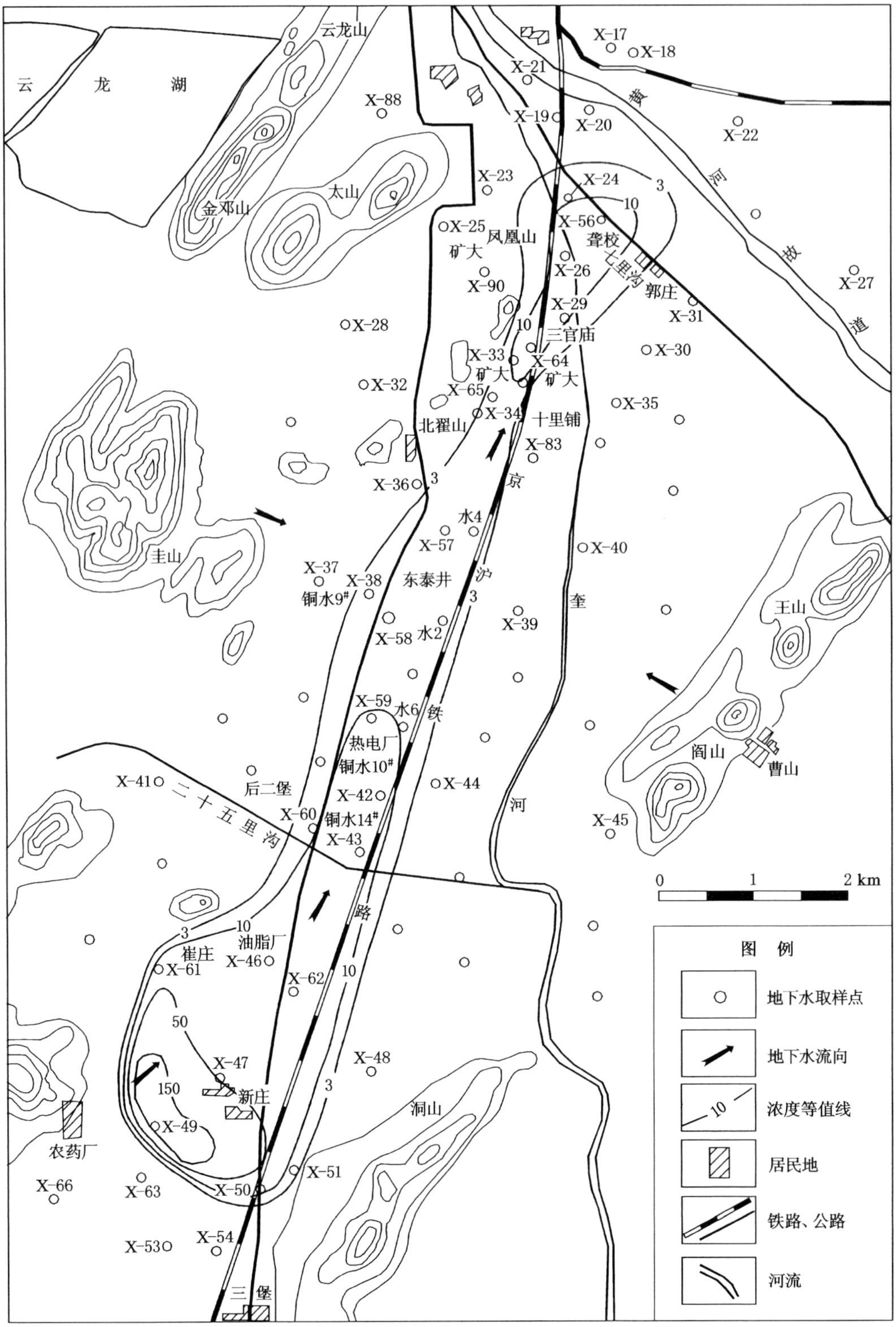

续图 3-11 七里沟水源地四氯化碳浓度等值线(2008 年 12 月 30 日)

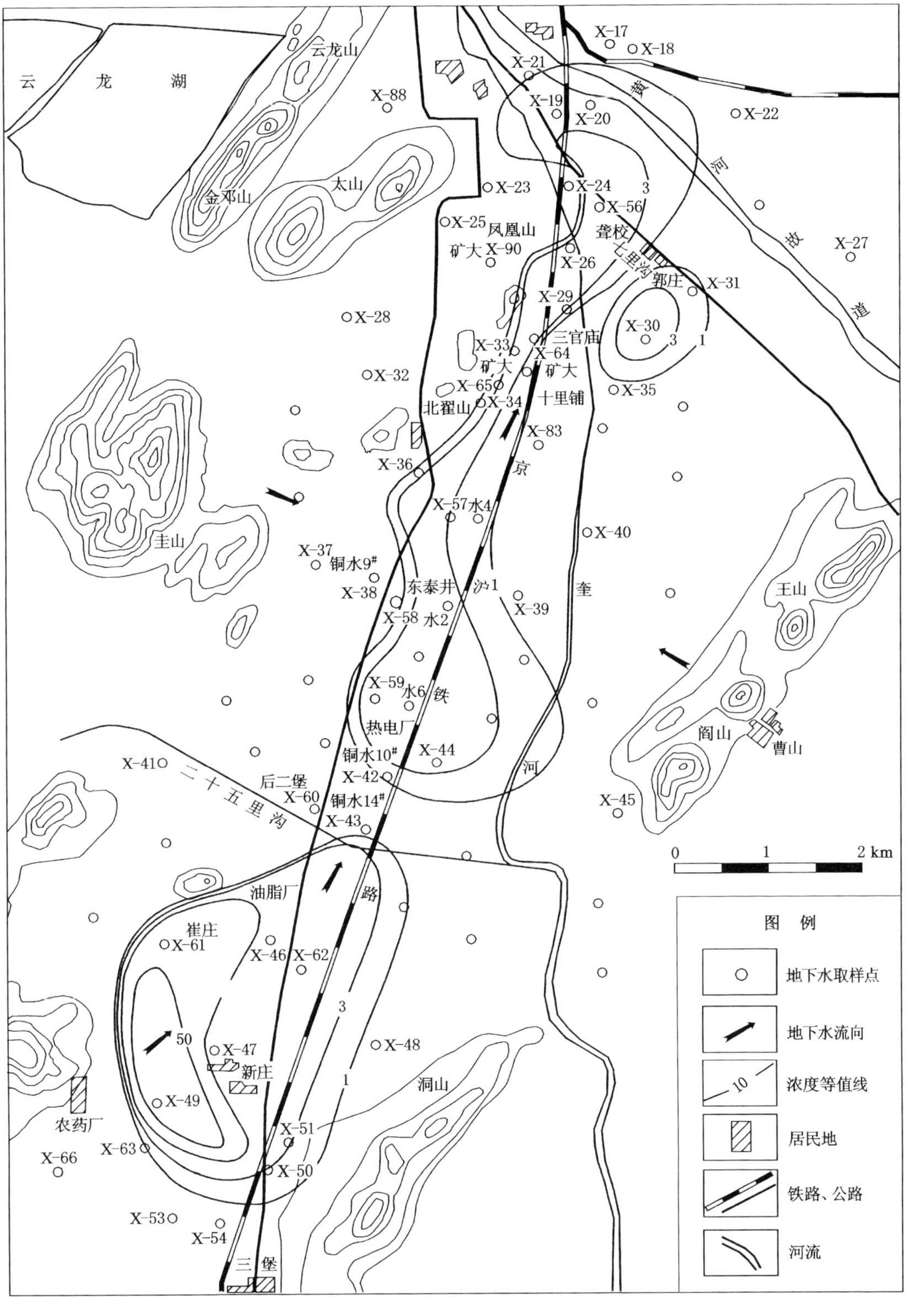

续图 3-11　七里沟水源地四氯化碳浓度等值线(2009 年 12 月 30 日)

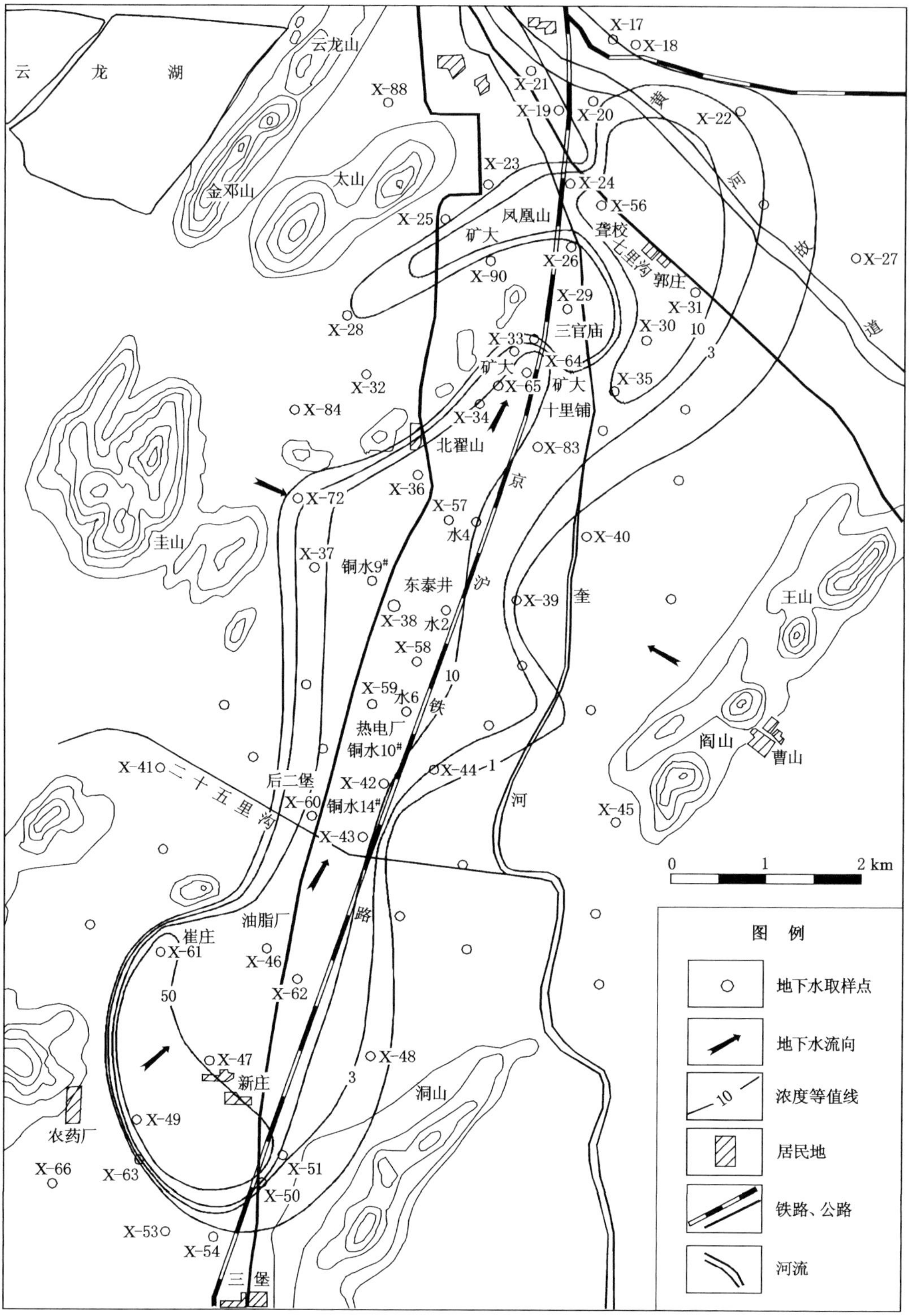

续图 3-11　七里沟水源地四氯化碳浓度等值线(2010 年 12 月 30 日)

则，可以判断研究区所有观测井中均不存在自由相的四氯化碳。

（2）被动抽出

研究区是徐州市重要的供水水源地，开采量约为 2 000×10^4 m^3/a，因此被动抽出是地下水中四氯化碳减少的主要因素。根据开采量及污染羽四氯化碳平均浓度估算了人工抽水的四氯化碳排泄量，2001、2004、2005 和 2008 年分别为 5.42 t、1.27 t、0.26 t 和 0.14 t。

（3）稀释

对流是驱使污染物溶解相在饱和区运移和污染物浓度降低的最重要过程之一。示踪试验表明，研究区岩溶水运动速度很大，因此四氯化碳的运移是一个对流占绝对优势的问题，弥散作用相对很小。同时，开采井在抽水过程中，会形成以抽水井为轴心的漏斗状地下水面，周围含水层中的水就会向井里流动，从而使得监测井的四氯化碳浓度降低（见图 3-12）或升高（见图 3-13）。

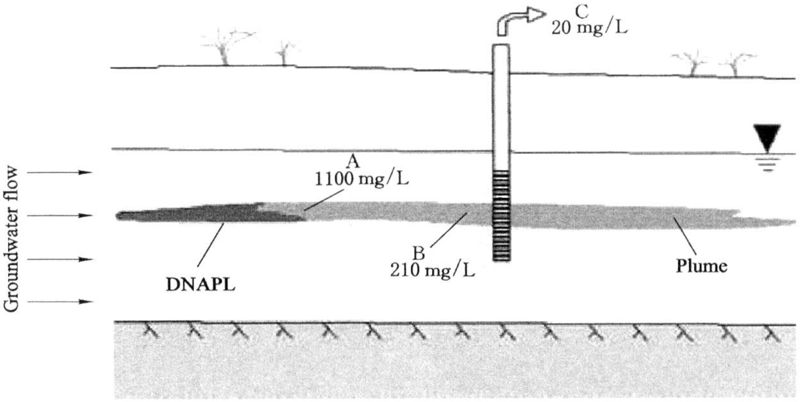

图 3-12　含水层中 DNAPL 污染羽观测孔浓度稀释示意图（据 Kupper，2003）

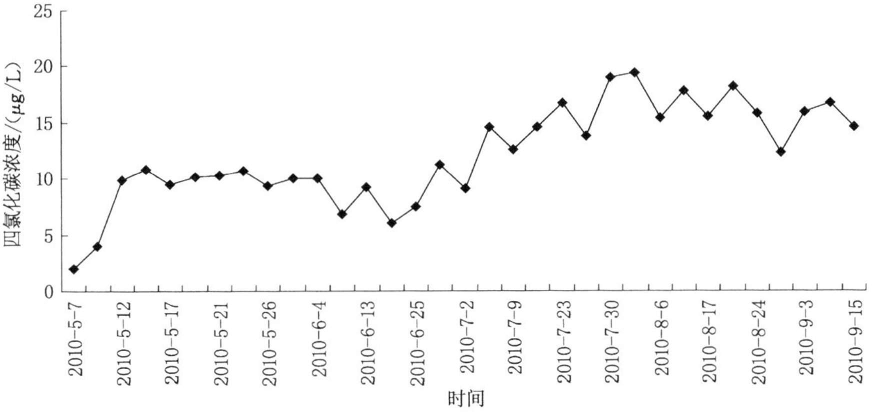

图 3-13　下泵井四氯化碳浓度变化图（2010 年 5 月 6 日开始抽水）

（4）挥发

污染物在液相和气相间的分配是由亨利定律控制的，化合物的亨利常数决定着污染物由液相进入气相的趋势。地下水中的挥发性有机物可经土壤传输而向大气挥发。若污染物

的亨利常数大于 1×10^{-5} atm · m^3/mol 且分子量小于 200 g/mol，则挥发作用不能忽视[30]。四氯化碳的亨利常数为 2.76×10^{-2} atm · m^3/mol，其分子量为 153.82，因而挥发是地下水中四氯化碳减少的一个重要过程。裴宗平粗略估算了污染区四氯化碳的挥发量，2004 年、2005 年和 2008 年四氯化碳的挥发量依次为 5.38 kg、9.06 kg 和 4.44 kg[31]。

(5) 吸附

含水层物质对非离子有机分子的吸附主要是由于固体天然有机物的相互作用。有机碳和黏土矿物质是含水层中对吸附影响最大的两种成分，在大多数含水层中，有机碳含量控制着有机污染物的吸附。四氯化碳在含水介质的吸附程度与通道介质的有机碳含量及自身的分配系数(K_{OC})有关。J. A. K. Silva 等人研究了氯代溶剂在渗流区低有机碳介质中的吸附，提出控制溶质分配的主要因素是孔内充填[32]。七里沟水源地含水带埋深较大，开采时间长，开采量大，至今供水量高达 $10^5\,m^3/d$，因而径流条件好，冲刷能力强，裂隙、溶孔中充填物较少，如图 3-14 所示。因此，吸附作用对水源地四氯化碳浓度降低的影响较弱。

图 3-14　溶孔充填情况

(6) 生物自然降解

在该农药厂排污渠流经的农田地段，一共施工了 18 个土壤采样孔，发现土壤水中不仅有四氯化碳，还存在氯仿(CCl_3)(见图 3-15)，而排污渠污水中只含四氯化碳而无氯仿(CCl_3)，这说明土壤环境中发生了生物降解作用，使部分四氯化碳脱氯变成了三氯化碳(氯仿)。利用取土钻孔的土样，对土样中土著细菌进行了检测。结果表明，土壤中存在霉菌、放线菌等多种细菌。经过培养、驯化，提取了一株对四氯化碳降解能力较强的杆菌菌株，研究表明，土壤中有对四氯化碳降解能力较强的细菌，正是由于它们的降解作用，使一部分四氯化碳转变成了氯仿(CCl_3)。

04-3号钻孔勘察成果图

钻孔位置	吴楼村西南约270 m农药厂排河沟南侧	开工时间	2004年11月14日
委托单位	中国矿业大学	完工时间	2004年11月14日
施工单位	江苏徐州工程勘察处	孔深/m	10.5

地质时代	柱状图 1∶50	层次	层厚/m	深度/m	地层名称	地层描述	测试成果 土样号	取样深度/m	氯仿/(μg/kg) 含量	曲线
第四系			0.4	0.4	耕植土	灰褐色，以粉质黏土为主，松散，含植物根茎	1	0.5～0.7	未检出	
		2	2.1	2.5	粉质黏土	灰褐色，软～可塑，偶含铁锰结核小颗粒，无光泽，干强度低，韧性低	2	1.0～1.2	未检出	
							3	1.5～1.7	未检出	
							4	2.0～2.2	未检出	
							5	2.5～2.7	5.2	
		3	3.5	6.0	黏土	姜黄色，硬塑，含大量的铁锰结核。偶见小砂姜，砂姜多已风化成黄色粉状，局部有光泽，干强度中等，韧性中等	6	3.0～3.2	7.5	
							7	3.5～3.7	未检出	
							8	4.0～4.2	6.5	
							9	4.5～4.7	9.7	
							10	5.0～5.2	5.1	
							11	5.5～5.7	11.1	
							12	6.0～6.2	11.7	
		4	1.8	7.8	灰岩	棕红色、红色，为山前次生红黏土，硬塑，均质，含少量铁锰结核，未见砂姜，有光泽，干强度高，韧性高，具有胀缩性，为弱膨胀土	13	6.5～6.7	11.3	
							14	7.0～7.2	0.9	
							15	7.5～7.7	未检出	
							16	8.0～8.2	10.9	
火成岩		5	2.7	10.5	火成岩	全风化，呈土状；灰白色，松散，可见铁质浸染的裂隙纹理，用放大镜可见已风化的长石等矿物颗粒，该风化岩石由中性的辉长辉绿侵入岩风化而成，不漏水	17	8.5～8.7	5.4	
							18	9.0～9.2	1.7	
							19	10.0～10.2	5.3	

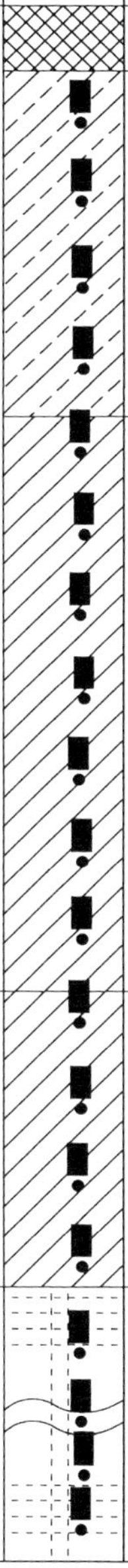

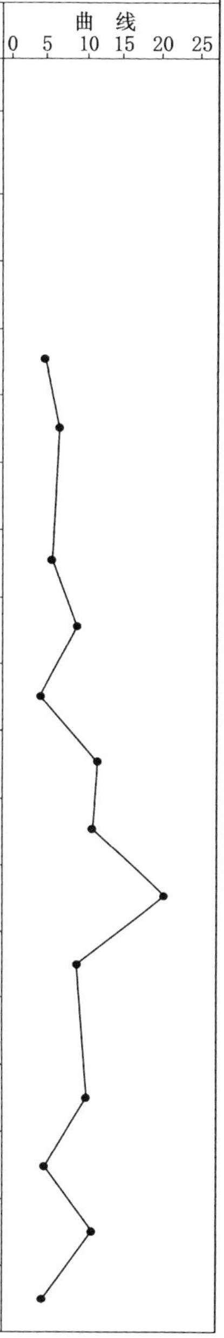

■ 取原状土样位置　　● 取优质土样位置

图 3-15　04-3、05-6 钻孔土壤氯仿含量垂向变化曲线

05-6号钻孔勘察成果图

钻孔位置	吴楼村西南约350 m排河沟转折处南土路北侧	开工时间	2005年5月21日
委托单位	中国矿业大学	完工时间	2005年5月21日
施工单位	江苏徐州工程勘察处	孔深/m	7.10

地质时代	柱状图 1∶50	层次	层厚/m	深度/m	地层名称	地层描述	测试成果：土样号	测试成果：取样深度/m	测试成果：氯仿/(μg/kg) 含量
第四系		1	1.4	1.4	素填土	灰褐色，下部灰黑色，以粉质黏土、黏土为主，夹少量小石子、石灰渣。下部可见植物根茎等，软～可塑，底部为河沟静水沉积	1	0.2～0.4	6.9
							2	0.7～0.9	9.0
							3	1.2～1.4	9.5
		2	0.5	2.2	粉质黏土	顶部为灰色，灰黑色软可塑，含少量腐植质，无光泽，干强度低，韧性低	4	1.7～1.9	8.4
		3	2.5	4.7	黏土	姜黄色，可～塑性，以硬塑为主，含少量的铁锰结核，偶见小砂姜，有光泽，干强度高，韧性中等，3.7 m以下铁锰结核增多	5	2.2～2.4	9.4
							6	2.7～2.9	11.3
							7	3.2～3.4	8.5
							8	3.7～3.9	10.6
							9	4.2～4.4	7.5
		4	2.4	7.1	黏土	棕红色，为山前次生红黏土，硬塑，较均质，含少量铁锰结核，有光泽，干强度高，硬度高，底部见黄色强风化薄层	10	4.7～4.9	10.6
							11	5.2～5.4	9.2
							12	5.7～5.9	9.0
							13	6.2～6.7	9.7
下奥陶统					灰岩				

曲线：

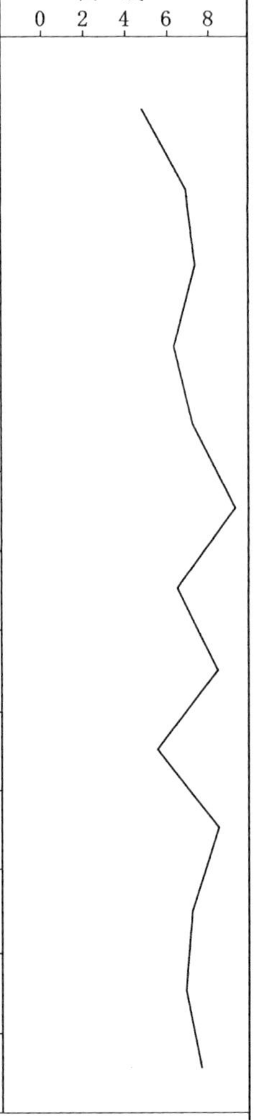

注：勘察期间孔内未观测到地下水位

▯ 取原状土位置（化学试验）　⁞ 取原状土位置（物理试验）

续图 3-15　04-3、05-6 钻孔土壤氯仿含量垂向变化曲线

第二节 四氯化碳污染影响因素分析

一、地下水位的控制作用

本区四氯化碳浓度等值线形态与区域地下水流场形态大体一致，流场四周高水位对四氯化碳起到了控制作用。区内典型污染水井分布与地下水降落漏斗中心区范围一致。局部降落漏斗中心内水井四氯化碳含量一般高于周围的水井(见图 3-16)。

二、含水介质的不均一性

研究区岩溶含水介质在平面和垂向上均表现出极不均一性，导致四氯化碳含量在空间分布的极不均一性，具体表现在：① 北区污染羽宽度和羽内四氯化碳浓度大于中区，特别是在丰水期；② 垂向上深部径流带四氯化碳浓度高于浅部径流带；③ 由于岩溶含水介质的非均质性，岩溶补给通道也同样具有不均一性，使得井距相近的水井四氯化碳浓度差别很大。如铸本井与保鲜剂厂井、东泰井虽开采同一含水层，但保鲜剂厂井、东泰井四氯化碳明显高于铸本井(表 3-3)；④ 43 口被污染的水源井都分布在水源地富水性极好的下奥陶统含水岩组中，占被污染水源井总数的 95.4%，只有 2 口水源井位于寒武纪地层中，仅占被污染水源井总数的 4.6%；⑤ 在井距小、地下水流场和含水岩组等水文地质条件相似的情况下，深部强径流带中的四氯化碳浓度更高。

表 3-3　　铸本井及周围水井四氯化碳浓度(μg/L)

	铸本井	热电厂井	东泰井	保鲜剂厂井	管道井
井深/m	110.0	154.3	125.68	—	—
主要出水层段/m	41.0～46.0 60.0～69.0	54.0～88.0	42.5～61.8	—	38.5～64.0
2005-1-23	17.7	83.2	99.1	—	20.7
2005-1-25	11.6	44.9	45.6	46.9	13.9
2005-4-14	7.4	42.0	27.2	24.9	—
2005-4-19	4.1	24.0	14.7	15.0	2.9
2005-4-26	8.6	23.1	23.3	25.4	9.8
2005-4-28	6.4	31.6	27.6	29.6	8.3
2005-5-10	3.2	27.9	17.1	25.6	4.0

三、岩溶水开采影响

本区岩溶属于典型的入渗—开采型动态系统，岩溶地下水的排泄方式主要是人工开采。地下水的开采将引起局部流场的变化，形成局部开采降落漏斗中心，影响四氯化碳的局部分布。研究区内大部分水井中四氯化碳浓度随开采量的增加而增加，如中区的热电厂井、北区的聋校 1# 井等。仅在研究区中部的铸本井和管道井中四氯化碳浓度随开采量的增加而降低，如图 3-17～图 3-19 所示。

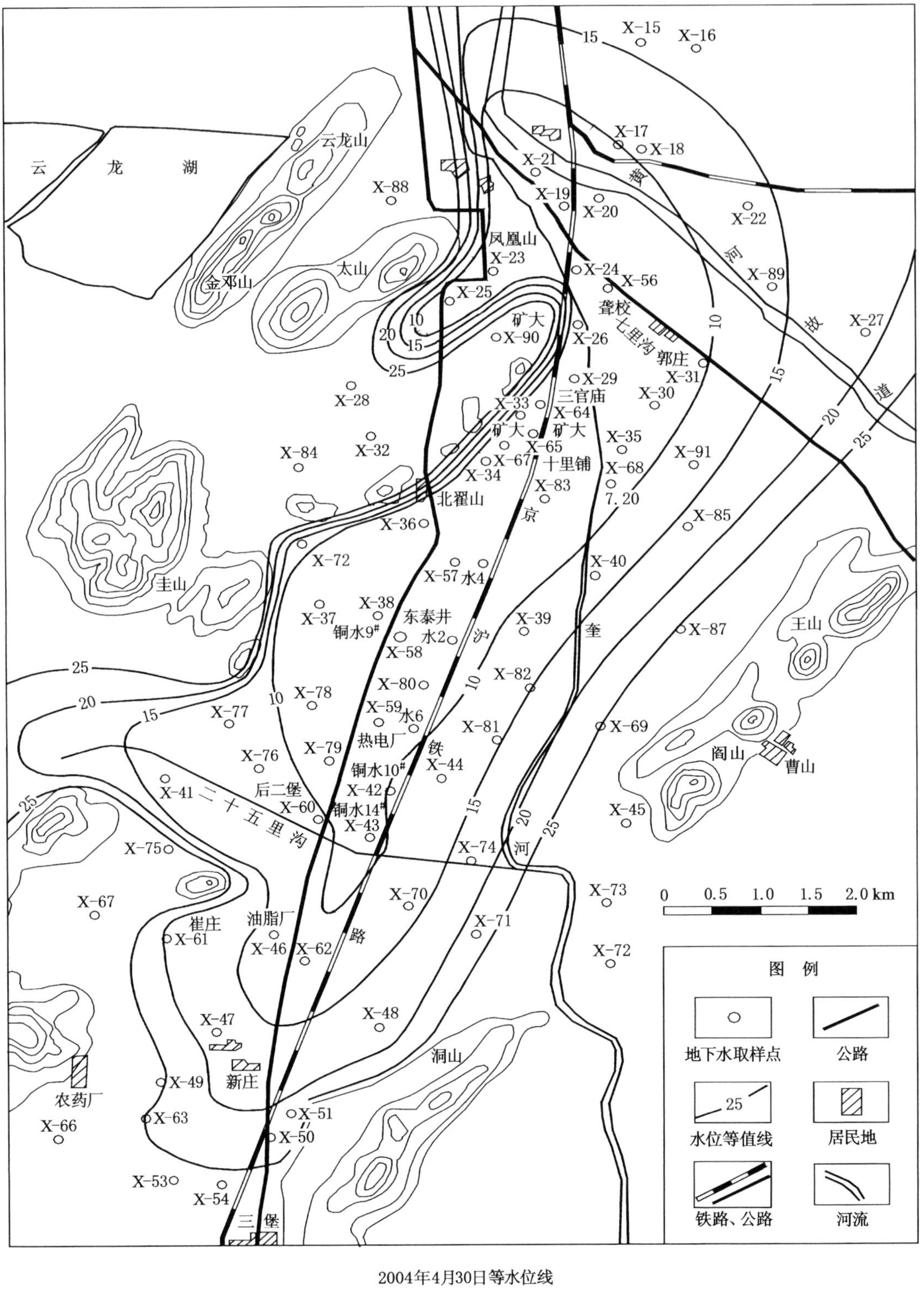

图 3-16　地下水流场与四氯化碳污染羽关系图

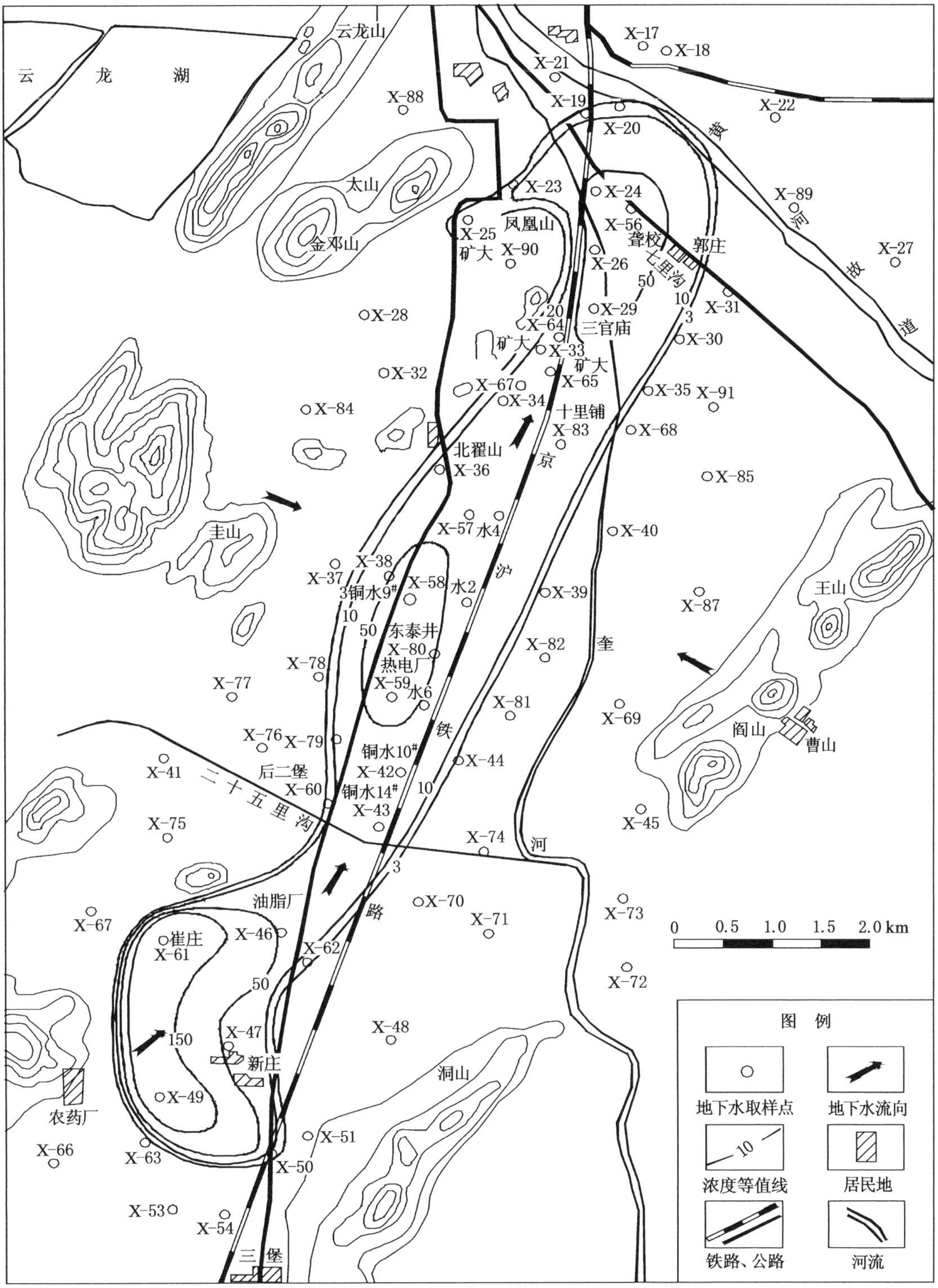

2004年4月30日四氯化碳浓度等值线图

续图 3-16　地下水流场与四氯化碳污染羽关系图

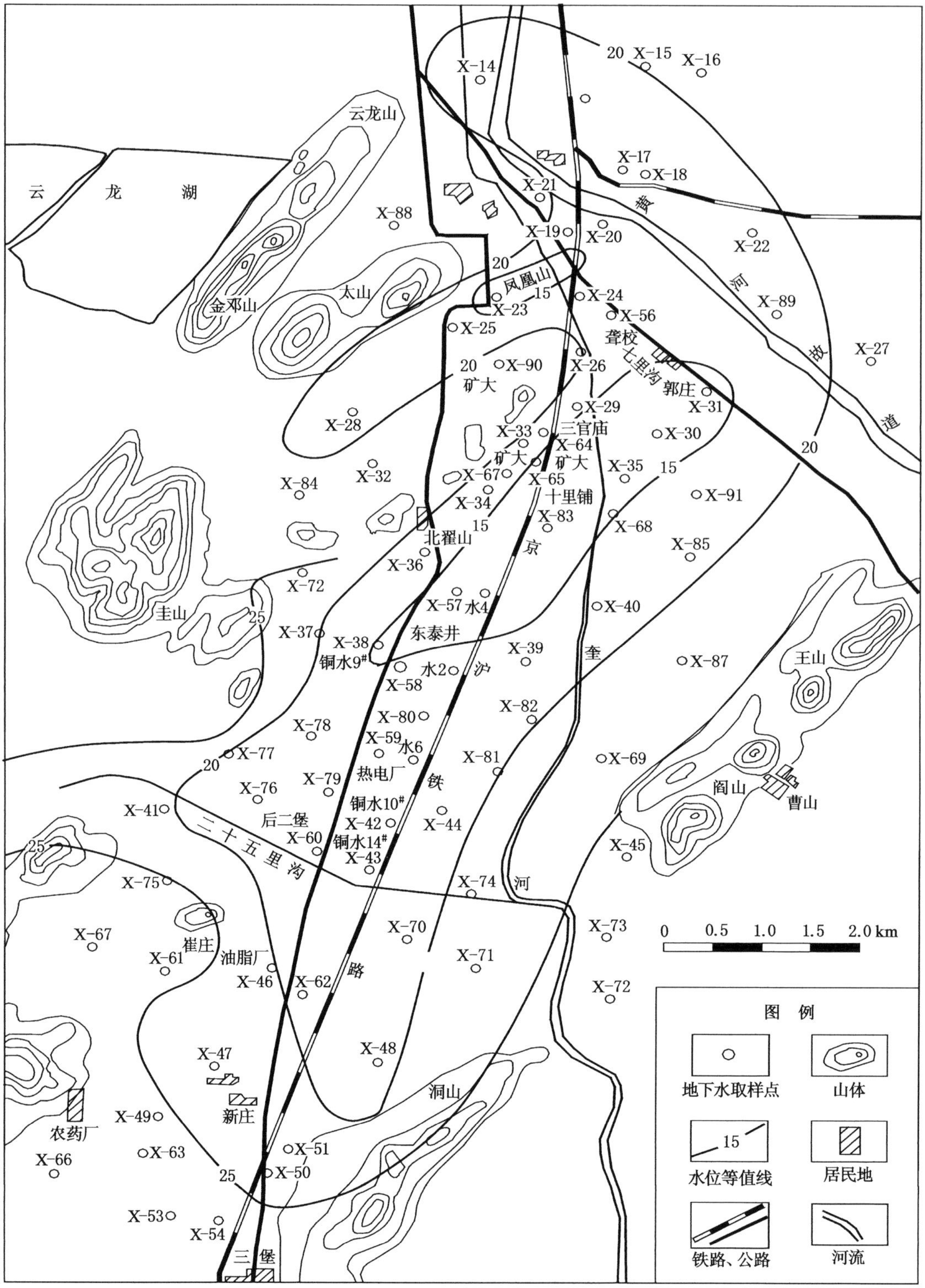

2008年4月等水位线图

续图 3-16　地下水流场与四氯化碳污染羽关系图

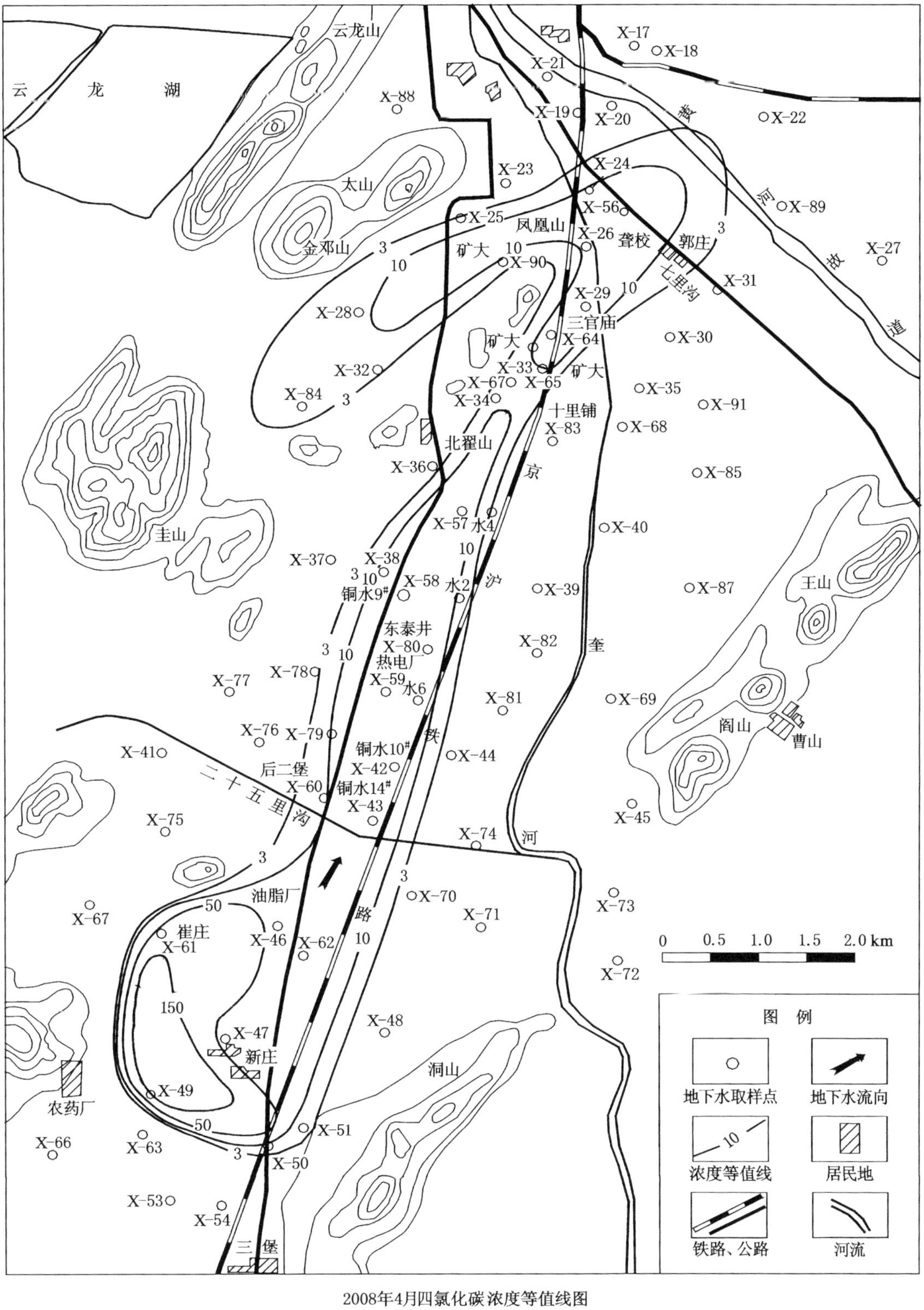

2008年4月四氯化碳浓度等值线图

续图 3-16　地下水流场与四氯化碳污染羽关系图

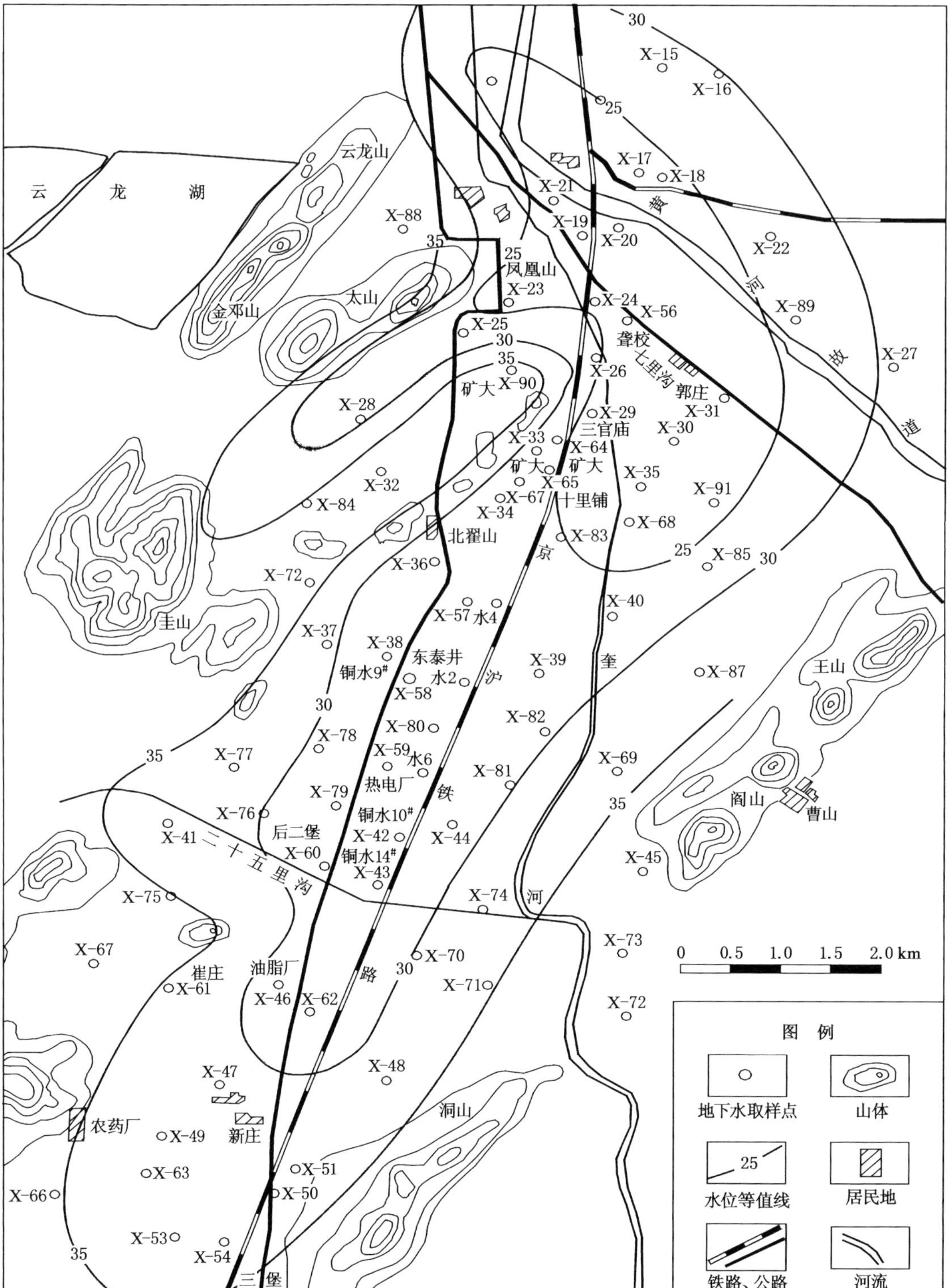

2008年8月等水位线图

续图 3-16　地下水流场与四氯化碳污染羽关系图

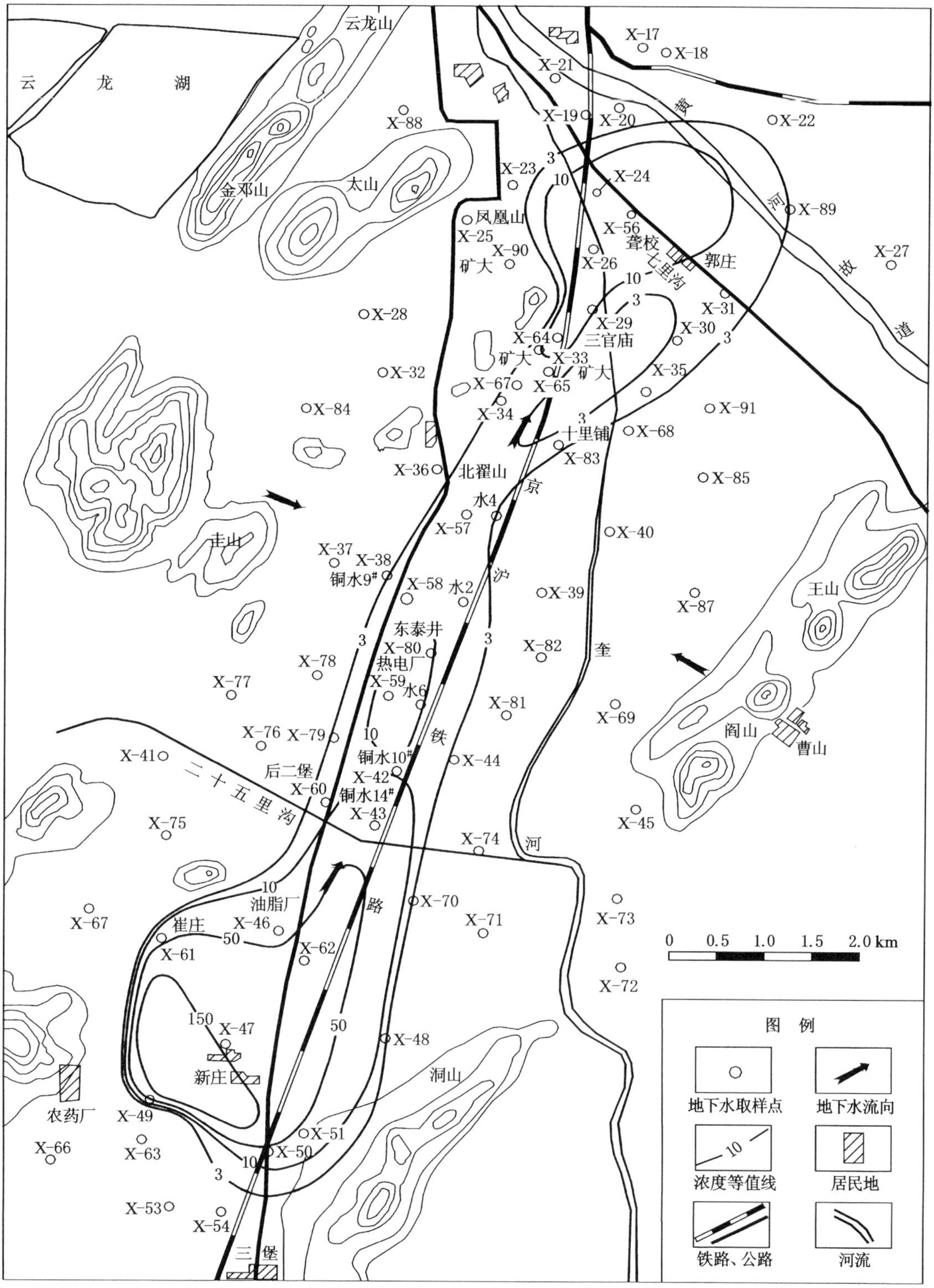

2008年8月四氯化碳浓度等值线图

续图 3-16　地下水流场与四氯化碳污染羽关系图

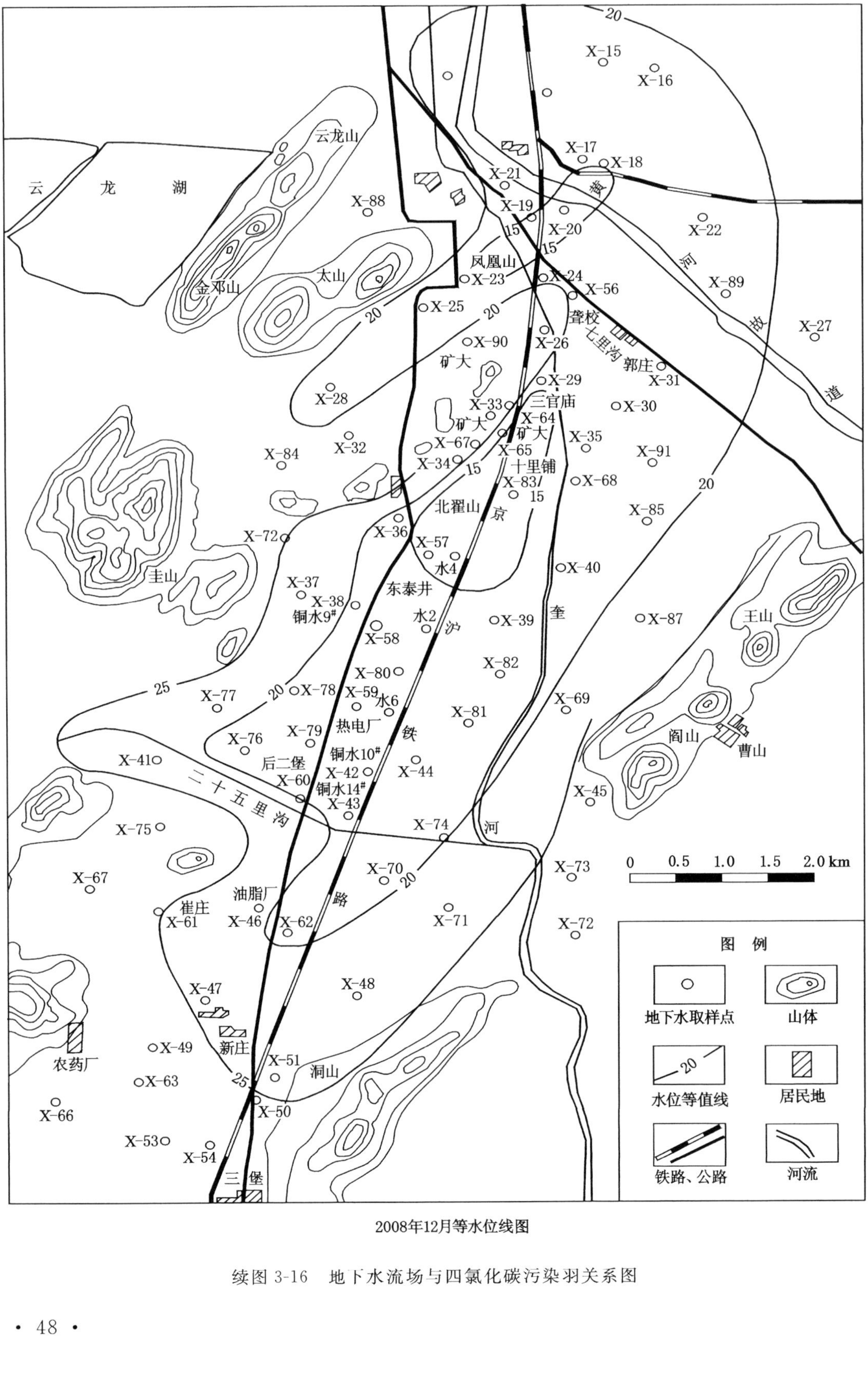

2008年12月等水位线图

续图 3-16　地下水流场与四氯化碳污染羽关系图

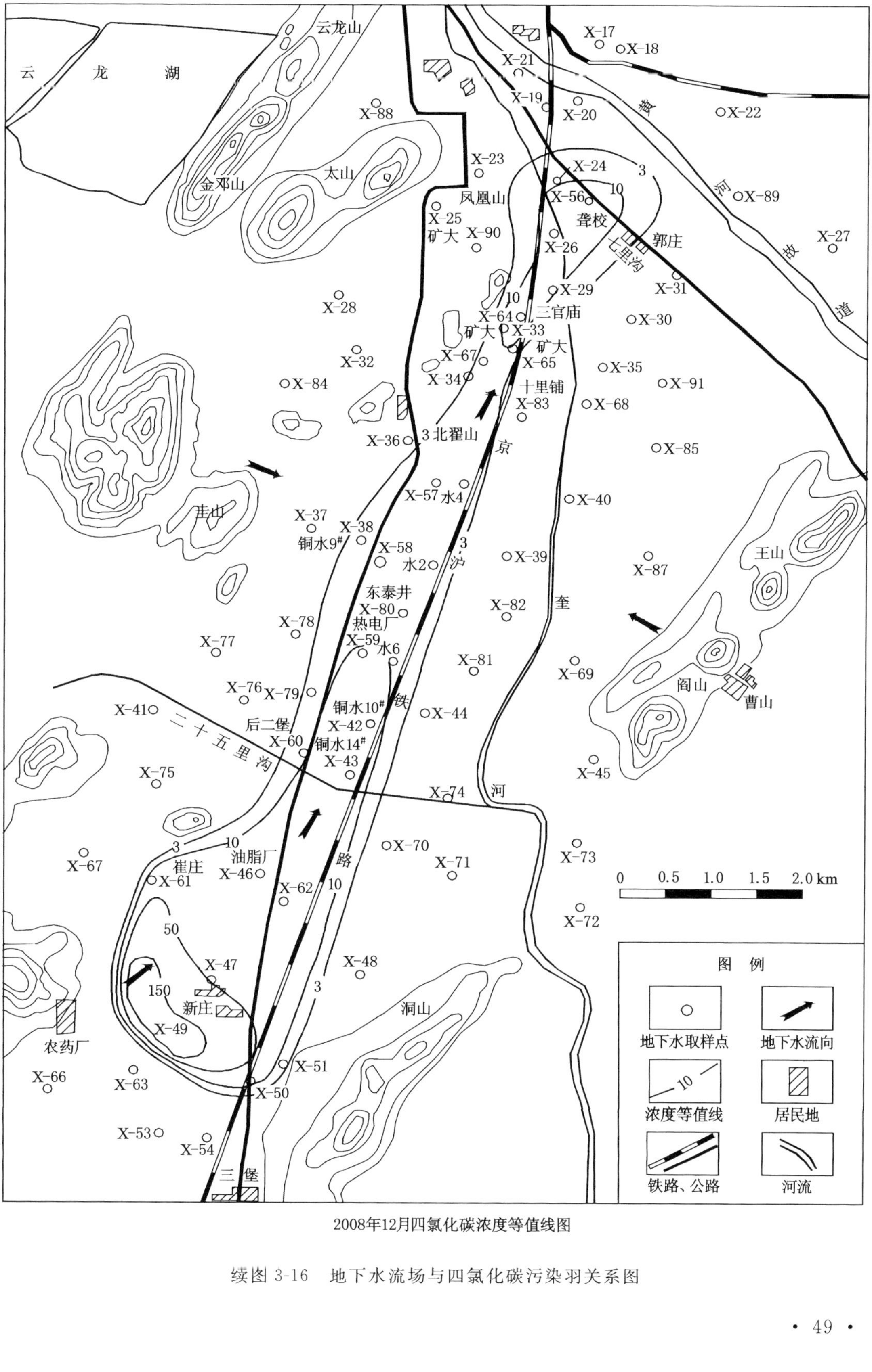

2008年12月四氯化碳浓度等值线图

续图 3-16　地下水流场与四氯化碳污染羽关系图

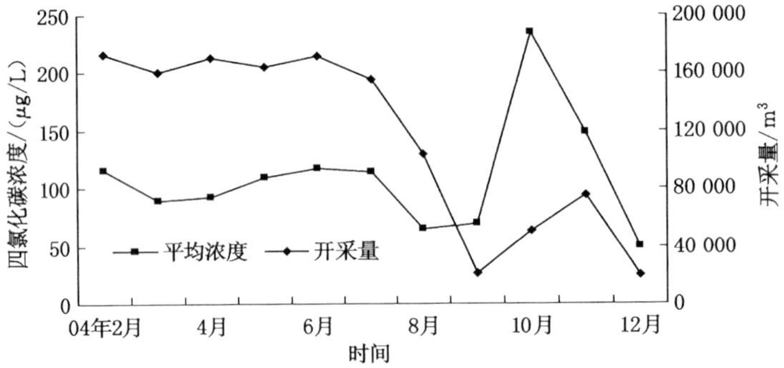

图 3-17 聋校 1# 井四氯化碳浓度与开采量的关系曲线

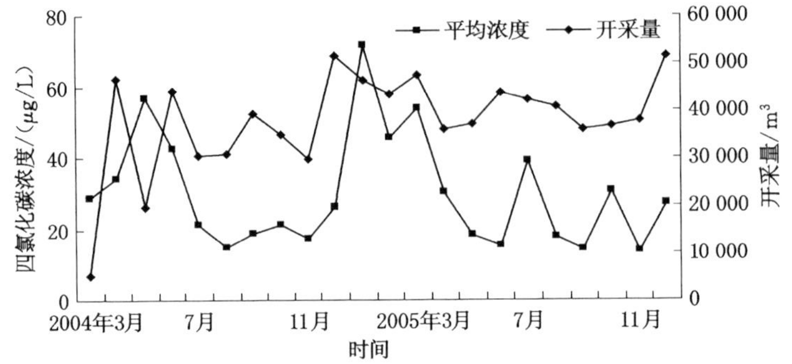

图 3-18 热电厂井四氯化碳浓度与开采量的关系曲线

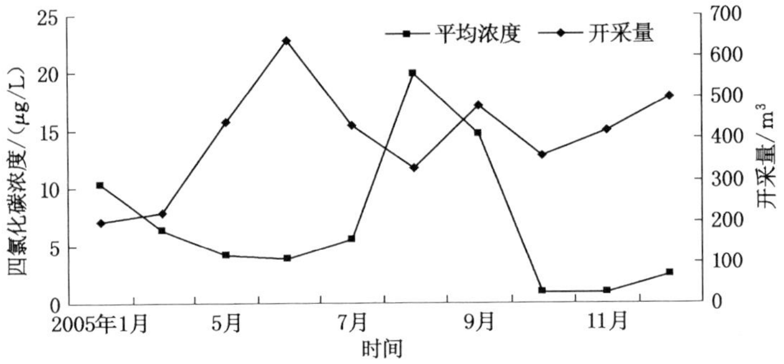

图 3-19 铸本井四氯化碳浓度与开采量的关系曲线

从全区来看,研究区南北开采差异悬殊,2001 年 3 月全区地下水开采量显示北区开采量为全区总开采量的 87.1%,中区开采量约占 10.9%,而南区三堡镇自备井区开采量只占 2.0%(表 3-4)。这种差异性开采加速了污染岩溶水向北区富集,使得北区水井中四氯化碳浓度明显高于中区,形成了“哑铃形”展布的四氯化碳污染羽,这是本区四氯化碳污染的特殊性。随着北区三官庙井群、聋校井群和七里沟井群部分水井的停采,本区岩溶地下水南北开采差异性缩小(见图 3-20),北区水位上升,南北水位差逐渐缩小,2008 年 4 月和 8 月南北最大水位差为 10 m,而 2005 年前为 15 m,地下水流场的改变造成北区污染重心已明显减弱,至 2008 年,北区污染重心已基本消失。这说明人工开采及由此形成的人工水动力场对四氯化碳在岩溶含水层中的空间分布具有重要的影响。

表 3-4　　研究区 2001 年 3 月岩溶地下水开采量

井群号	开采单位	水源井数量/眼	月开采量/10^4 m^3
1	徐州市自来水公司	16	187.6
2	市区各单位自备水源井	24	45.894
3	铜山新区自来水公司	4	33.62
4	新区单位自备水源井、铜山县村、镇	28	6.635
5	三堡镇村	10	5.35
合　计		82	279.099

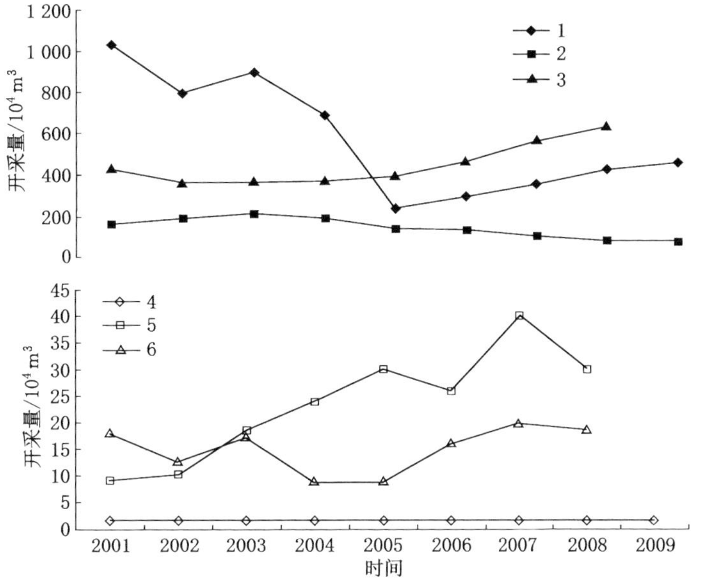

图 3-20　研究区部分水井年均开采量变化情况

1——七里沟 1#、2#、3#、4#、5#、6#、8# 井；2——矿大自备井群；3——铜山新区自来水公司井群；4——某农药厂；5——热电厂井；6——果园井

四、降雨量的影响

研究区岩溶水主要接受大气降雨的补给，总体上来说，降雨对岩溶地下水的脉冲效应比较强烈，在含水层裸露的补给区，岩溶地下水对降雨的响应快，如图 3-21 所示，一般雨后 24 h 之内，地下水位明显升高；而在覆盖区，岩溶地下水通过上覆松散层获得补给，对降雨的响应有滞后效应，一般大雨后 10～15 d，井水位才能达到峰值。降雨对岩溶水中四氯化碳的影响主要表现在以下两个方面：一是对土壤松散层中残留四氯化碳的淋溶，这种影响主要表现在污染源区，尤其是当降雨量很大时。图 3-22 为铜山某农药厂井四氯化碳浓度与降雨量关系曲线，水井中四氯化碳浓度随着降雨而增大，但有一定的滞后性。据钻孔土样测试分析，该井附近土壤中四氯化碳最高含量高达 34.0 μg/kg。二是对岩溶水四氯化碳的稀释作用，这种现象主要出现在中区和北区各井，如图 3-23 所示在汛期连续降雨后，热电厂井和聋校 1# 井四氯化碳浓度逐渐降低，总体上井水中四氯化碳浓度变化滞后降雨 8～15 d。

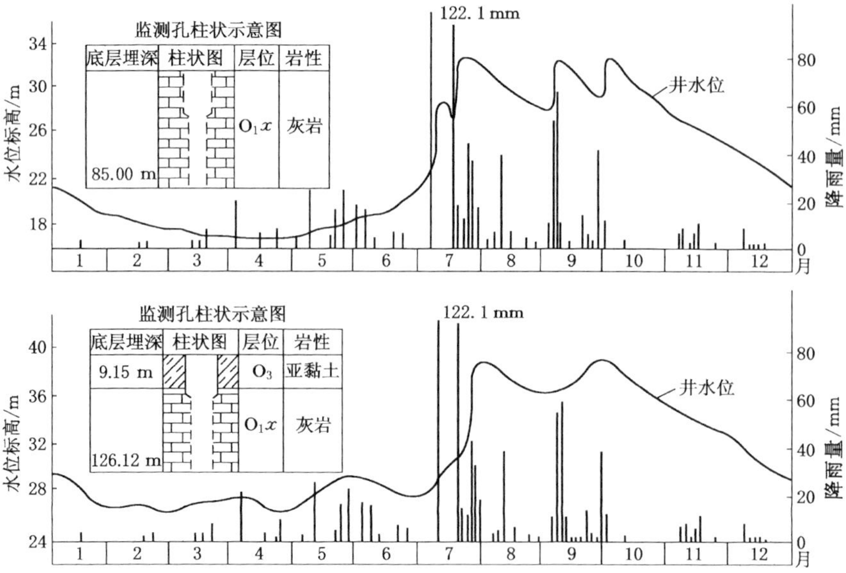

图 3-21　1984 年徐州市岩溶地下水水位对降雨的响应曲线

（引自江苏省水文地质二队相关资料）

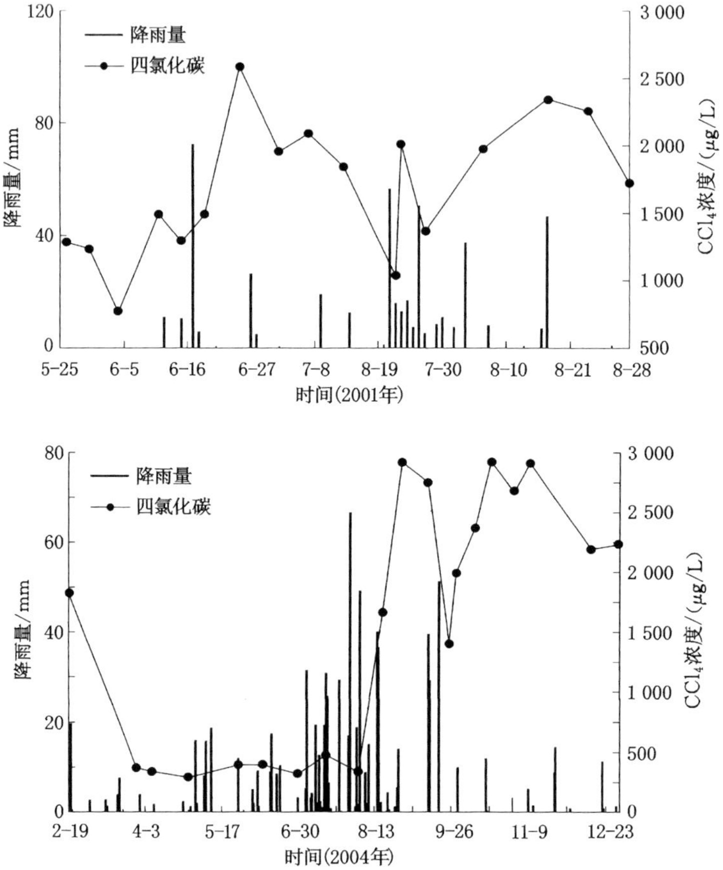

图 3-22　某农药厂井水中四氯化碳浓度与降雨量的关系图

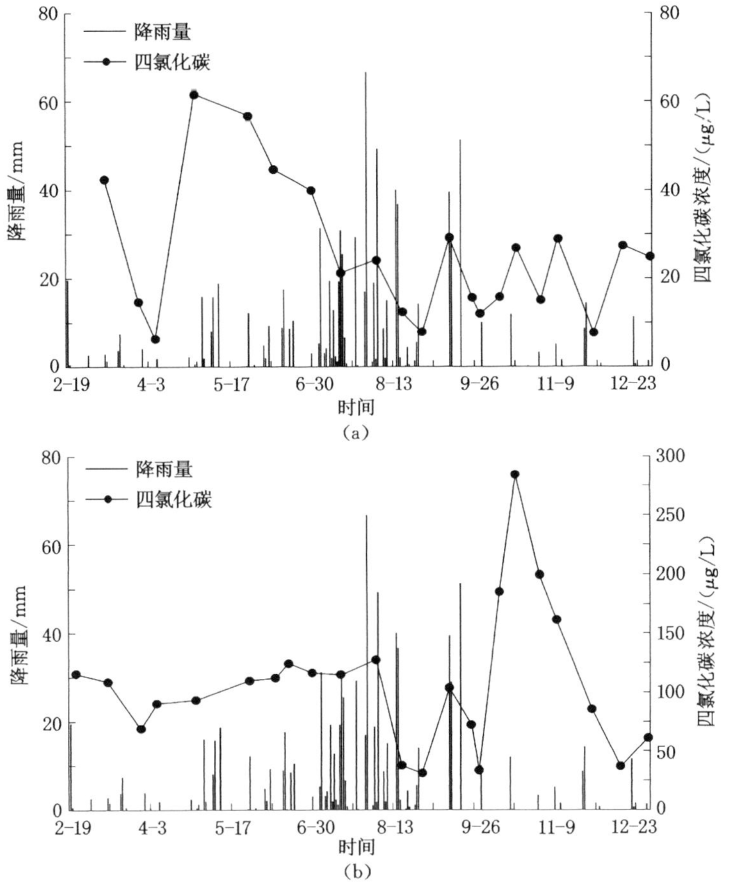

图 3-23 2004 年中区和北区典型井四氯化碳浓度与降雨量的关系图

(a) 热电厂井;(b) 聋校 1# 井

第三节 四氯化碳在岩溶含水层中运移的模式

综合考虑四氯化碳的性质、进入岩溶含水层的途径、区域水文地质条件、四氯化碳在岩溶含水层中运移的控制因素,中区由于有火成岩的隔阻,上下水力联系很弱,同时中区的水井均比较浅,只揭露了浅层污染羽,因此显得污染较轻;北区虽然远离污染源,但由于水井较深,既揭露了浅层污染羽也揭露了深层污染羽,而且深层污染羽(第三岩溶带是本区的主径流带,受的污染也最重)四氯化碳浓度远高于浅层污染羽,因此形成了其独特的空间分布特征。四氯化碳在岩溶含水层运移的概念模型总结如图 3-24 所示。

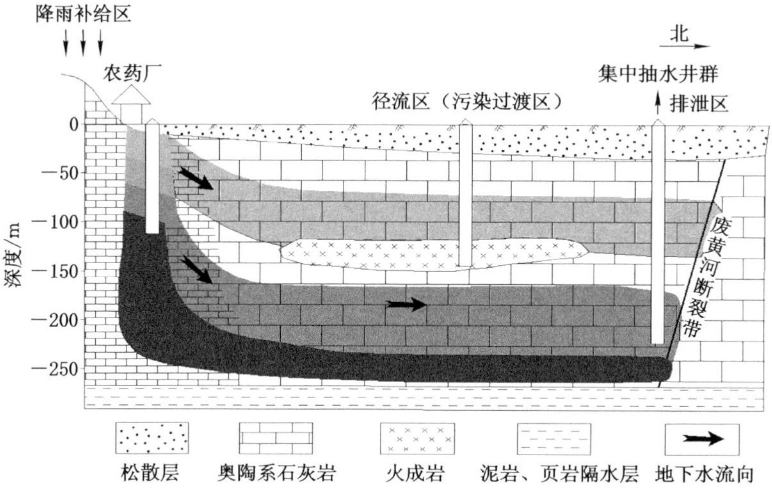

图 3-24　四氯化碳在复杂岩溶含水层中运移机理示意图

第四节　本章小结

（1）四氯化碳污染在岩溶含水层中分布平面上沿强径流带和岩溶发育带（NE 方向）扩展，且表现出南北两个污染重心；垂向上表面现为在水文地质条件相似的情况下，观测井中四氯化碳浓度随井深增加而升高。这主要受区域地质条件、开采活动控制和四氯化碳本身特点所影响。

（2）运用 Mann-Kendall 非参数检验法分析了含水层中四氯化碳浓度序列变化趋势。在 95%置信度水平下，典型观测井的 Z_{MK} 值为 −2.358 38～−5.721 19，表明观测井中四氯化碳浓度呈显著下降趋势，且污染源区和北区下降程度更显著。

（3）含水层中四氯化碳污染羽长度上表现为稳定型、浓度上表现为收缩型。含水层中四氯化碳的衰减主要由区域被动抽出、对流稀释、挥发吸附、微生物降解等过程综合控制。

（4）四氯化碳在含水层中的运动主要受地下水流场、含水介质不均一性、开采强度、降雨等因素的影响。

第四章　松散层中四氯化碳污染特征研究

前已述及,研究区为上覆松散层、下伏岩溶含水层的复合体系,在自然条件下,污染区四氯化碳进入岩溶含水层中的过程为:首先通过渗漏方式进入上覆松散层,接着向岩溶地下水含水层中迁移扩散。因此,首先需要对四氯化碳在上覆松散层中的迁移规律进行研究。

第一节　现场钻探及土样采集

前期研究工作中,为查明四氯化碳污染源,并研究岩溶含水层上覆松散层中四氯化碳污染特征,进一步探查四氯化碳的污染途径,于2001年在污染源区布置了3眼取土钻孔(图中仅显示K2、K3),2004年11月又布置了6眼取土钻孔以测试土壤中四氯化碳含量(04-1、04-2、04-3、04-4、04-5、04-6)。2005年10月在某农药厂井附近4 m左右、距离排污沟3~5 m又布置了土壤钻孔9眼,编号为05-1~05-9。各孔具体位置见图4-1。

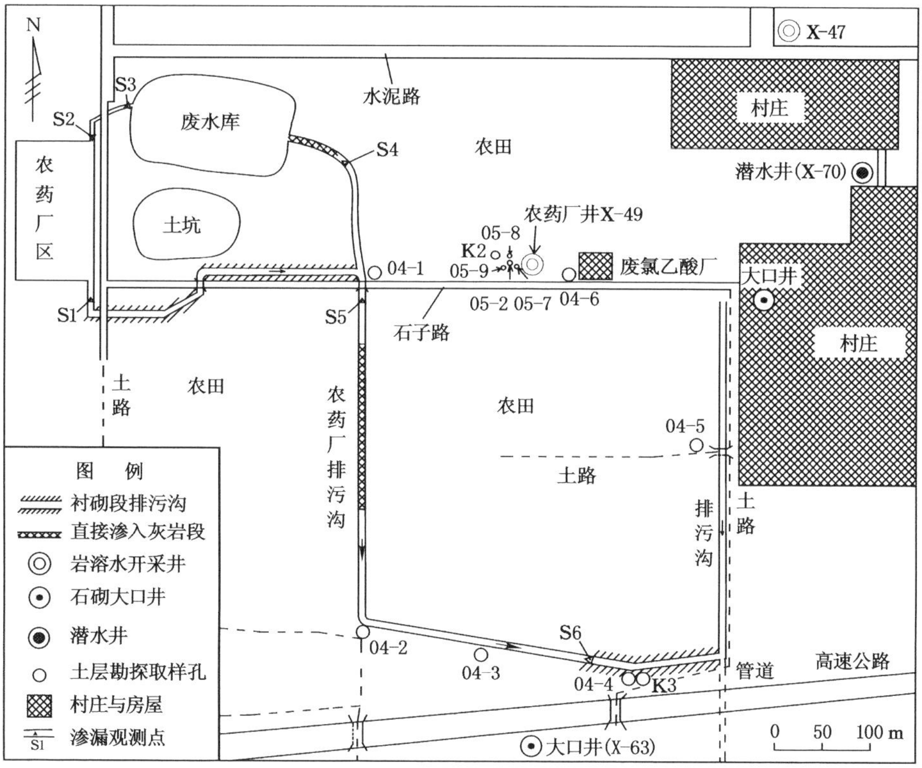

图4-1　土层钻孔布置图

钻孔取样采用 DPP100-3B 型汽车钻，采用回转钻进，钻孔直径 110 mm，回次进尺小于 0.5 m，土层部分用螺纹钻头无水钻进，岩石部分采用合金钻头清水钻进；每 0.5 m 取一组土样，原状土采用 89 mm×200 mm 的厚壁取土器，快速静压取土，扰动土取自原状土下端取土口处的清理碎土(取土口长 100 mm)，岩样取自岩芯管内的岩芯，放入取土筒内用蜡封装(图 4-2)。所有土样 24 h 内送实验室分析测试四氯化碳浓度。部分孔实际工作量见表 4-1。

图 4-2　土壤钻孔施工及采集的土样

表 4-1　各孔的实际工作量表

编号	时间	钻孔深度/m	编号	时间	钻孔深度/m
K1	2001.3.20	18.5	04-1	2004.11.14	2.4
K2	2001.4.2	8.7	04-2	2004.11.14	7.0
K3	2001.4.2	8.5	04-3	2004.11.14	10.5
05-1	2005.3	8.1	04-4	2004.11.14	9.2
05-2	2005.3	4.7	04-5	2004.11.14	7.8
05-3	2005.4	5.7	04-6	2004.11.14	5.0
05-4	2005.4	6.7	05-7	2005.10.16	5.2
05-5	2005.4	5.7	05-8	2005.10.16	5.2
05-6	2005.4	6.2	05-9	2005.10.16	5.2

第二节　污染源区松散层中四氯化碳污染特征

一、松散层中四氯化碳的分布特征

农药厂排污渠和农药厂井附近的松散层中均检测出四氯化碳(表 4-2)，最高含量出现在农药厂供水井附近，如 04-6、05-2 孔，其四氯化碳最高浓度分别为 34.0 μg/kg 和 37.6 μg/kg。四氯化碳主要在 3 m 以下的土层中检测到，最大含量出现在 3.8～8.7 m 区域范围内；而表层土壤四氯化碳含量相对较低或未检出。总体来说，土壤中四氯化碳含量随着深度增加而增加，其垂向分布具有不连续性。

表 4-2　　　　土壤中四氯化碳、氯仿含量

孔号	孔深/m	四氯化碳			氯仿		
		检出深度/m	含量/(μg/kg)	最大含量检出深度/m	检出深度/m	含量/(μg/kg)	最大含量检出深度/m
K2	9.10	0.8～8.7	1.3～2.9	4.6～4.8	—	—	—
K3	6.0	0.8～5.3	1.1～7.7	6.5～7.0	—	—	—
04-2	7.0	1.5～1.7 6.5～7.0	0.9～2.8	6.5～6.7	5.0～6.7	9.5～19.8	6.5～6.7
04-3	10.5	4.0～6.7	0.7～1.1	5.5～5.7	2.5～10.2	5.3～11.7	9.0～9.2
04-4	9.2	5.0～8.7	0.7～1.1	8.5～8.7	7.8～8.0	15.8	7.8～8.0
04-6	5.0	0.5～4.7	0.7～34.0	4.0～4.2	—	—	—
05-1	8.1	—	—	—	0.5～8.1	5.3～9.2	5.0～5.2
05-2	4.7	2.5～4.7	3.3～42.2	4.0～4.2	0.2～4.7	2.7～26.5	4.0～4.2
05-3	5.7	—	—	—	1.2～5.7	2.7～7.3	1.0～1.4
05-4	6.7	5.5～6.2	1.0～1.8	5.5～5.7	1.0～5.7	2.6～8.0	3.5～3.7
05-6	6.2	—	—	—	0.2～6.2	6.9～11.3	2.5～2.7
05-7	5.5	2.7～4.7	7.6～33.5	4.2～4.4	—	—	—
05-8	5.4	3.2～5.4	1.8～47.1	5.2～5.4	—	—	—

注：“—”为未检出。

二、松散层中氯仿的分布特征

04-2、04-3、04-4、05-1、05-2、05-3、05-4、05-6 孔检测到氯仿，其中 04-2、04-3、04-4 检出深度大部分位于 4 m 以下，氯仿的分布范围大于四氯化碳，测定浓度高于同深度土样所含的四氯化碳，最高浓度分别为 19.8 μg/kg、11.7 μg/kg、15.8 μg/kg，出现在 6.5～6.7 m 的黏土夹灰岩、9.0～9.2 m 的强烈风化火成岩、7.8～8.0 m 的裂隙黏土中。而 05-1、05-3、05-6 孔从地表至终孔均有氯仿分布，但未检测到四氯化碳。

三、松散层孔隙水中四氯化碳和氯仿分布特征

为了进一步研究土壤中四氯化碳和氯仿的分布，本项目在松散层中布设了 6 个孔隙水监测孔（图 4-1 中 05-1，05-2，…，05-6 孔），监测钻孔结构图如图 4-3 所示。从 2005 年 7 月 12 日开始监测，至 2006 年年底总共采样 14 次（后因钻孔被破坏，以至无法监测），获得孔隙水监测数据 46 个。结果表明：① 仅在丰水期（主要是 7 月下旬～10 月上旬）能监测到孔隙水；② 05-2 孔孔隙水中检测出四氯化碳 4 次，含量为 1.4～2.8 μg/L，05-6 孔检测出 2 次，含量分别为 1.6 μg/L 和 2.1 μg/L，05-5 孔检测出 1 次，含量为 2.3 μg/L，其余钻孔孔隙水中未检测出四氯化碳。所有钻孔孔隙水中均未检测出氯仿。

松散层孔隙水监测孔现场照片

钻孔深度/m	分段厚度/m	钻孔结构		
		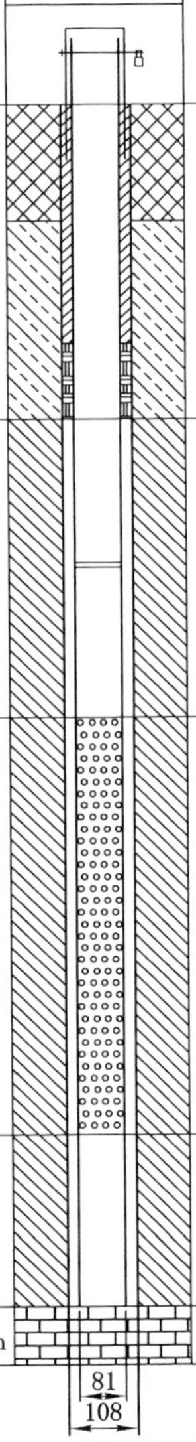	地面以上	井孔管高出地面5～15 cm，上加镀锌“铁桶”井盖，盖、管穿孔加锁，钥匙按孔编号，为便于保护，盖加土覆盖
5 100～8 400	1 000		上部止水部分	地面下1 m以上30 cm宽处用海带多层缠绕，用铅丝扎紧，下入孔内，海带之上管壁与孔壁之间用黏土捣实，用以阻止雨季地表水自孔壁流入孔内，确保观测到的为第四系孔隙水
	1 600～3 900		中部管身	钻孔内径108 mm，孔内套管采用PVC塑料管，管径75 mm，壁厚3 mm，管壁接箍外径81 mm；管壁与孔壁孔隙13.5 mm
	2 000～3 000		中部透水管部分	透水管梅花状布孔，钻孔直径8 mm，钻孔纵横间距2 cm；孔隙率20%；透水管外缠60目尼龙纱网，用铁丝缠绕扎牢，确保孔内水位无障碍地进入管内
	500		底部封底	管底用带接箍的堵头用胶粘牢封死
单位：mm				
		81 108		

图 4-3　松散层孔隙水监测孔结构图

四、污染源区松散层中四氯化碳存在形态的判断

四氯化碳可以以土壤气相、水溶相、自由相或被土壤吸附等状态存在于土壤环境中。对于单一 DNAPL 污染源，我们可以用下式来判断土壤中是否存在自由相的四氯化碳[26]。

$$C_{sat,soil}=S\times\frac{\theta_w+K_d\cdot\rho_s+H_{eff}\cdot\theta_a}{\rho_s} \tag{4-1}$$

式中 $C_{sat,soil}$——DNAPLs 在土壤中的饱和浓度，mg/kg；

S——DNAPLs 在水中的饱和溶解度，mg/L；

θ_w——土壤含水率，L-water/L-soil，无量纲；

θ_a——土壤含气率，L-air/L-soil，无量纲；

K_d——土壤水吸附系数，L/kg；

H_{eff}——有效亨利常数，无量纲；

ρ_s——土壤干重度，kg/L。

各参数取值如下：

$S=762.25$ mg/L；$K_d=K_{oc}\times f_{oc}$，$\log K_{oc}=2.04$，f_{oc}——土壤中有机碳含量(无量纲)，$f_{oc}=0.01$；$H_{eff}=H/RT$，$H_{24.8℃}=2.3\times10^{-2}$ atm·m³/mol，$R=8.314$ J/(mol·K)。

若土样实测四氯化碳浓度大于 $C_{sat,soil}$，则说明四氯化碳污染源存在。

为此测试了 05-2 孔土样的相对密度、密度和含水率(质量比)，并据此计算了孔隙率、饱和度、含气率和含水率 θ_w(体积比)。将各参数代入式(4-1)，计算出 $C_{sat,soil}$(表 4-3)。$C_{sat,soil}$ 远远大于土壤四氯化碳含量实测值(土壤四氯化碳含量实测最大值为 42.2 μg/kg)，说明污染源区松散层中不存在自由相的四氯化碳。

表 4-3　污染源区土壤性质及 $C_{sat,soil}$ 计算结果

土样编号	取样深度/m	密度/(g/cm³)	含水率/%	相对密度	干重度/(g/cm)	孔隙率/%	饱和度/%	含气率/%	含水率 θ_w/%	$C_{sat,soil}$/(mg/kg)
05-2-1	0.5~0.7	1.84	11.3	2.69	1.65	38.5	48.0	20.02	18.48	1 008.21
05-2-2	1.0~1.2	1.78	15.9	2.73	1.54	43.8	56.0	19.27	24.53	1 046.98
05-2-3	1.5~1.7	1.99	24.8	2.76	1.59	42.2	94.0	2.53	39.67	1 037.40
05-2-4	2.0~2.2	1.92	21.9	2.74	1.58	42.5	81.0	8.08	34.43	1 038.59
05-2-5	2.5~2.7	1.96	24.0	2.74	1.58	42.3	90.0	4.23	38.07	1 038.67
05-2-6	3.0~3.2	1.99	24.3	2.75	1.6	41.8	93.0	2.93	38.87	1 034.12
05-2-7	3.5~3.7	1.98	25.7	2.76	1.58	42.9	94.0	2.57	40.33	1 042.04
05-2-8	4.0~4.2	1.98	25.5	2.75	1.58	42.6	94.0	2.56	40.04	1 040.60
05-2-9	4.5~4.7	1.94	27.5	2.77	1.52	45.1	93.0	3.16	41.94	1 061.04
平均值		1.93	22.3	2.74	1.58	42.4	82.6	7.26	35.15	1 038.63

五、松散层四氯化碳来源及其空间分布的影响因素

（一）松散层四氯化碳污染源分析

松散层四氯化碳来源的差异将直接影响四氯化碳在土层中的分布。本区松散层中四氯化碳主要有两个来源：排污渠渗漏和岩溶水向上浸润。

2001 年丰水期的两次测试结果表明，排污渠中废水渗漏率最高达 22%。因此对于靠近排污渠的土层来说，废水的入渗是土壤四氯化碳污染的主要原因。

而对于远离排污渠的土层，如 K-2、04-6、05-2 孔松散层，主要是因为地下水对土层的浸润和四氯化碳的挥发作用所致。丰水期期间地下水水位抬升，水位高于基岩面，使松散层底部浸没于水中而遭受污染。某农药厂井附近第四系厚度为 5.0～9.0 m，而 2001 年、2004 年丰水期两次统测水位埋深为 7.08 m、5.71 m，而此期间某农药厂井地下水中四氯化碳浓度为 1 032.2～2 254.8 μg/L（2001 年 7 月～8 月）和 335.8～1 992.3 μg/L（2004 年 7 月～2004 年 9 月）。因此，在丰水期期间有部分土层浸没在高浓度四氯化碳的地下水中，从而使得松散层遭受四氯化碳污染。

（二）挥发作用对四氯化碳空间分布的影响

挥发作用的强弱将直接影响下渗污水中四氯化碳的浓度，从而影响排污渠附近松散层中的四氯化碳含量。2004 年 8 月 18 日、2004 年 11 月 16 日进行了两次四氯化碳挥发率测试表明，废水中四氯化碳浓度呈指数下降，在排污渠中流经 150 m 左右时，已衰减了 65%～80%（图 4-4）。因此 04-2、04-3、04-4 孔土壤中四氯化碳含量相对较低，而 05-5 孔中甚至没有检测到出四氯化碳。

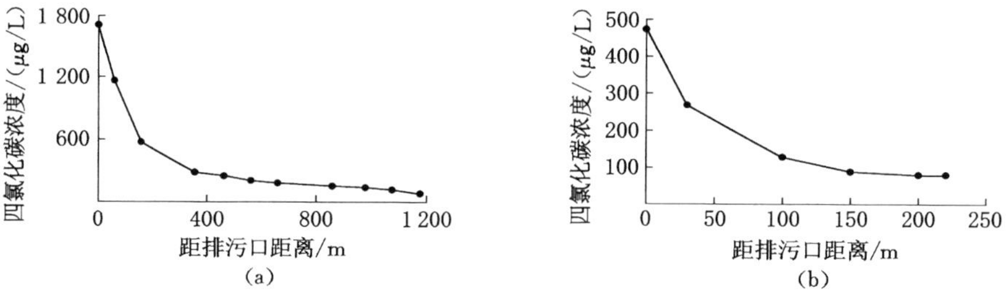

图 4-4　四氯化碳在排污渠中的挥发衰减特征

(a) 2004 年 8 月 18 日；(b) 2004 年 11 月 16 日

四氯化碳可以从松散层中挥发[33]，而表层土壤一般较松散，更有利于挥发。排污渠中含高浓度四氯化碳的废水在土壤中一边下渗，一边受挥发作用的影响，在土壤浅层通过土壤孔隙挥发逸出。因此靠近排污渠的 04-1 孔未检测出四氯化碳，该孔基岩埋深仅为 2.2 m。W. A. Jury 等根据挥发实验和假定四氯化碳在土壤不同深度上分布均一，预测了 1 cm 和 10 cm 土壤深度的四氯化碳挥发半减期分别为 0.2 d 和 0.8 d[34]。这表明随着深度的增加，挥发作用逐渐减弱，因此土壤中四氯化碳含量随深度增加，这与监测结果基本一致。

（三）四氯化碳自然衰减作用的影响

有研究表明，四氯化碳可以还原脱氯生成氯仿和二氯甲烷[35]，腐植酸和还原性 Fe 的存在会加速其还原脱氯的速度[36]。取土钻孔位于农田之中，有丰富的有机质，同时钻探成果

表明松散层中含有大量的铁锰结核，可以促进四氯化碳的降解。另外，多年的监测资料表明，某农药厂排污废水和该厂附近地下水中均未检测出氯仿，而在两次钻孔勘查中均检测到氯仿。由此可以初步判断四氯化碳在土层中发生了自然衰减作用，降解产物为氯仿。四氯化碳的降解将影响其空间分布，如靠近排污渠的05-6孔仅检测出氯仿，而没检测到四氯化碳。

六、四氯化碳进入岩溶含水层的途径

通过对区内水文地质条件现场调查和钻孔资料的系统研究，确定了污染物四氯化碳的分布特征及进入含水层的途径，具体有以下三种方式。

(1) 某农药厂厂区废水直接渗入岩溶含水层

某农药厂直接坐落在基岩上，厂区内的生产废水可以通过基岩直接进入岩溶含水层，如图4-5所示。

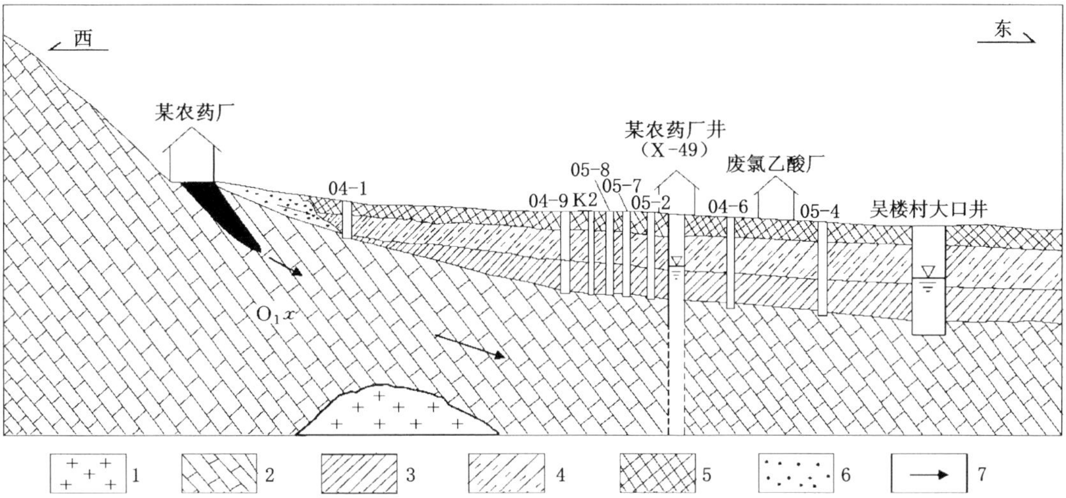

图4-5　污染源区东—西向剖面示意图

1——火成岩侵入体；2——石灰岩；3——黏土；

4——粉质黏土；5——耕植土；6——砂；7——四氯化碳运移方向

(2) 高浓度的四氯化碳废水通过岩溶裸露段直接流入岩溶含水层

含有四氯化碳的生产废水通过排污渠时，由于局部地段无衬砌导致基岩段裸露，而污水可以通过基岩裸露段直接流入岩溶含水层，如图4-6所示。由于整个排污渠仅存在数米基岩裸露区，且自2001年发现污染后进行了砌衬，因此四氯化碳通过基岩裸露段的直接渗入量不会太大。

(3) 过排污渠底松散层的渗漏间接进入岩溶含水层

排污渠的侧向及底部无隔水层存在，含有四氯化碳的生产废水先渗入排污渠底部松散层再渗漏进入下伏岩溶含水层，这是污染源区四氯化碳主要的渗漏补给方式。根据2000年11月监测数据显示，排污渠中四氯化碳浓度最高达2 584.4 μg/L。排污渠实景如图4-7所示。

图 4-6　某农药厂排污渠基岩裸露段情况

图 4-7　某农药厂排污渠松散层覆盖段情况

第三节　四氯化碳在松散层中垂向迁移实验模拟研究

通过对现场勘探以及地下水四氯化碳监测，发现农药厂排放的含四氯化碳废水通过松散层下渗是地下水四氯化碳污染的重要途径。

影响四氯化碳在松散层中迁移的因素是多方面的。有机污染物在土壤/沉积物上的吸附/脱附作用在很大程度上影响它们在环境中的迁移和归宿。对于一定有机碳含量(一般 $f_{oc}>0.1\%$)的土壤/沉积物而言，难溶性有机化合物的吸附主要发生于有机质(NOM)区域[34,37]，显然有机质区域是决定吸附和脱附的最关键因素之一，是影响污染物在松散层中迁移的重要因素。

另外，松散层剖面的构成对于有机化合物在其中的迁移影响也很大，由于不同的土层其粒径、含水量、孔隙率、孔隙孔径等是不同的，而挥发性有机污染物在松散层中运移时由于发生了水-气以及水-固体颗粒之间的物质交换会产生一定的延滞作用[38]。当松散层中含有夹层，由于松散层含水率以及含气率的改变，有机污染物在松散层中的延滞也会发生相应的变化，夹层的存在会导致有机污染物的局部蓄积[39]。因此，松散层中存在夹层时对于有机污染物的运移也将会产生较大的影响。虽然松散层中有机质的吸附是滞留有机污染物的重要因素，但是构成松散层颗粒大小所产生的表面吸附作用也不容忽视。

综上所述，本试验研究主要从松散层有机质含量、松散层夹层、松散层颗粒大小这三个因素考察其对四氯化碳在松散层中迁移的影响。

一、实验设计

(1) 供试土样

土样来自某农药厂井附近未监测出四氯化碳的05-9号钻孔。土样经自然晾干，粉碎去除大颗粒、树枝、塑料等杂质后备用。同时，土柱中部分层段选用细砂填柱，以构成砂质土壤夹层，分析不同松散层夹层对四氯化碳的影响。选用的细砂以及松散层的基本性质见表4-4。

表 4-4 实验选用松散层的基本性质表

土层编号	土壤质地	土壤颗粒大小分布/(mm,%)			有机碳/%	干密度/(g/cm³)	饱和含水率/%
		砂粒(0.02～2)	粉砂粒(0.002～0.02)	黏粒(<0.002)			
C7孔(0.2 m)	黏壤土	33.07	42.2	24.73	1.60	1.65	23.85
C5孔(2.2 m)	黏壤土	34.71	44.51	20.78	0.13	1.58	31.76
C3孔(4.2 m)	粉砂质黏壤土	26.47	52.75	20.78	0.059	1.58	31.12
细砂	砂质壤土	67.8	29.9	2.3	—	—	—

(2) 实验装置与土柱填充

本次模拟试验所使用的模拟装置见图4-8和所附彩页图。整个装置由钢架固定；主体部分为有机玻璃柱，规格：长2 000 mm、外径80 mm、内径70 mm；在玻璃柱侧壁从下至上每间隔100 mm设置1个取样口，取样头可伸入柱内65 mm。

试验填充土柱高度为120 cm，土柱底部衬垫100目不锈钢网。土柱填充示意图见图4-8所示。图中所示土柱中右侧编号为取样孔编号，左侧编号为土层编号。各层所填土样情况见表4-5。

表 4-5 试验土柱中各层填充土样

	C8(分散导流层)	C7	C6	C5	C4	C3	C2	C1
填充物	细砂	05-9孔 0.2 m 深处土壤	细砂	05-9孔 2.2 m 深处土壤	细砂	05-9孔 4.2 m 深处土壤	细砂	平均粒径 2 mm 以上粗砂
层厚/cm	10	10	10	10	40	10	20	10

k7至k1孔依次深度为(以出水口位置为准，不计C8分散导流层厚)：5 cm，15 cm，25 cm，45 cm，55 cm，75 cm，95 cm。

进行土样填充时，按照顺序依次填充、压实，使实验土层中的气体尽量最少。

(3) 供试四氯化碳溶液的配制

试验用四氯化碳溶液的浓度力求接近钻孔附近排污沟中废水四氯化碳的浓度，据实验时期监测排污渠附近钻孔松散层中四氯化碳浓度为20～45 μg/L，因此试验用四氯化碳溶

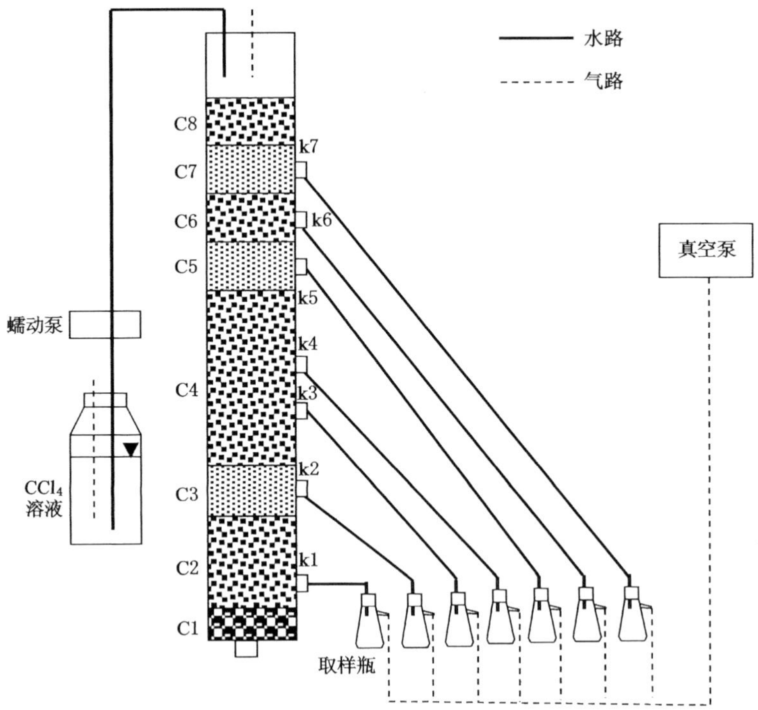

图 4-8 土柱渗透模拟试验装置示意图

液配制浓度也在此范围。使用气相色谱仪对配制好的四氯化碳溶液进行浓度校准，取平行样测定，确定供试的四氯化碳溶液浓度为 42.2 μg/L。

（4）实验运行

① 由于排污沟中四氯化碳经沟底土壤向下渗漏是在饱水状态下迁移的，因此在进行土柱模拟试验时也将模拟土壤饱水状态下四氯化碳的迁移。

② 首先使用蠕动泵以 100 r/min 的转速向土柱中注入蒸馏水，保持土面上 10 cm 的水头压力，直至土柱最下端出口开始出水为止，此过程中详细记录蒸馏水渗透到各层时所需要的时间，作为注入四氯化碳溶液过程中从各个取样孔取样时间的参照。

③ 待土柱最下端出水量基本稳定时停止注入蒸馏水，认为此时土柱基本呈饱水状态。

④ 蠕动泵以 100 r/min 的转速向土柱中注入四氯化碳溶液，由于渗透速度限制，采取间歇式注入，也保持土面上 10 cm 的水头；参照步骤②中所记录的溶液到达各层的时间从各取样孔抽取溶液进行监测，每个取样孔每次取样 10 mL，装入顶空瓶，密封送实验室检测。如此取样，直至最下端 k2 孔出水中四氯化碳浓度稳定为止（由于考虑最下面的 k1 孔处土层与空气连通接触，四氯化碳向空气中挥发可能性较大，因此不以 k1 孔出水中四氯化碳浓度为参考），停止注入四氯化碳溶液。使用金属药匙从各取样孔取土壤样测定此时各层土壤中四氯化碳含量，各孔取土样量为 10 g，同样装入顶空瓶密封送实验室检测。

二、结果与讨论

从开始注入四氯化碳溶液至处于最下部的土层（k2）出水四氯化碳浓度基本趋于平衡

共用时 16 d，对每个取样孔出水四氯化碳浓度进行了系统监测，结果见表 4-6。

表 4-6　　**试验土柱出水中四氯化碳浓度变化表**　　单位：μg/L

编号深度 \ 时间/d		1	1.5	2	3	4	5	6	8	11	14	16
k7	5 cm	5.5	6.4	6.8	15.4	26.8	36.7	35.7	42.5	42.2	43.1	41.9
k6	15 cm	0	4.3	6.1	12.7	23.5	42.3	42.3	43.5	44.7	49.3	53.9
k5	25 cm	0	0	0	8.7	17.3	40.2	40.2	39.8	41.6	45.7	48.2
k4	45 cm	0	0	0	0	15.1	32.8	32.8	39.7	40.3	55.1	67.8
k3	55 cm	0	0	0	0	14.8	26.7	26.7	55.7	58.9	73.6	75.2
k2	75 cm	0	0	0	0	0	16.9	16.9	46.8	49.3	53.1	47.5
k1	95 cm	0	0	0	0	0	0	0	0	36.7	33.2	43.5

（一）土壤有机碳含量对四氯化碳吸附的影响

（1）不同有机碳含量的土层出水四氯化碳浓度变化趋势

为了分析有机碳含量对土层四氯化碳吸附的影响，分别对 3 层（k7、k5、k2 孔）有机碳含量差别较大的土壤层中出水四氯化碳浓度和不含有机碳的砂土层（k6、k4、k3 孔）出水四氯化碳浓度随时间的变化情况作历时曲线，见图 4-9 所示。

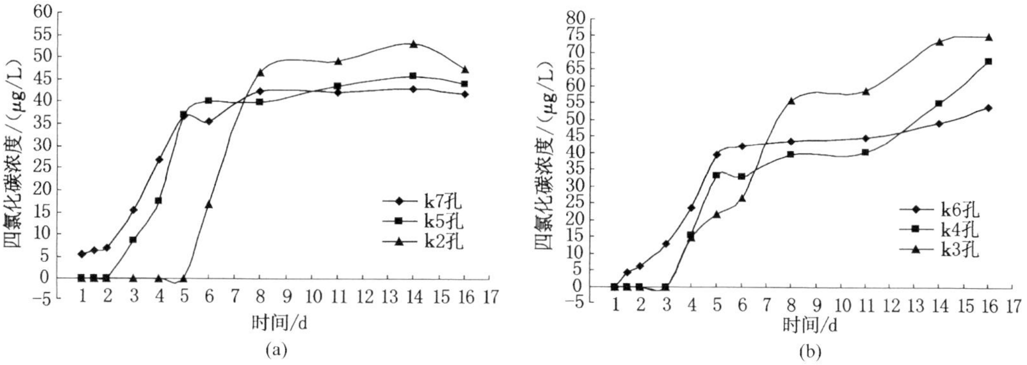

图 4-9　出水中四氯化碳浓度历时曲线

图 4-9(a)为本次试验所选用的 3 层（k7、k5、k2 孔）有机碳含量差别较大的土壤层中出水四氯化碳浓度随时间的变化情况。图 5-3(b)为不含有机碳的砂土层（k6、k4、k3 孔）出水四氯化碳浓度随时间的变化曲线。

从图 4-9(a)可以看出，所处土层有机碳含量最高的 k7 孔，从出水可检测出四氯化碳至四氯化碳浓度基本不发生变化（即土壤吸附达到饱和或者平衡）所用的时间最长大约为 5 d；而有机碳含量较少的 k5 孔出水四氯化碳浓度达到稳定所用时间比 k7 孔要少，约为 4 d；有机碳含量最低的 k2 孔出水四氯化碳浓度达到稳定所需要的时间约为 3 d。由此可以看出，四氯化碳溶液在穿过有机碳含量较高的土壤层时，土壤对四氯化碳的滞留能力也较强。有机碳含量较低的土壤，吸附四氯化碳达到饱和所用的时间也短。由图 4-9 曲线可确定达到吸附平衡时 k7、k5、k2 各孔出水四氯化碳浓度分别约为 42.5 μg/L、43.0 μg/L、52.5 μg/L。

图 4-9(b)所示为基本不含有机碳的 k6、k4、k3 孔出水四氯化碳浓度，可以看出在 k7、k5、k2 这三个有机碳含量高的土壤中四氯化碳吸附达到饱和时，这三个孔出水四氯化碳浓度仍然在不断地升高(四氯化碳浓度升高甚至超过初始注入浓度的原因是下部黏土夹层的阻滞作用所致，将在后面有关章节进行分析)，间接说明这三个取样孔处基本不含有机碳的土层对四氯化碳基本没有吸附滞留作用。

(2) 平衡时土壤中四氯化碳的含量

当各孔出水中四氯化碳浓度基本不发生变化时，认为该层土壤已经吸附饱和或者吸附达到平衡，此时从各孔中取土壤样进行四氯化碳含量的测定。

有机化合物的摩尔吸附热为一常数，其值与土壤的负荷无关，而且有机化合物的土壤-水分布系数与其水溶解度呈负相关[40]。在此基础上，C. T. Chiou 等提出非离子有机化合物在土壤中的吸附实际上是在土壤有机质中的分配作用，分配理论很容易解释非离子有机化合物有机质-水分布系数和辛醇-水分配系数之间的相关性[41]。

在一定温度下，溶质以相同的相对分子质量(即不离解、不缔合)在不相混溶的两相中溶解(即分配)，当分配作用达到平衡时，该溶质在两项中的浓度的比值是一个常数，这一定量定律被称为分配定律。在数学上表述为分配系数，用 K_p 表示：

$$K_p = \frac{c_s}{c_w} \tag{4-2}$$

式中 K_p——有机化合物的分配系数；

c_s——有机化合物在固体有机质中的平衡浓度；

c_w——有机化合物在水中的平衡浓度。

$$K_{oc} = \frac{K_p}{X_{oc}} \tag{4-3}$$

式中 K_{oc}——标化分配系数；

X_{oc}——有机碳含量。

K_{oc}是为了消除各类土壤、沉积物中有机碳含量对有机化合物溶解的影响，更准确地反映该类固相有机物对有机化合物的分配特征而引入的标化分配系数。

有关标化分配系数 K_{oc}的确定有几种不同的方法，这里选用两种比较简单常见的方法进行计算比较。

方法 1：

通过计算该有机化合物的辛醇-水分配系数 K_{ow}，再利用 K_{oc}与 K_{ow}的经验关系，间接计算 K_{oc}：

$$K_{oc} = 0.63K_{ow} \tag{4-4}$$

式中 K_{ow}——憎水有机化合物的辛醇-水分配系数。

$$\lg K_{ow} = 5.00 - 0.670\lg\left(\frac{S_w \times 10^3}{M}\right) \tag{4-5}$$

式中 S_w——有机物在水中的溶解度，mg/L；

M——有机物的摩尔质量，g/mol；

$S_w \times 10^3/M$——有机物在水中的溶解度，μmol/L；

K_{ow}——有机物在辛醇中的浓度和在水中的浓度的比例，即辛醇-水分配系数。

方法 2：

确定标化分配系数 K_{oc} 可以利用一些估算 K_{oc} 的回归方程，见表 4-7。

表 4-7　　估算某些物质 K_{oc} 的回归方程

回归方程	样本数 N	相关系数 r	应用对象
$\log K_{oc}=-0.55\log S+3.64$，($S$：mg/L)	106	0.71	农药
$\log K_{oc}=-0.54\log S+0.44$，($S$：mol 分数)	10	0.94	多环芳烃
$\log K_{oc}=-0.557\log S+4.277$，($S$：μmol/L)	15	0.99	氯代物

因此，可以选用表 4-7 中应用于氯代物的回归方程进行标化分配系数 K_{oc} 的计算。

利用以上两种方法对四氯化碳在 k7、k5、k2 三孔处土层吸附达到平衡时的分配系数和其在土壤中的平衡浓度进行计算，结果见表 4-8。

表 4-8　　四氯化碳在各土壤中分配系数和平衡浓度计算表

土层编号	有机碳含量/%	出水平衡浓度/(μg/L)	土壤平衡浓度/(μg/kg)	方法 1 计算结果		方法 2 计算结果	
				分配系数	土壤平衡浓度/(μg/kg)	分配系数	土壤平衡浓度/(μg/kg)
k7 孔	1.60	42.5	113.3	3.26	138.22	2.61	110.925
k5 孔	0.13	43.0	8.6	0.265	11.78	0.212	9.116
k2 孔	0.059	52.5	4.1	0.12	5.90	0.096	5.04

可以看出，采用方法 2 计算 K_{oc}，最终获得的结果与实测结果最为接近。从试验监测和理论计算的结果可见，土壤中有机碳含量对四氯化碳吸附能力影响很大。

（二）土壤夹层对四氯化碳垂向迁移的影响

在实际情况中，剖面上土壤的构成不是均质的，由性质不同的土壤互层构成，其渗透率、有机质含量等通常都是不同的。针对层状介质中溶质运移问题的研究，Skopp 将层状介质中的充水层分为两层，两层中的水都是可动的，都存在水动力弥散作用，相互之间存在溶质交换，给出了如下两者的表征方程[42]：

$$\frac{\partial A}{\partial t}=D_A\frac{\partial^2 A}{\partial x^2}-V_A\frac{\partial A}{\partial x}L(A-B)/(\theta_A) \tag{4-6}$$

$$\frac{\partial B}{\partial t}=D_B\frac{\partial^2 B}{\partial x^2}-V_A\frac{\partial B}{\partial x}L(B-A)/(\theta_B) \tag{4-7}$$

式中　A、B——两层介质中溶液的溶质浓度；

D_A、D_B 和 V_A、V_B——对应溶质在层 A 和层 B 中的弥散系数和速度；

L——质量交换系数；

θ_A，θ_B——介质的含水率。

同时，有机质在水与固体颗粒间的分配与土壤颗粒中的有机碳含量、土壤颗粒的大小与表面积等因素直接相关。而在天然土壤中，土壤剖面上常存在不同的夹层，这些性质往往是不均一的，有机化合物在土壤中垂向运移时在不同层上的分配、吸附是不同的。彭胜等提出挥发性有机化合物在土壤中运移过程中，由于发生水-气及水-固之间的物质交换而产生的

延滞作用,采用延滞系数 R_t 来表示[38]:

$$R_t = 1 + \frac{\rho K_d}{\theta_w} + \frac{\theta_a H}{\theta_w} \tag{4-8}$$

式中　R_t——延滞系数;

ρ——土壤干重度;

K_d——有机物在水与固体颗粒间的分配系数;

θ_w,θ_a——土壤含水率与含气率;

H——亨利系数。

从 R_t 的表示可以看出,当有机污染物在完全饱和土壤中迁移时,含气率 θ_a 可以认为是0,不考虑有机污染物发生水-气间的物质交换引起的延滞,延滞系数 R_t 以转变为:

$$R_t = 1 + \frac{\rho K_d}{\theta_w} \tag{4-9}$$

由式(4-9)可以看出,在完全饱和土壤中,延滞系数 R_t 与土壤干重度、有机物分配系数成正比,而与土壤含水率成反比。

因此当土壤中存在夹层时,由于各层对有机污染物迁移所产生的延滞作用不同,必将导致污染物迁移锋面滞后于水分迁移锋面。

本试验中所设置的黏土夹层和粗砂夹层所引起的出水四氯化碳浓度的变化见图 4-10。图 4-10(a)为黏土中含有砂层时的情况,k7 和 k5 孔均为黏壤土,k6 孔为砂壤土,由图可以看出 k6 孔出水四氯化碳浓度有明显增高的趋势,四氯化碳初始注入浓度为 42.2 μg/L,而 k6 孔的出水浓度最高达 55 μg/L。

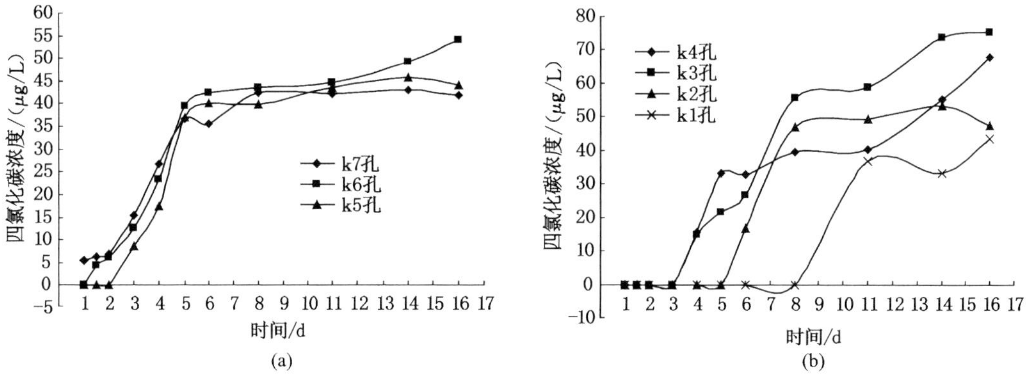

图 4-10　夹层对四氯化碳在土壤中迁移的影响

(a) 黏土层中含有砂层的情况;(b) 砂土层中含有黏土夹层的情况

分析 k6 孔出水四氯化碳浓度升高的原因主要有以下两个方面:

(1) 粗/细土壤渗透率的影响

四氯化碳溶液穿过 k7 层后,到达细/粗(k7/k6)界面,由于粗砂层的相对渗透率较高,四氯化碳很快进入粗砂层中;但当其运移到粗/细(k6/k5) 界面时,由于四氯化碳在细层中有相对较小的渗透率,四氯化碳的运移受阻;由于试验是在柱体中进行,不会发生水平迁移,因此四氯化碳在粗砂层中逐渐地蓄积,导致了 k6 孔出水四氯化碳浓度的升高。

(2) 四氯化碳在不同质地土层中迁移的延滞作用

在完全饱和土壤中，有机化合物的延滞作用与土壤的干重度、分配系数成正比，而与土壤含水率成反比。由于 k7、k5 层含有丰富的有机质，其干重度又大于 k6 层。因此四氯化碳在 k7、k5 层中的延滞作用远大于 k6 层，这从另一个角度说明四氯化碳穿透 k7、k5 层较 k6 层要困难得多，位于 k6 层下部的 k5 层导致了四氯化碳在 k6 层中的蓄积，引起了 k6 孔出水四氯化碳浓度的升高。

图 4-10(b)所示为砂土层中存在黏土夹层的情况。经过了 k5 层的阻滞，形成了高于原始四氯化碳浓度的溶液，这部分高浓度的四氯化碳溶液穿透 k5 层，进入渗透率高的 k4、k3 层，由于这段渗透率高的土层较厚，在初始阶段四氯化碳进入后以比较平稳的速度向下运移，因此在初期，k4、k3 孔检测出的四氯化碳浓度相对较平稳，由于迁移分散，四氯化碳浓度也相对较低；当到达 k2 层(粉砂质黏壤土)时再次受到阻滞，如同 k5 层作用一样，四氯化碳再次蓄积，浓度又进一步升高。如图 4-10(b)所示，k4、k3 孔中检测出的四氯化碳有一直升高的趋势，而 k2 孔的出水由于经过了 k2 孔所在层对四氯化碳的吸附，其出水中四氯化碳浓度逐渐平稳，以比较高的浓度达到了平衡。k1 孔处于最下层，连通空气，四氯化碳的挥发性较强，导致了 k1 孔出水中四氯化碳浓度的降低。

根据试验数据绘制不同深度、不同时间出水四氯化碳浓度的变化曲线，如图 4-11 所示。

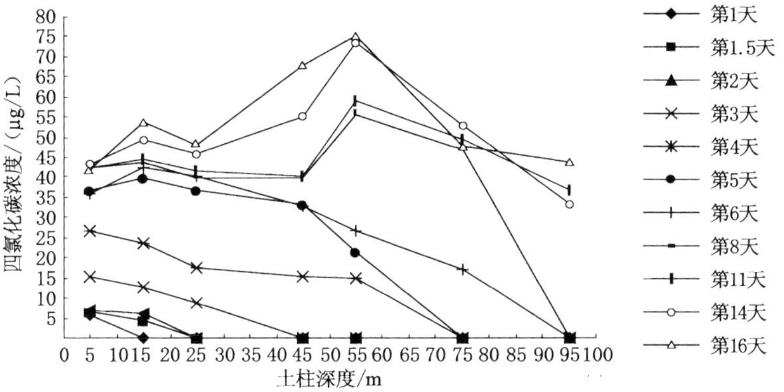

图 4-11　不同时间、不同深度出水四氯化碳浓度变化曲线

从图 4-11 可以看出：前 5 d 出水中四氯化碳浓度从上至下依次下降，显示水及污染物呈正常渗透、四氯化碳被土壤颗粒吸附的过程；6～11 d 除 3 号孔外，各孔出水浓度逐渐趋于原始溶液的浓度；11 d 后各孔出水浓度呈积累趋势，普遍大于原始溶液的浓度，尤其 3、4、6 孔所在的沙层浓度积累更高，造成四氯化碳的积累，呈现 2、5 孔所在黏土层夹层有阻挡、过滤四氯化碳污染物的表象。

综上所述，粗砂层的存在会促进四氯化碳在垂直方向上的迁移，另一方面，粗砂层的存在也为四氯化碳的蓄积提供了场所；而黏土夹层(细夹层)则会阻滞四氯化碳在垂直方向上的迁移，导致四氯化碳的蓄积。

以上试验结果表明，类似四氯化碳等 DNAPL 即使处于溶解态，当垂向渗透迁移受阻时，由于阻隔层对水分子和溶质分子的不同阻滞作用，在阻隔层之上发生蓄积，表现为垂向分异作用。

（三）土壤颗粒大小对四氯化碳吸附的影响

由于土壤环境的不同（干燥和饱水土壤），有机化合物在土壤中的吸附机制也有不同，干燥土壤中颗粒的表面吸附作用占主导地位，水饱和土壤中有机化合物的分配作用占主导地位。

另外，在土壤中黏土矿物所占的百分含量比有机质要大得多，黏土矿物表面存在着大量的吸附位，对憎水有机化合物有较强的吸附作用。当土壤中有机质或者有机碳含量达到一定水平时，黏土矿物所产生的吸附作用常可以忽略。一般认为当 $f_{oc}>0.1\%$时，憎水有机化合物的吸附主要发生于有机质部分，而非有机质部分对其吸附极其微弱。但当 $f_{oc}<0.1\%$的情况下，如果忽略黏土矿物对吸附的贡献，则会引起较大的预测偏差。

本次试验中基本不含有机质（$f_{oc}=0.059\%$）的黏壤土层（k2 孔所处土层）出水四氯化碳浓度变化与砂质壤土层出水四氯化碳浓度的比较见图 4-12。

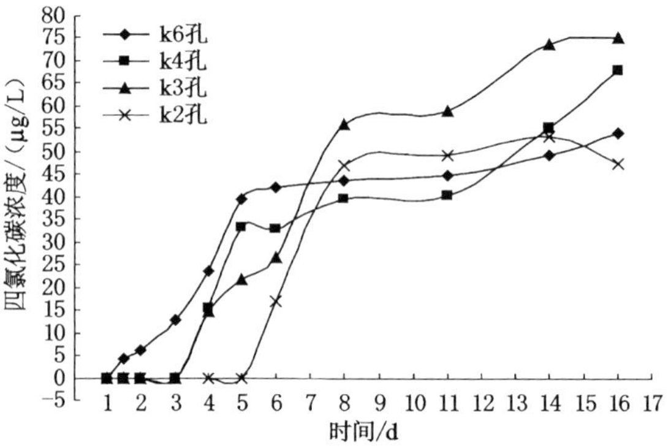

图 4-12　不同颗粒土层出水四氯化碳浓度与时间的关系

从图 4-12 可以看出，随着时间的推移，k2 孔出水四氯化碳浓度从第 8 天开始进入一个变化不大的“平台期”，土壤吸附逐渐达到平衡。k2 孔出水从可以监测出四氯化碳到出水浓度基本达到不变所用时间很短，反映出 k2 孔所处黏土层吸附四氯化碳在很短的时间内即达到饱和。这与娄保锋（2004）所提出的观点相符，即 k2 孔所处土层黏土矿物对四氯化碳的吸附起主导作用，土壤中有机质的吸附作用较弱。

而颗粒较大的砂土层出水（k6、k4、k3 孔）却没有平衡的趋势，反映出颗粒较大的砂土层对四氯化碳几乎不存在吸附。从 k6、k4、k3、k2 孔出水四氯化碳浓度的比较可以看出，在有机质含量较低（$f_{oc}<0.1\%$），土壤有机碳对四氯化碳的吸附作用可以不考虑的情况下，起主导作用的是黏土颗粒的表面吸附作用。

第四节　松散层中四氯化碳的淋溶试验

松散层是有机污染物的一个重要归宿场所，并且这些进入松散层中的污染物容易随着雨水或灌溉水通过地表径流、淋溶等途径进入地表水和地下水，引起地表、地下水体的污染。淋溶是指污染物随降雨等水的下渗在松散层中沿垂直剖面向下的运动，是污染物在松散颗粒—水之间吸附—解吸或分配的一种综合行为。淋溶的发生主要是由于溶解于松散孔隙水中的污染物随松散层孔隙水的垂直运动而不断向下渗滤，它能使污染物进入地下水而造成地下水污染[43]。

松散层淋溶可分为两种方式：一种是污染物随水通过均匀的松散介质淋溶至土壤下层，这种方式速度缓慢且淋溶量小；另一种是污染物随水通过松散层中裂隙等而淋溶至下层，特别是在降雨或者淋溶水量很大时，容易将大量的污染物快速带到松散层下层中，甚至进入地下水中。

影响污染物在松散层中淋溶的因素多种多样，一般来说水溶性大的污染物淋溶作用较强，容易进入深部松散层造成地下水的污染，而脂溶性的污染物容易被松散颗粒强烈吸附，较难渗滤及淋溶，对水体污染较轻[44]。松散层性质不同对污染物淋溶性能的影响也不同，土壤黏粒含量越低，土壤的砂性越重，土壤中大孔隙所占的比例越高，单位体积土壤比表面积越小，土壤对污染物的吸附性能越低，污染物的淋溶性能就越强[45]。对于非离子性的污染物，松散层 pH 值对其淋溶性能的影响不是很大。松散层的初始含水量对农药的淋溶流失有很重要的影响，当松散层的性质基本相同时，含水量低的松散层的吸附系数大于含水量高的松散层。腐植酸是松散层有机质中的主要吸附中心，对有机污染物有较强的吸附作用，而吸附和脱附是污染物在松散层颗粒—水环境中归宿的主要支配因素，它决定有机物在松散层中的渗滤和对地下水的污染等过程[46]。

通过对研究区丰枯水季节地下水中四氯化碳浓度对比发现，在枯水期，研究区地下水中四氯化碳浓度要普遍小于丰水期时的浓度，表明存在降雨对松散层中四氯化碳的淋溶作用，由于降雨，松散层中四氯化碳被携带进入地下水，造成丰水期地下水中四氯化碳浓度的升高。

本研究通过饱水松散层土柱淋溶试验，模拟降雨对松散层中四氯化碳的淋溶迁移作用，分析松散层有机质含量、松散层夹层以及松散层颗粒大小对四氯化碳在不同松散层中淋溶性的影响。

一、实验设计

淋溶液（蒸馏水）的注入速度接近研究区中雨降水强度，设计蠕动泵转速为 100 r/min，注入速度为 90 mL/min；保持 10 cm 水头压力。

从开始注入蒸馏水的第 1 天（即整个试验累计天数的第 17 天，第 16 天为使用四氯化碳溶液渗透试验的最后一天，试验结果以总试验累计天数计）开始从各孔取水样进行监测，之后视监测结果变化情况隔天取样或者 3 d 取样监测，连续淋溶 23 d，前后两阶段实验总天数达 39 d。

当各孔出水中四氯化碳浓度基本稳定时，停止注入蒸馏水，结束淋溶模拟试验。

二、结果分析

整个淋溶过程持续 23 d，共取样 9 次，淋溶试验结果见表 4-9。

表 4-9　　　　模拟土柱淋溶试验结果表　　　　单位：μg/L

编号	深度 \ 时间/d	*16*	17	19	21	24	27	30	33	36	39
k7	5 cm	43.5	40.2	37.6	31.4	25.2	15.7	13.9	14.2	11.8	10.3
k6	15 cm	47.5	55.7	38.2	25.9	11.8	3.2	2.1	3.5	1.9	2.0
k5	25 cm	75.2	46.8	37.3	23.7	16.2	11.4	6.3	5.9	7.1	6.7
k4	45 cm	67.8	76.1	62.3	43.9	25.1	12.7	5.3	1.7	3.5	1.2
k3	55 cm	48.2	83.7	82.1	64.1	41.3	29.5	13.2	6.9	1.6	2.1
k2	75 cm	53.9	56.2	45.3	47.7	40.8	25.1	12.9	5.8	4.3	4.9
k1	95 cm	41.9	48.3	39.4	42.1	35.7	19.2	9.9	3.2	2.4	3.5

注：表中斜体表示的第 16 天为使用四氯化碳溶液渗透试验的最后一天。

（一）土层中四氯化碳淋出规律

淋溶过程中不同时间、土柱不同深度出水四氯化碳浓度的变化曲线如图 4-13 所示。图中 16 d 时曲线为前阶段使用四氯化碳溶液进行渗透试验的最后一天，17 d 曲线为淋溶第一天的监测结果。

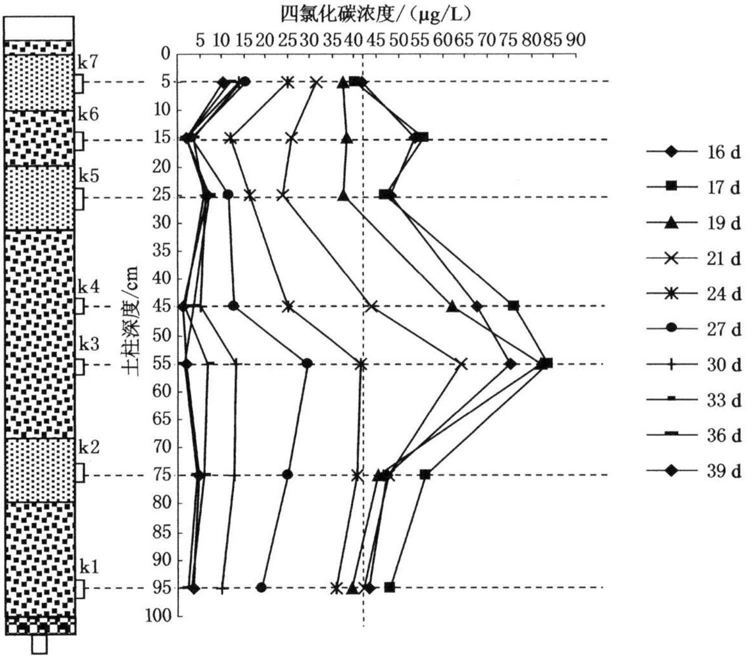

图 4-13　模拟土柱不同深度处四氯化碳淋出浓度

从图 4-13 中 16 d、17 d 的曲线变化可以看出，17 d 时处于较上土层的出水四氯化碳浓度与前天比变化不是很大，而较深土层（45、55、75、95 cm）处出水四氯化碳浓度却有比较明显的增高；这主要是由于淋溶作用，淋溶液推动土柱中四氯化碳溶液向下运动，再加上处于 75 cm 处（k2 孔处）黏土层的阻滞，导致了较深土层处四氯化碳的蓄积和出水浓度的增加。

随着淋溶时间的延长，不同深度土层出水四氯化碳浓度开始降低，处于最上层的土层对淋溶响应最快，而较深处土层对淋溶有一定的滞后。综合比较各深度处出水四氯化碳浓度变化情况，k6 孔对淋溶的响应最为明显和快速，主要是 k6 孔处土层为砂质土壤，对四氯化碳的滞留能力很差，并且处于较上层，接受淋溶的时间较早，因此淋溶对其作用最大；较深土层处的土层出水，虽然在开始阶段由于上部四氯化碳的下移和下部黏土层的阻滞，四氯化碳浓度有一定升高趋势，但随着淋溶时间的延长，整个土柱中四氯化碳浓度逐渐减小，下部土层中四氯化碳浓度也开始降低。

然而，对于土层质地完全相同的 k6、k4、k3 孔所处的土层，淋溶对其影响相差较大，主要原因有以下几个方面：一是所处深度不同，受到淋溶的时间不同；二是各土层接受淋溶的初始四氯化碳浓度不同；三是黏土夹层的存在对四氯化碳以及淋溶液的阻滞作用；四是虽然整个土柱四氯化碳有所减少，但淋溶液仍然会推动土柱上部四氯化碳向下移动，导致较深处土层中四氯化碳浓度降低缓慢。

从第 30 d 到最终的第 39 d，各深度处出水四氯化碳浓度基本趋于稳定，特别是在 36 d 到 39 d，各深度处出水四氯化碳浓度变化非常微小，残余浓度小，说明淋溶对于土层中四氯化碳有很明显的去除作用。

从图 4-13 可以看出，到淋溶的最后阶段，k2、k5、k7 孔所处三层有机碳含量较高的土层中仍然保持着较高的四氯化碳出水浓度，说明其淋洗、解吸过程还未完成，反映其对四氯化碳吸附能力强，对四氯化碳有较强的滞留作用，四氯化碳从这几层土层中解吸困难；且有机碳含量越高，对四氯化碳的滞留作用越强。

综上所述，淋溶对土层中四氯化碳有向下的推动作用；土层深度是影响淋溶最重要的因素，淋溶对较浅层土层中四氯化碳的作用最为明显，较深处土层对淋溶有一定的延后；黏土夹层的存在会延缓土层中四氯化碳的垂向淋溶迁移。

（二）土层中有机污染物淋溶的影响因素

吸附和脱附是决定土层中有机污染物迁移行为的两个关键过程，这两个过程影响有机污染物向大气、地下水与地表水的迁移。有机污染物的淋溶性是其发生二次迁移、脱离固体吸附剂的一种重要性质，影响污染物淋溶性的因素多种多样。针对四氯化碳，本书主要从土层有机碳含量、土层性质这两个方面来分析四氯化碳在不同土层中的淋溶特性。

(1) 土层有机碳含量的影响

土层有机碳含量对吸附有重要影响，有机碳含量越高，吸附性能就越强，土层中溶液的污染物向固相富集的趋势就愈强，则污染物的可淋溶性就越弱。徐瑞薇等研究发现，在三种土壤中，多效唑的淋溶在砂粒含量较高和有机碳含量较低的潮土中最快，有机碳含量高的黑土中最慢，黄棕壤居中[47]。

为了研究土壤有机碳含量对四氯化碳的影响，根据试验数据绘制不同有机碳含量土层中四氯化碳淋出浓度曲线变化图，如图 4-14 所示。

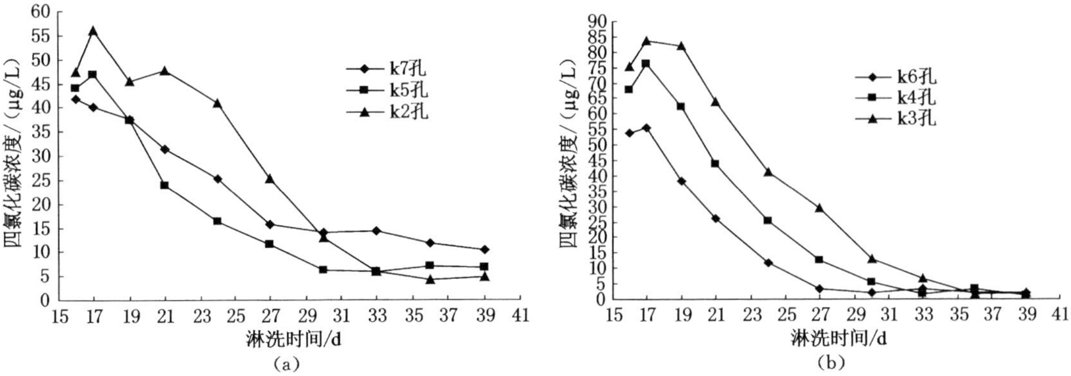

图 4-14 不同有机碳含量土层中四氯化碳淋出浓度曲线

图 4-14(a)为不同有机碳含量的黏壤层中四氯化碳淋出浓度变化曲线。k2、k5、k7 所在土层有机碳含量依次增加，而从曲线变化趋势可以看出，他们对应的淋出曲线的斜率却相反，依次减少，亦即反映四氯化碳的淋出速率是依次减小的。再从最后达平衡阶段淋出液的残余浓度看，有机碳含量高的 k7 孔残余浓度最高，有机碳含量低的 k2 孔残余浓度也最低，有机碳含量居中的 k5 孔残余浓度也居中。这些现象说明随有机碳含量的增加，土层中的四氯化碳可淋溶性降低，反之亦反。说明土层有机碳含量多少是影响四氯化碳淋溶性的重要因素。

图 4-14(b)为基本不含有机碳、土质相同的砂质壤土中四氯化碳淋出浓度变化曲线。从图中可见，虽然淋出液初始浓度不同，但四氯化碳淋出浓度曲线斜率较大且基本一致，即四氯化碳的淋出速率大且相同。三个孔的最后残余浓度很小[与(a)图比较]并一致。因此在不含有机碳的土层中四氯化碳的淋溶性强且基本一致，土层所处深度并不会改变四氯化碳的淋溶性。

图 4-14 中两图所显示出来的另外一个四氯化碳淋出浓度变化的特点就是淋出曲线的“拖尾”。特别是有机碳含量最高的 k7 孔四氯化碳淋出浓度，从第 27 天到淋洗结束的第 39 天，四氯化碳淋出浓度基本不发生变化，尽管仍然加入淋洗液(蒸馏水)但连续 12 d 的淋出浓度都没有发生很大的变化。

土层中污染物淋洗出现“拖尾”，即随淋洗时间的延长，污染物淋出浓度总是维持在一个较小的浓度范围内，这种现象也称为有机化合物吸附-解吸的滞后性或吸附-解吸的不可逆性，很多学者对此进行了研究，提出了多种模式进行了解释。

A. W. Adamson 等认为，吸附-脱附不可逆性的一个重要原因是吸附剂吸附有机化合物后，其基质结构会发生变化，使得脱附路径已经不同于吸附路径[48]。

W. J. Weber 和 W. Huang 将土壤/沉积物中吸附有机污染物的组分分成无机矿物表面、无定型的土壤有机质和凝聚态的土壤有机质 3 个部分，有机污染物通过不同的方式进入到土壤的上述 3 个部分，其中无机矿物和无定型的土壤有机质对有机污染物的吸附以相分配为主，因此是一个可逆过程；而在凝聚态上的吸附则表现为非线性，吸附速率与无机矿物和无定型的土壤有机质相比明显缓慢，达到平衡的时间也需要更久；相反，有机化合物从凝聚态的土壤有机质上脱附(解吸)下来也比较困难，因此在吸附与解吸之间会存在明显的滞后现象[49-51]。

B. Xing 等(1996,1997)提出了双模式吸附模型,他们将土壤分为溶解相和孔隙填充相两个部分,有机污染物在溶解相上的吸附是一个分配过程,在此相中有机污染物由于具有较大的扩散系数,吸附与解吸的速率都很快,不会发生滞后现象;而在孔隙填充相中的吸附则服从朗缪尔吸附等温模型,有机污染物在此相中的扩散与溶解相中相比要慢得多,而扩散速率的快慢直接决定吸附达到平衡的时间,这也是导致出现解吸滞后的原因之一[52,53]。

综上所述,四氯化碳的淋溶性受土壤有机碳含量的影响很大,有机碳含量的多少影响四氯化碳脱附的难易程度,高有机碳含量土壤中四氯化碳脱附的滞后性最为显著,且难脱附部分的比例随有机碳含量增高、四氯化碳接触土壤时间增加而变大;淋洗对有机碳含量高的土壤中的四氯化碳的去除较难。

(2) 土层性质的影响

土壤性质不同对污染物淋溶性能的影响也不同,土壤黏粒越少、土壤的砂性越重,土壤中大孔隙所占的比例越高,单位体积土壤内的比表面积越小,土壤对污染物的吸附性能就越低,污染物的淋溶性就越强。

为了研究不同土壤性质对四氯化碳淋溶性能的影响,将本次试验中基本不含有机碳的土壤中四氯化碳淋出浓度变化绘制成曲线,如图 4-15 所示。k2 层为有机碳含量很低(f_{oc}=0.059%)的黏土层,k6、k4、k3 层为基本不含有机质的砂质壤土。

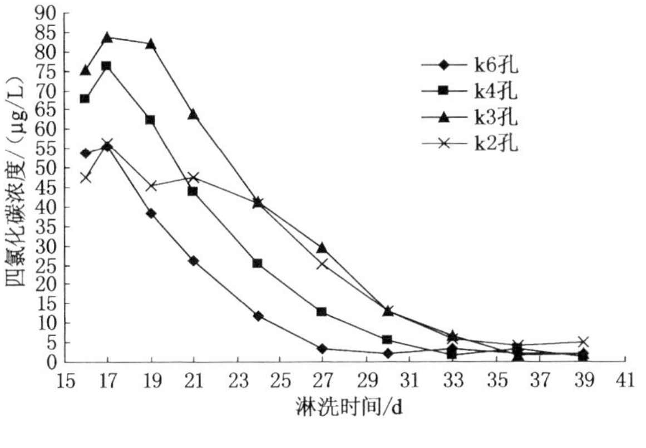

图 4-15　不同性质土壤四氯化碳淋出浓度曲线

从图 4-15 各层中四氯化碳淋出浓度变化曲线可以看出,在砂质壤土中四氯化碳的淋溶性较黏壤土要好。在黏壤土中由于构成土壤的颗粒小,单位体积内土壤的比表面积大,对四氯化碳的吸附强,其中的四氯化碳淋溶性差。而砂质壤土由于比表面积小,土层孔隙大,对四氯化碳的吸附滞留能力差,四氯化碳的淋溶迁移性就好,虽然四氯化碳的初始浓度较高,但淋出浓度降低很快,能以更短的时间达到淋出残余浓度。

淋洗对黏壤土中四氯化碳的去除要难于砂质壤土,淋洗难以彻底地净化、去除受污染土层中的四氯化碳。

第五节　四氯化碳在松散层中垂向迁移的数值模拟研究

一、水流与溶质运移数学模型

（一）水流运动模型

经典的Richards方程一般用来描述非饱和介质中的一维水流模型。其中热梯度引起的水流运动一般可忽略不计，具体方程如下：

$$C(h)\frac{\partial h}{\partial t}=\frac{\partial}{\partial x}\left[K\left(\frac{\partial h}{\partial x}-1\right)\right] \tag{4-10}$$

$$C(h)=\frac{\mathrm{d}\theta}{\mathrm{d}h} \tag{4-11}$$

式中，$C(h)$为比水容重，1/L；θ为体积含水量，L^3/L^3；t为时间；h为水头压；K为水力传导系数，L/T。其中：

$$K=\begin{cases}K_s S_e^l\left\{\frac{1}{2}\mathrm{erfc}\left[\frac{\ln(h/\alpha)}{\sqrt{2}n}+n\right]\right\}^2\\ K_s\end{cases} \tag{4-12}$$

式中，K_s为饱和水力传导系数，L/T；l为孔隙连通系数，取值0.5；α为土壤水分特征参数，1/L；n为土壤水分特征指数；S_e为有效饱和度，其中：

$$S_e=\frac{\theta-\theta_r}{\theta_s-\theta_r} \tag{4-13}$$

式中，θ_r为残留体积含水量，L^3/L^3；θ_s为饱和体积含水量，L^3/L^3。

（二）溶质运移模型

溶质在土壤松散层中稳定流条件下的一维迁移方程可用对流-弥散方程来表示：

$$\frac{\partial C}{\partial t}=D\frac{\partial^2 C}{\partial x^2}-v\frac{\partial C}{\partial x} \tag{4-14}$$

初始条件：$C(x,t)=0;x\geqslant 0,t=0$；

边界条件：$\frac{\partial h(x,t)}{\partial x}=0;x=L,t>0$。

解析解近似表达式为：

$$\frac{C_e(t)}{C_0}=\frac{1}{2}\mathrm{erfc}\left[\frac{RL-vt}{2(DRr)^{\frac{1}{2}}}\right]+\frac{1}{2}\exp\left(\frac{vL}{D}\right)\mathrm{erfc}\left[\frac{RL+vt}{2(DRr)^{\frac{1}{2}}}\right] \tag{4-15}$$

式中，C_e为渗出溶质浓度，M/L^3；C_0为入渗溶质浓度，M/L^3；L为上覆土壤下边界；D为弥散系数，L^2/T；v为水流速度，L/T。

二、四氯化碳在污染源区松散层中迁移的数值模拟

（一）模型参数的优选

根据柱内填充土壤介质及Hydrus-1D中的神经网络预测功能（Neural Network Prediction），调整各岩性组分的百分比组成，分析推测得出水分在上覆松散层的特征参数，见表4-10。

表 4-10　　　　特征参数赋值表

岩性	$\theta_r/(m^3/m^3)$	$\theta_s/(m^3/m^3)$	$\alpha/(m^{-1})$	n	$K_s/(m/d)$	l
细砂	0.037 1	0.383 2	2.6	1.386 2	8	0.5
粗砂	0.049 3	0.391 4	3.75	1.763 2	20	0.5
种植土	0.078	0.43	3.6	1.56	0.15	0.5
粉质黏土	0.07	0.36	0.5	1.09	0.05	0.5
黏土	0.054	0.33	0.4	1.01	0.02	0.5

本研究以四氯化碳为研究对象，认为土层介质与其发生线性吸附，松散层中不同岩性对四氯化碳的吸附能力也不同。通常来说，吸附能力的大小与分配系数 K_d 值成正比关系，分配系数越大，吸附能力越强，四氯化碳在该类土壤中越难迁移。根据相关文献查阅可得各岩性的分配系数[54]，见表 4-11。

表 4-11　　　　各岩性土壤分配系数

岩性	细砂	粗砂	种植土	粉质黏土	黏土
K_d 值($\times 10^7$ m^3/g)	1.84	1.67	3.50	3.83	4.56

弥散系数是 Hydrus-1D 溶质运移中的主要参数，裴宗平对四氯化碳在含水多孔介质中的自由扩散过程进行了深入研究，并通过验证得出其弥散系数 D 取值 0.003 7 m^2/d；土壤中水流速度根据经验数据选取 0.4 m/d，在模拟过程中拟合调整[31]。

（二）边界条件

模型上边界四氯化碳浓度取 30 μg/L，由于排污渠中四氯化碳经沟底松散层下渗一直处于饱水状态，因此室内试验也模拟土柱中上层土样的饱水状态。

下边界选取零浓度梯度边界；运行时间根据试验监测周期，设定为 16 d，底部渗出浓度趋于稳定。

四氯化碳在松散层迁移过程中，也受生物降解作用的影响。考虑整个降解过程的速率较慢且四氯化碳的降解浓度与排污渠中的原始浓度数量级相差较大，可忽略不计，因此模型的设定过程中不考虑生物降解作用。

（三）模型节点与监测点设定

运用 Hydrus-1D 的 Soil Discretization 功能对柱内土层进行等距节点剖分，每层分区以 2 cm 作为一个单元节点，将 120 cm 土柱分为 61 个节点，利于观察每个节点的浓度变化情况，同时，在每层岩性中设置观测点以观察每层岩性中四氯化碳的变化规律，共计 7 个观测点，见图 4-16 和图 4-17。

（四）岩性划分

根据填充土柱的组成特征，运用 Material Distribution 功能进行岩性划分，自上而下设置岩性编号并输入该层岩性厚度，分别为细砂、种植土、细砂、粉质黏土、细砂、黏土、细砂及粗砂，如图 4-18 所示。

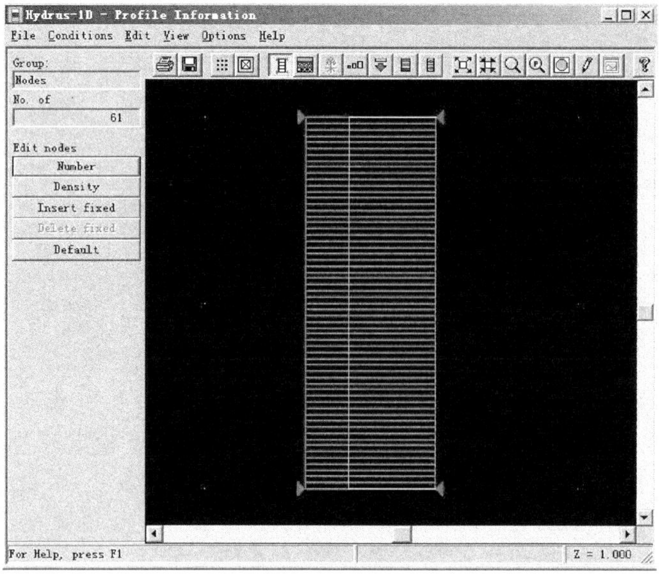

图 4-16　土柱节点剖分图

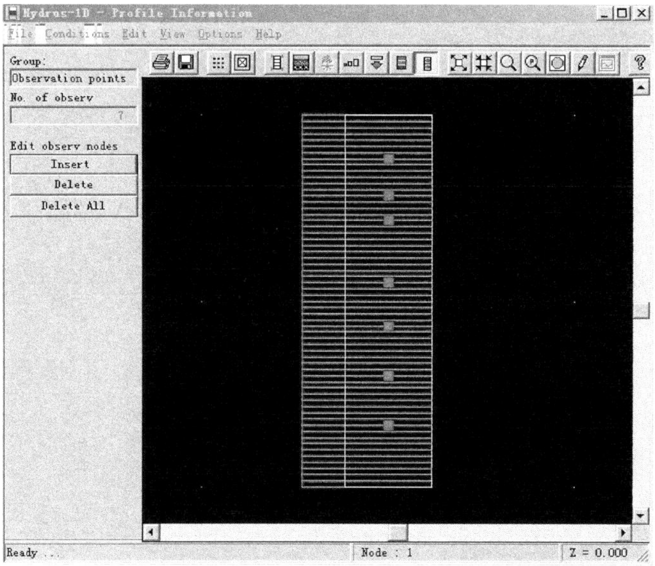

图 4-17　土柱观测点分布图

（五）结果分析与参数验证

将 Hydrus-1D 模型所需参数分别赋值后，运行模型得到不同时间各观测点四氯化碳浓度变化值，选取典型取样口 k5、k7 与室内实验数据拟合对比，结果如图 4-19 和图 4-20 所示，四氯化碳浓度拟合值与实测值拟合效果较好，具有很好的相关性。

由图所知，观测点 k5、k7 的模拟值与实测值较接近，平均误差分别为 5.6%与 4.8%，模型所得的模拟值与实测值达到了很高的相关度，说明模型参数的选取较为合理，可用于建立

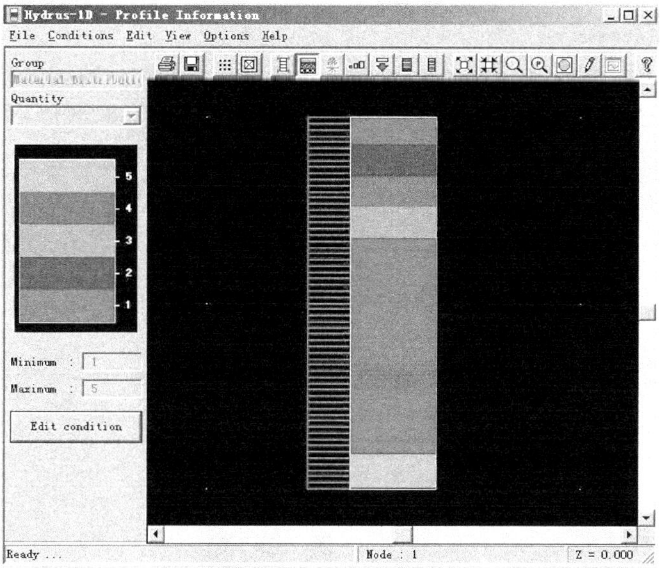

图 4-18　土柱岩性划分

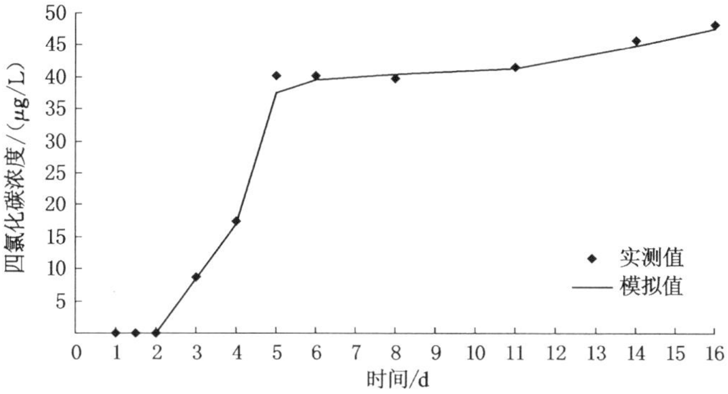

图 4-19　k5 观测点拟合值与实测值对比图

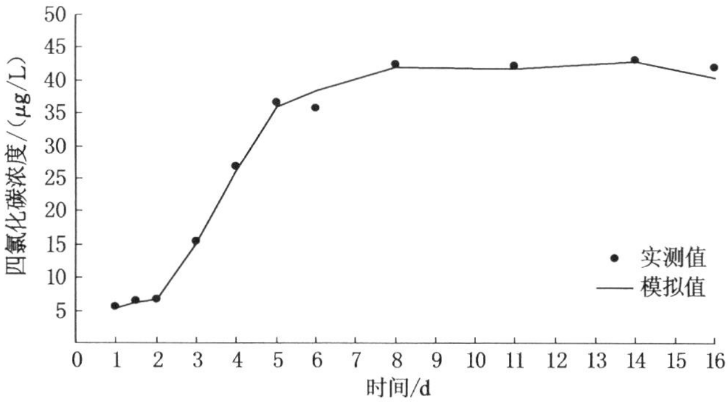

图 4-20　k7 观测点拟合值与实测值对比图

Hydrus-1D 污染源区场地四氯化碳在土壤松散层的垂向迁移模型。

（六）四氯化碳在松散层中迁移的数值模拟

分别选取农药厂排污渠边 k2～k6 孔为样本，运用已建立的 Hydrus-1D 四氯化碳垂向迁移模型，依次对 k2～k6 孔四氯化碳从上覆松散层顶部至底部的浓度变化进行模拟计算。

根据实际的降雨灌溉情况，设定上边界为浓度通量边界，初始浓度为 2000 年 11 月实测的排污渠中四氯化碳背景值 2 584.4 μg/L，下边界选取为零浓度梯度边界，模拟周期选取 1 400 d，模拟结束日期为 2004 年 8 月，使得模型结果处于稳定状态。模拟过程中，降雨量按照徐州市 2000～2004 年逐月平均降雨量输入，如图 4-21 所示。

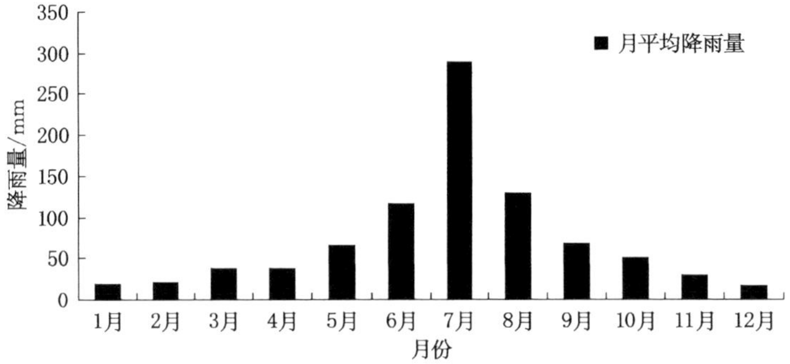

图 4-21　徐州市 2000～2004 年逐月平均降雨量

模型参数选取已验证的特征参数与分配系数，并根据钻孔资料划分节点、观测点，按照种植土、黏土、粉质黏土岩性分层，运行模型得到土壤松散层底部的四氯化碳渗出浓度，该浓度即为进入含水层的四氯化碳浓度初始值。结果显示，受自然条件下大气降水影响，松散层经淋洗作用，底部四氯化碳渗出浓度呈增长趋势，由于松散层底部黏土层对四氯化碳的蓄积作用，渗出浓度大于排污渠中四氯化碳的原始浓度。由于农药厂排污渠周围各钻孔松散层岩性相近，故底部渗出的四氯化碳溶液浓度值差别较小，均值为 2 773.6 μg/L，具体详见表 4-12。

表 4-12　松散层底部渗出浓度表

项目 \ 孔号	k2	k3	k4	k5	k6	均值
松散层底部渗出浓度/(μg/L)	2 735.6	2 654.3	2 878.6	2 776.1	2 823.5	2 773.6

第六节　本 章 小 结

(1) 污染源农药厂排污渠和该农药厂水井附近的土层中均检测出四氯化碳和氯仿，含量分别为 0.7～42.2 μg/kg 和 2.6～26.5 μg/kg。松散层中孔隙水四氯化碳主要在农药厂水井附近检出，含量为 1.4～2.8 μg/L。四氯化碳在松散层中的分布主要受四氯化碳来源、四氯化碳挥发和四氯化碳的自然衰减作用所控制，由此，四氯化碳最高含量均出现在农药厂井附近，四氯化碳主要在 3 m 以下的土层中检测到，且随深度增加而增加；表层中四氯化碳含量相对较低或未检出。

（2）松散层有机质含量是影响四氯化碳在其中渗透迁移的重要因素。在有机质含量较高的土层中，四氯化碳在土层有机质中的分配起主导作用；黏土夹层对四氯化碳的迁移有阻挡、延滞作用，会延缓四氯化碳的垂向迁移，造成四氯化碳的蓄积、浓度的升高。

（3）土层有机质含量是影响四氯化碳淋溶性的主要因素。在有机质含量高的土层中四氯化碳的淋溶性较差，淋洗较难清除其中的四氯化碳。土层颗粒是影响四氯化碳淋溶性的另一重要因素，四氯化碳在砂质壤土中的淋溶性优于黏性土壤。

（4）运用 Hydrus-1D 模拟计算了污染源区四氯化碳在松散层底部的渗出浓度，结果显示，2004 年 8 月松散层底部四氯化碳平均渗出浓度为 2 773.6 μg/L，作为下渗岩溶含水层的初始浓度。由于农药厂污染源区与整个研究区相比，面积较小，因此可概化为点状污染源，作为含水层四氯化碳运移模型的初始条件。

第五章 基于双重介质理论的岩溶含水层中四氯化碳运移规律研究

岩溶含水层作为一种较为复杂的含水层体系，包含了孔隙、裂隙、岩溶管道、小溶洞等多种介质形态。孔隙介质中地下水流动满足达西定律的线性关系，而裂隙类管道介质中存在的快速的地下水平流运动，在特定条件下可转化为非线性的紊流运动，不能简单地用达西定律来描述。因此，将复杂的岩溶含水层概化为单一的孔隙介质含水介质，并使用传统的模拟软件进行地下水流场与溶质的运移是不准确的。

第一节 地下水运动和污染物运移数值模拟

随着地下水污染问题受到越来越多的重视，地下水数值模拟已成为国内外学者进行水文地质研究最重要的手段之一。地下水数值模拟与其他水文地质研究手段相比，其特点表现如下[55-57]：

(1) 与可视化程序相结合，界面更友好，可以直观生动地反映地下水的运动规律、变化特征以及承载的污染物的迁移扩散，便于操作和管理。

(2) 方便将现有的水文地质参数、钻孔、调研、GIS等资料信息归纳整理，通过将数据导入模拟工具可以直观地分析资料的可用性，并合理地刻画出地下水流动以及污染物迁移的时空分布变化规律。

(3) 根据已建立的流场、溶质模型，对未来的动态趋势进行预测和预报，提前掌握变化规律，为后期的修复和治理方案优选提供依据。

岩溶含水层特殊的水文地质特征决定了其研究内容的复杂性和不确定性。近年来基于岩溶含水层水文特性的参数模型得到越来越多的关注，目前，国内外主要有以下三类研究水流与污染物运移的模型：① 单一均质孔隙介质模型；② 松散裂隙/导管流模型；③ 多种连续介质耦合模型[58-60]。

传统的单一均质孔隙模型，将存在异质性的裂隙网格赋予到整个研究区域中，没有考虑独立的裂隙和孔隙以及裂隙介质与均质孔隙的不同水力传导率，仅运用达西定律将研究范围作为整体连续介质来进行模型研究[61]。此类方法将复杂的空间不均一性问题用简单的数学方法来建模，可用于解决此类理论问题，但是投入到实际场地当中还存在诸多不足，有待改进[62]。

松散裂隙/导管流模型忽略了岩溶含水层中通过基质(Matrix)的水流以及污染物的运移，仅考虑了裂隙和导管流范畴；在该模型中，地下水在裂隙中的运动被假定为夹层之间的层流运动，建立模型需要掌握裂隙程度、裂隙长度、方向以及连接度等具体信息，由于这些参数在实际操作中很难获取，大多通过估算得到，所以模拟过程中会影响模型的精确程度。导管介质在数学模型中一般存在两种分布参数，导管网络中的每个导管均被定义为独立的管状结构，具有相同的孔径、传导率和水头参数，或者被定义为具有一定导管数量的狭长的导流区域，每个小区域中均含有不同数量的独立导管，整个区域定义为独立的参数。导管流模型的优势在于考虑了岩溶含水层中裂隙介质对整体水力传导率的影响，但是所需参数在实际操作当中很难准确获取。

多种连续介质耦合模型把以上两种模型相结合来研究岩溶含水层[63]，此模型的不足在于假设地下水以线性层流通过岩溶含水层中的孔隙介质和裂隙介质，因此用达西定律来解决地下水运动问题。而实际上，岩溶地下水在大裂隙管道中的运动常为紊流，不符合达西定律，因此模拟会导致失真，造成模拟结果不准确。

J. C. Sharp 和 Y. N. T. Maini 在实验室模拟了岩溶含水层裂隙介质中的非线性水流体系[64]；V. J. Difrenna 等在对南佛罗里达州岩溶含水层的研究中，研究了地下水流与水力梯度的非线性关系[65]；S. R. H. Worthington 调查了多个岩溶含水层后发现，孔隙含水介质中的含水量占到整个系统的 90%，而导管介质中的过水量占到了整个系统的 90%[66]；W. B. White 通过对导管和孔隙介质的流场运动及质量交换机制研究后发现，两种介质中水流的速度相差 6～10 个数量级[67]；L. Kiraly 将高传导率的导管介质嵌入至三维弥散系统中进行了研究[68]；在考虑溶洞存在条件下，R. Liedl 建立了 CAVE 模型分析岩溶含水层中离散模型[69]；S. Anwar 利用 Boltzmann 方程建立了岩溶含水层水流及溶质 Lattice Boltzmann 模型，利用穿透曲线参与校正[70]；S. Birk 运用示踪试验获得数据验证了岩溶含水层中导管水流模型[71]；Howward 等运用 Hagen-Poiseuille 方程来描述导管介质中的层流运动，并建议运用 Darcy-Weisbach 耦合方程来模拟计算导管介质中的紊流运动。Darcy-Weisbach 耦合方程基于雷诺数的数值量，依据导管介质管壁的摩擦系数大小来决定地下水流阻力[72]。W. B. White 通过对管道介质管壁的摩擦阻力反推算的结果表明，在区域管道流的应用上，Darcy-Weisbach 获取的摩擦系数与真实数据相比还是有较大差别，说明 Darcy-Weisbach 方程在描述管道介质中的湍流运动仍然存在问题。

目前，岩溶含水层水流运动模型的研究仍处在探索阶段，参数的获取基本上仍是通过经验参数的解析以及达西定律的计算[73-75]。但是，达西定律仅适用于孔隙介质的线性层流运动，对于岩溶含水层裂隙、断裂带和岩溶管道中的紊流，是不满足线性关系的，所以说，用达西定律来描述岩溶含水层的水流运动在许多地方是不准确的。且就目前来说，岩溶含水层的流场及溶质运移研究主要在实验室研究数据及数值模拟阶段，结合实际场地精确模拟建立的模型还比较少[76-78]。

第二节　双重介质理论及数学模型

一、岩溶含水层特性

由前几章描述可知，四氯化碳污染区是一个上覆为松散层，下伏为岩溶含水系统的二元结构，而且岩溶含水系统本身又具有明显的双重介质特征。岩溶含水系统作为一种较为复杂的含水层结构(图 5-1)，主要由孔隙介质(或称基岩、连续体模块)、裂隙溶洞介质(不连续体模块)等介质组成。碳酸盐岩中不连续模块(裂隙、断层、溶洞等管道介质)，经过长期的水—岩作用，常发育形成岩溶含水层独有的复杂含水空间。例如，常形成大面积的裂隙、溶洞甚至地下暗河系统，快速的地下水流动主要发生在此类导管介质当中，而地下水在多孔隙介质中的流动则较为缓慢，孔隙介质起着储存地下水的作用[67,72]。

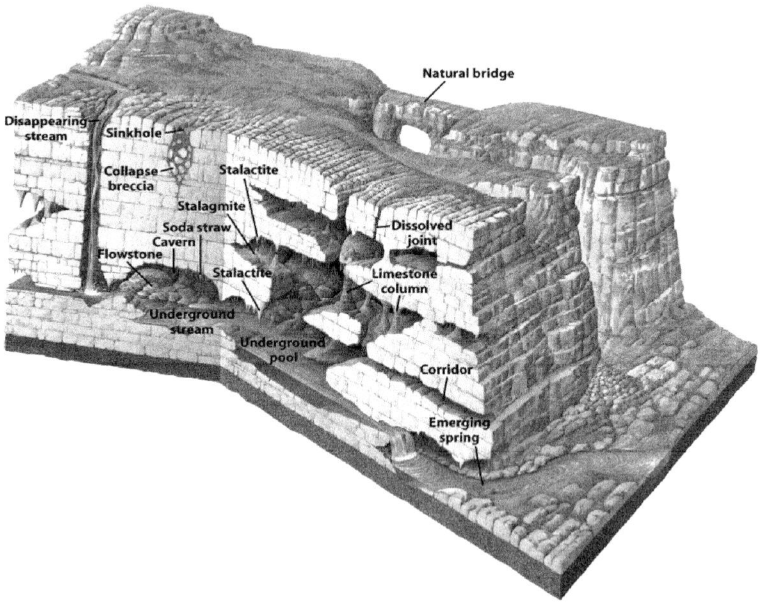

图 5-1　岩溶含水层系统结构示意图

岩溶含水层中的孔隙介质与管道介质存在着密切的水力联系，地下水可以不断地在孔隙介质与管道介质中进行交换，而赋存于地下水中的污染物可通过水流进入岩溶含水层中，并借助两种介质的交换进入多孔介质中后沉淀于地下，在岩溶含水层中发生物理化学及生物反应，对地下水资源造成污染，影响岩溶含水层地下水水质。

以往的科学研究多以单一孔隙介质对岩溶含水层建立模型，忽略了岩溶含水层复杂而又特殊的物理化学特性，本研究根据前述对含水介质的深入研究，依据地下水在管道及多孔介质中存在交换这一特点，建立数值模型，用于描述岩溶含水层中地下水与物质运移的耦合系统。

二、岩溶含水层中地下水运动规律

在岩溶含水层中，地下水受其含水层渗透率性质的影响，流速、流向变化明显。岩溶地下水水位的变化，可以作为判断含水层渗透率的依据。平滑的水位等势面反映出岩溶含水层中的导水介质较为均匀，渗透率变化率较小；当水位等势面发生急剧变化，地下水流速度增大，说明该地区含水层中管道介质占据了主导作用[79]。

岩溶含水层中的地下水与地表水体存在着密切的水力联系。在岩溶含水层渗透率较大的情况下，地表水体下渗补给进入地下水，形成地下水洼和暗河；若岩溶含水层水位高于地表水体，则地下水体对地表水体进行补给。在区域强降雨情况下，大量的降雨通过入渗补给地下水体，还可起到预防水灾水害的作用[80]。

地下水在岩溶含水层中的流动，分为导管介质中的湍流和孔隙介质中的弥散流，为各向异性的地下水流动[81]。典型的岩溶含水层系统包括了孔隙介质、断裂以及高渗透率的导管(管道)介质,相对应的地下水流动形态为符合达西定律的弥散流、线性层流和快速紊流。断裂带中的层流和导管介质中的湍流在具有较高水力梯度的情况下,有时可以发展成为急速的湍流。

雷诺数作为可用来表征流体流动情况的无量纲数,以 Re 表示,根据雷诺数值,可将流体的流动分为层流或湍流,也可用于确定物体在流体中运动所受到的阻力大小[82]。雷诺数可以表述为:

$$Re=\frac{uL}{\nu} \tag{5-1}$$

其中,u 为流体的平均速度;L 为管直径(一般为特征长度);ν 为运动黏度。

岩溶导管介质的直径(特征长度)最高可达数米,水流速度与地表水体的急流相当。以美国佛罗里达州最大的 Wakulla 泉为例,其最大排泄水量接近 10 m^3/s,与之相对应的雷诺数值高达 10^6。因此,科学上将雷诺数大于 500 的地下水流定义为急速湍流,此时,地下水水头损失与排泄量成非线性比例,将不满足传统的达西定律。

三、双重介质模型理论

近年来,随着国内外学者对岩溶含水层性质的进一步研究与实践,人们对于导管-孔隙双重介质的结构有了更深一步的了解。目前,研究者普遍认为,导管-孔隙双重介质是由原生粒间孔隙和次生裂隙导管两种水文地质结构组成。该介质模型由裂隙管道以及被其无序随机分割的细小孔隙构成,该模型体系内应包括两种范畴:一类作为"运动"区域,储水能力较低,但是其含有较高的渗透率,作为裂隙网络以导管介质的模式存在,是地下水的主要运移通道,其运动规律可基于对流弥散理论来解释;另一类作为"非运动"区域,渗透率较低,但体积巨大,储水能力较高,其中的地下水运动非常缓慢。这两种介质的特征参数(渗透效率和孔隙率)差别较大,使得地下水在其中的运动区别明显,由此形成了两个平行的水动力场,且两者之间存在着水力联系。理论上,需要在对流弥散方程中加入源汇项来描述这两种介质中的水力联系,通常采用一阶的质量交换系数来描述管道介质(运动)和孔隙介质(非运动)的水力交换系数[82]。

四、双重介质数学模型

(一) 双重介质数学模型的建立

本书基于 ModelMuse 软件进行七里沟盆地地下水流场的模拟。ModelMuse 是一款基于 ModFlow(模块化三维有限差分地下水流模型)的应用软件,同样采用有限差分法对地下水流进行模拟,由美国环境地质调查局 2010 年在国际上首次发行并发展迅速,被越来越多的地下水开发研究者所接受。其特点是操作界面友好,体积小,运算速度较传统模拟软件提高数十倍,支持 ModFlow2005,MT3DMS,ModPath 等多元模块[83]。ModelMuse 操作简单,易学易会,同时结构清晰,支持多项格式的输入与输出,且设计较为开放,修改调试自由度高,各子程序包在后期可根据用户需求进行改进,以满足自身对模型的需求。虽然开发不久,但受到了业界人士的一致好评[58]。

本项目中,考虑研究区岩溶含水层地质条件的复杂性和含水介质的多样性,单一的达西流模型分析是不符合实际条件的，因此，本研究利用 ModelMuse 开放性的优点，对 LPF 子程序包重新编码，建立双重介质模型，将岩溶含水层含水介质分为满足达西线性流的弥散流和不满足达西定律的非线性紊流（湍流），对七里沟岩溶含水系统进行描述。

双重介质模型基于以下公式：

$$S_m(h_m)\frac{\partial h_m}{\partial t}=\frac{\partial}{\partial x}\left[T_x(h_m)\frac{\partial h_m}{\partial x}\right]+\frac{\partial}{\partial y}\left[T_y(h_m)\frac{\partial h_m}{\partial y}\right]+Q_m+\alpha(h_c,h_m)[h_c-h_m]\quad h\in\Omega \tag{5-2}$$

$$S_c(h_c)\frac{\partial h_c}{\partial t}=\frac{\partial}{\partial x}[q_{cx}]+\frac{\partial}{\partial y}[q_{cy}]+Q_c-\alpha(h_c,h_m)[h_c-h_m]\quad h_c\in\Psi \tag{5-3}$$

式中，Ω 代表具有单一传导率的孔隙弥散区域；Ψ 代表包含所有导管的区域；α 为两区域间的交换系数（无量纲）；S 为储水率或给水度；h_m，h_c 分别为孔隙/管道介质的水位高度，m；T_{mx}，T_{my} 为孔隙介质区域 x，y 方向上的导水系数，m^2/d；q_{cx}，q_{cy} 为管道区域内 x，y 方向上的达西流速；$\frac{\partial h_m}{\partial t}$ 为水头随时间变化率，m/d。

其中：

$$\begin{cases}T_x=0 & h\leqslant z^{\text{bot}}\\ T_x=K_x(h-z^{\text{bot}}) & z^{\text{bot}}<h<z^{\text{top}}\\ T_x=K_x(z^{\text{top}}-z^{\text{bot}}) & h\geqslant z^{\text{top}}\end{cases} \tag{5-4}$$

式中，K_x 为 x 方向上的渗透系数，m/d；z^{top}，z^{bot} 分别为含水层上顶板和下底板高程，m；y 方向与 x 方向相同。

孔隙介质与导管介质交换系数：

$$\begin{cases}\alpha=\alpha_0 & h_m>h_c>Z_c^{\text{bot}}\\ \alpha=\alpha_0\left(\dfrac{h_c-Z_c^{\text{bot}}}{Z_c^{\text{top}}-Z_c^{\text{bot}}}\right) & h_c>h_m>Z_c^{\text{bot}}\\ \alpha=0 & Z_c^{\text{bot}}>h_c,h_m\end{cases} \tag{5-5}$$

式中，α_0 是导管介质中水流满载时交换系数，理论上应为导管介质的表面积与孔隙介质水力渗透率的比值；h_m 为孔隙介质中的水位；h_c 为管道介质中的水位高度；Z_c^{bot} 为管道介质底部的理论高程；Z_c^{top} 为管道介质顶部的理论高程。

双重介质模型交换系数的取值，根据介质中的水位和底部高程、介质间的补给方向，在实际模型的建立过程中，依据观测数据作为校正参数。

（二）管道介质中地下水运动方程

在发育较好的岩溶含水层中，管道介质中的地下水运动经常以紊流的形式存在。美国佛罗里达州 Edwards 含水层 95%～99%地下水运动的雷诺数大于 2 000 数量级，而呈现极端紊流的状态[84]。根据目前的调查研究表明，当岩溶含水层存在直径大于厘米级的管道介质，其中的地下水运动皆呈现极端紊流的状态。因此，不满足标准的达西流速与水力梯度的线性关系，而呈现复杂的非线性关系[72]。

关于岩溶地下水管道介质中紊流（湍流）的研究，在工程系统领域，相对平整的管道介质用 Darcy-Weisbach 方程来表示：

$$\Delta h=ff\frac{L}{D_H}\frac{\overline{v}^2}{2g} \tag{5-6}$$

式中，L 为导管介质的长度；D_H 为平均水力直径；$\bar{v}$ 为平均流体速度；g 为重力加速度；ff 为摩擦系数，该值取决于管道介质的粗糙度 ε 以及雷诺数 Re；在雷诺数大于 4 000 的情况下，可依据 Colerook 方程来描述三者的关系[72]：

$$\frac{1}{\sqrt{ff}}=-\log\left[\frac{\varepsilon}{3.7}+\frac{2.51}{Re\sqrt{ff}}\right] \tag{5-7}$$

关于粗糙性裂隙管道介质的研究，Springer 在 2004 年提出实际场地的导管介质通道不是呈直线分布不变的，而是弯曲、挤压、扩张、收缩等多种形式共存，因此，在工程系统领域通常依据经验参数来计算此类介质中的水位变化[85]：

$$\Delta h=ff\frac{L}{D_H}\frac{\bar{v}^2}{2g}+C_{\text{bends}}\frac{\bar{v}^2}{2g}+C_{\text{ec}}\frac{\bar{v}^2}{2g} \tag{5-8}$$

式中，C_{bends}，C_{ec} 为管道介质中弯曲与扩张/收缩部分的变形系数。Springer 在获取详细精确的管道几何参数与水文地质参数的基础上，运用以上公式推算了美国西弗吉尼亚州 Buckeye Creek 地区含水层的水位变化，取得了较好的结果。

然而在多数的场地模拟实践中，管道介质详细参数的获取是极为困难的，直接根据参数来计算含水层水位的变化规律也是不切实际的。因此，多数研究学者引入了管道介质中有效摩擦系数的概念，简化整合公式(5-8)的弯曲与扩张/收缩系数，该系数作为经验参数来获取，其公式为：

$$\Delta h=ff_{\text{e}}\frac{L}{D_H}\frac{\bar{v}^2}{2g} \tag{5-9}$$

式中，ff_{e} 为整合的有效摩擦系数。

在特定情况下，为了便于描述分布式地下水模型，公式(5-9)也可表述为：

$$q=-\frac{k_c}{\sqrt{\|\nabla h\|}}\nabla h \tag{5-10}$$

式中，q 为流体的达西流速；k_c 为管道介质的渗透系数。

公式(5-9)可将摩擦系数与管道几何参数整合于流体的水力传导系数，较适用于计算管道介质中的紊流运动。多数的地下水模型，尤其是 ModelMuse 和 ModFlow，运算代码均基于达西定律方程，因此需要将公式调整成达西定律方程的样式，以便于被模型识别。

因此，本研究管道介质中的紊流模型公式为：

$$q_{cx}=-T_{cx}(h_c)i_{\text{crit}}^{1/2}\left|\frac{\partial h_c}{\partial x}\right|^{-1/2}\frac{\partial h_c}{\partial x}\qquad\left|\frac{\partial h_c}{\partial x}\right|>i_{\text{crit}} \tag{5-11}$$

$$q_{cx}=-T_{cx}(h_c)\frac{\partial h_c}{\partial x}\qquad\left|\frac{\partial h_c}{\partial x}\right|\leqslant i_{\text{crit}} \tag{5-12}$$

式中，i_{crit} 为导管介质中平流的临界梯度，与渗透系数一样属于模型校准值的范畴，上式的使用条件取决于临界梯度与水力梯度的关系。y 方向的表达式与此类似。

第三节　双重介质子程序模块的创建

本次模拟采用 ModelMuse 模拟软件对地下水流数值模型求解，采用有限差分法进行离散，并采用 Triangle Interplation 法对数据进行插值计算。ModelMuse 作为最新的地下水模拟软件，操作界面简单易懂，预处理和数值运算功能强大，且二维与三位的可视化输出直观。开发者根据ModFlow软件的需要对ModelMuse进行了重新编译，但保持了原有的程序结构模式、文件输入和输出等主体部分，操作具有很多相似性。且ModelMuse软件使用较为开放，通过ModelMuse建立的地下水流场模型与溶质运移模型，选取生成的相关模块文件，对代码进行重新编译，导入后仍可直接应用。

ModelMuse的主要程序模块分为下列三大类：

① 基本的子程序模块BAS：默认程序模块，存储了模型的网格数据、含水层数据、应力期数据，初始水位及边界条件的设定，以及对其他可选的水文地质参数子程序包调用与否，是必选的子程序模块。

② 水文地质参数子程序模块：包括含水层参数性质程序模块（LPF）、补给程序模块（RCH）、井程序模块（WEL）、通用水头模块（GHD）等，均为可选择模块，根据模型的实际情况，选择性调用。

③ 求解模块：ModelMuse包含不同的迭代求解方法，如PCG求解模块、PCGN求解模块及SIP求解模块等。由于不同水文地质参数的复杂性，选择有的求解方法可能会收敛，有的则不会，根据模型对精度的要求情况，区别选择。通常来说，PCG和SIP法相对精度较高。

原始的含水层参数性质模块（LPF）的具体功能为计算相邻两个单元之间的水力传导系数、地下水渗流量以及进入和流出单元的水量。本研究提出的双重介质模块（DC）是基于LPF模块的输入方法，在双重介质模块中，不考虑垂向上的水力传导系数和各向异性系数，分别定义管道介质和孔隙介质，记为lay_1和lay_2，遵循LPF的输入模式，将两种介质的渗透系数以及之间的交换参数赋值，导入模型并运行，对地下水流动与四氯化碳运移进行数值模拟。

第四节　研究区水文地质概念模型

一、边界条件的设定

根据前面对该区水文地质条件的分析，综合研究区边界环境及双重介质模型的适用范围，设定如下：

垂向上，区内地表表层作为系统的上边界，与系统外界发生垂向上的水量交换，例如大气降雨入渗补给，蒸发蒸腾等。

横向上，区内地下水流向整体上呈现为南西向北东的趋势，北部以研究区地表水分水岭——废黄河故道作为边界，此地段存在岩溶发育，断裂带溶洞发育较多，其富水性较好，作为定水头边界。

南部边界，部分地段受到区外地下水的补给，为提高模型的精确度，将该边界设为流量边界，其流量作为变化参数在后续模拟过程中进行调整测试，优化选取。

西、东两边界以沿着云龙山-泉山-龙腰山一线与阎山-王山一线的地下水分水岭为界，设为隔水边界，具体的边界条件划分示意图见图5-2所示。

二、含水层系统结构的概化

研究区内水文地质结构系统，岩性以砂、砂砾石、砾卵石等粗颗粒岩石为主，包括第四系松散岩类孔隙含水层和碳酸盐岩岩溶裂隙含水层，之间不存在明显隔水层，上部松散孔隙含

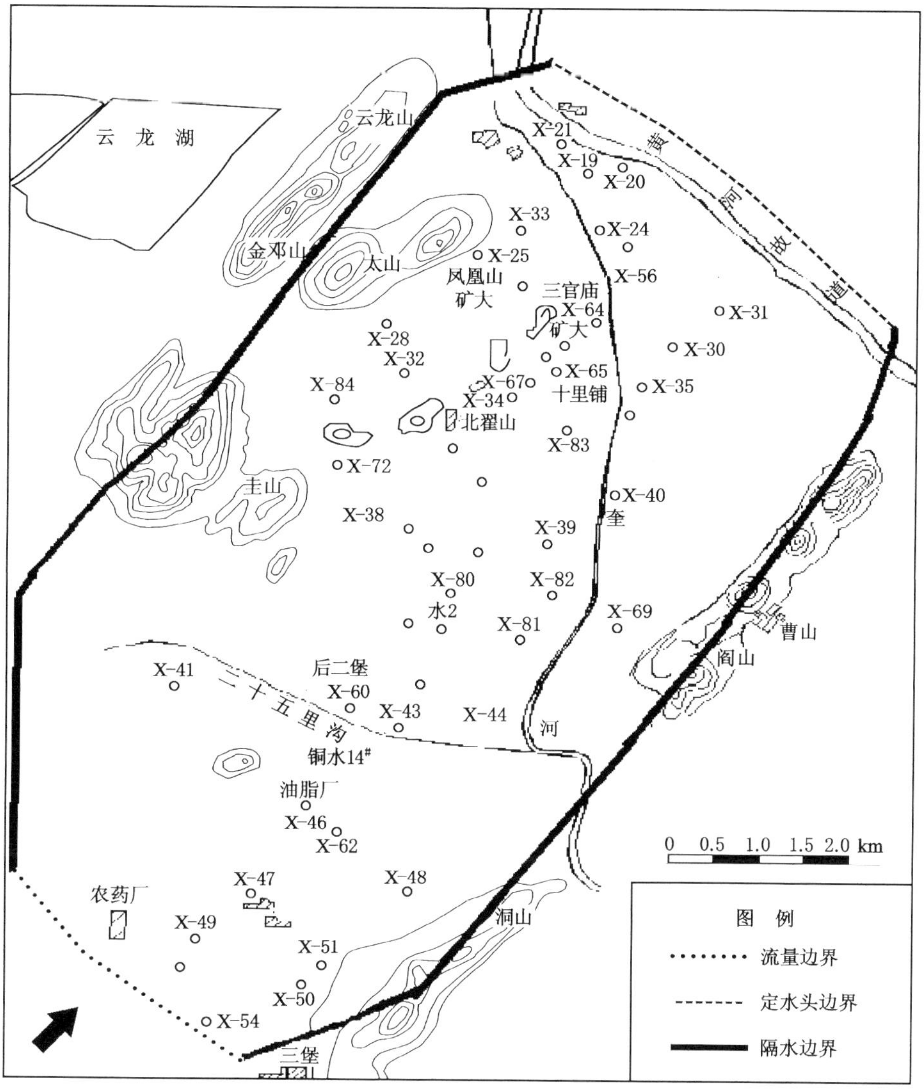

图 5-2　模型边界划分

水层厚度较小，一般在 10 m 以下，下部岩溶含水层中存在裂隙、溶洞的切割，导水性能较好，且上下层之间水力联系明显。

区内岩溶在地形地貌上分为两部分：一是裸露半裸露的岩溶丘陵区，另一部分为浅埋于冲、洪、湖积平原之下的隐伏岩溶区。岩溶含水层在裸露半裸露区直接或间接接受大气降水或地表水体的入渗补给，在隐伏区接受上覆松散层孔隙水的越流补给。考虑到整个第四纪地层，松散岩类岩层具有良好的连通性和富水性，根据双重介质模型的限制条件和研究区水文地质结构特征，将研究区松散类孔隙岩组和岩溶裂隙岩组概化为单一的含水岩组，即孔隙-管道双重介质非承压含水层。

将成型的裂隙概化为管道介质，赋存于孔隙介质当中，管道介质的平面分布位置编号见图 5-3。

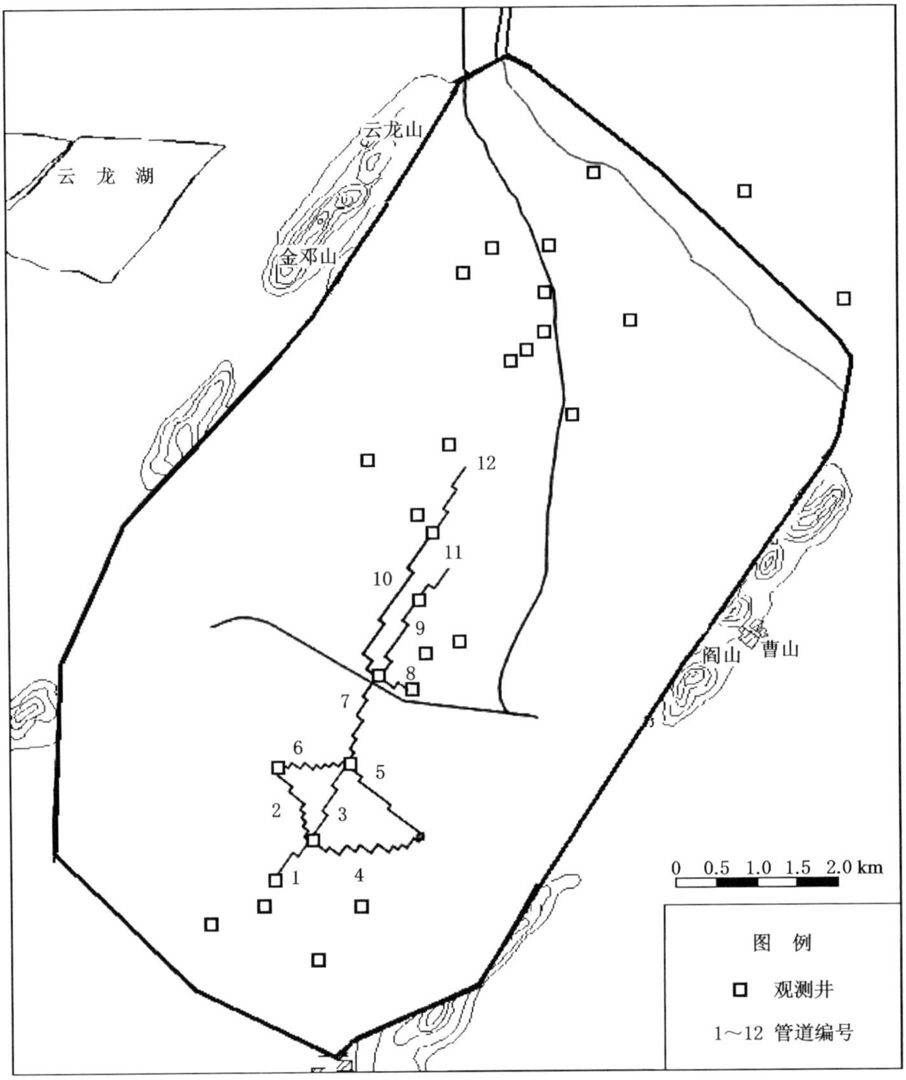

图 5-3 研究区管道介质编号图

三、水力特征概化

本区岩溶地层岩性及构造控水特征明显，岩溶发育程度不均导致富水程度极不均匀，渗透系数在不同的方向差异较大，且在区内受地层岩性和断裂构造的影响，区内地下水运动方向变化明显。在判断地下水运动稳定性上，孔隙介质中的地下水流在水平方向上基本稳定，符合达西方程的线性弥散流，管道介质中的水力梯度不稳定，导水系数随介质的不同变化较大，在特定情况下可转化非达西线性流的范畴，概化为非线性的平流。根据研究区实测数据资料、地下水流场及双重介质模型的使用条件，概化为平面内二维流动，地下水流各要素随时间发生变化，综合考虑将其概化为各向异性非稳定流。

四、研究区的网格剖分

根据已知的边界范围数据和地表高程数据，利用 ModelMuse 自带的插值方法，按比例生成研究区地表高程图，并进行矢量化处理导入 ModelMuse 作为研究区的模型底图。该研究区计算单元总面积为 120 km^2，根据 ModelMuse 网格赋值属性进行矩形剖分，共 100 列、100 行，合计 10^4 个网格单元，网格长宽均为 150 m。考虑区内范围面积较大且观测井之间距离较远，无需对特别节点进行加密剖分，具体的模型网格剖分及边界条件示意图见图 5-4，采用 2004 年 4 月～2012 年 4 月的地下水长观资料进行识别和验证，因模拟时间很长，故将应力期设置为 4 个月，时间步长为 60 d，每个应力期分划分为 2 个时间段。

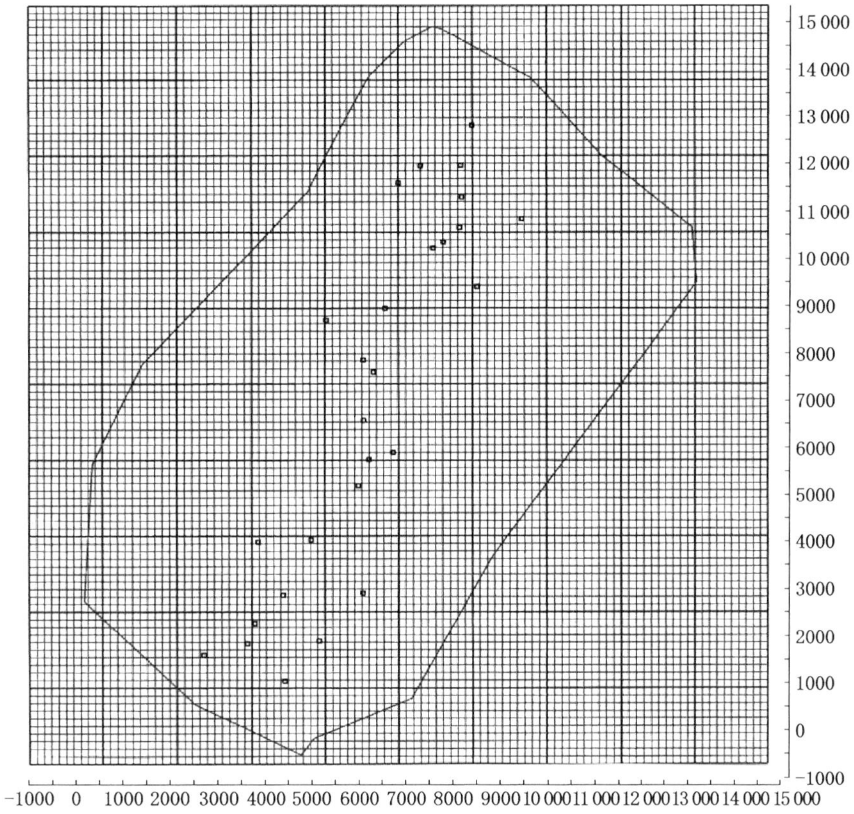

图 5-4　研究区平面网格剖分图

五、源汇项的输入

（1）地下水开采量

研究区内的开采量主要集中在农田灌溉开采、林牧开采、工业用水开采及生活用水开采等各项人工开采量，其中以位于研究区中部的七里沟 2 号井、矿大井群为开采主井，日均开采量可达 10 万 m^3，模型南部也存在部分民用井，抽水量难以精确统计，模型中采用估值并在模型识别中随时调整。

模型运行后期(具体为2008年后),为控制区域地下水位快速下降,减少了地下水开采量,该区内部分抽水井、自备井被关闭。故在模型运行后期阶段,需随时调整抽水量,并根据开采量数据及数据调试进行总量判断。

(2) 入渗补给量

研究区内岩溶地下水的主要补给来源为大气降水的入渗补给,区内汇水面积约为120 km^2,其中基岩出露区面积为33.8 km^2,第四系松散层入渗面积为86.2 km^2。其中研究区各处的入渗强度不一,通过公式(5-13)计算区内入渗补给量。

$$\begin{cases} W_f = W_{f山} + W_{f松} \\ W_{f山} = P \cdot \alpha_{山} \cdot F_{山} \times 1\,000 \\ W_{f松} = P \cdot \alpha_{松} \cdot F_{松} \times 1\,000 \end{cases} \tag{5-13}$$

式中 W_f——总补给入渗量,m^3/a;

$W_{f山}$,$W_{f松}$——基岩区和松散区补给入渗量,m^3/a;

$\alpha_{山}$,$\alpha_{松}$——基岩区和松散区降雨入渗系数;

$F_{山}$,$F_{松}$——基岩区和松散区的补给面积,km^2;

P——大气降雨量,mm。

根据1962～2012年50年降雨资料,丰水年降雨量为960.6 mm,平水年降雨量为843.7 mm,枯水年降雨量为711.3 mm,计算得研究区岩溶水最大补给量为10.48万 m^3/d,多年平均补给量为9.15万 m^3/d。模型中基于所得数值按分区分别给出初始值,根据岩性、构造等地质条件,在模拟过程中给予识别,并最终确定补给量。

(3) 潜水蒸发量

潜水蒸发量采用下式进行计算:

$$Q_{ed} = 0.1 \times C \times E^0 \times F \tag{5-14}$$

式中 Q_{ed}——蒸发排泄量,$10^4\ m^3$;

C——蒸发系数;

E^0——E601型蒸发皿监测的蒸发量,mm;

F——区域的计算面积,$10^6\ m^2$。

逐月计算应力期时间范围内蒸发排泄量,将其定义为面状的补给量,赋值到各个应力期中。

(4) 侧渗量

由外部流入或流出计算区的侧向交换量,其确定方法为首先给出各流量边界的初始单宽流量,经识别后确定。

六、含水层基础参数的确定

(一) 顶底面与管道值的确定

模型当中含水层剖面的可靠程度一定程度上取决于含水层厚度赋值的精确度。研究区内水文地质条件较为复杂,本项目收集了区内62眼钻孔资料数据,根据垂向上岩溶发育特征和水流运动规律,对典型钻孔含水层厚度进行赋值,运用Triangle Interplation方法进行插值,定义为管道介质内嵌其中的潜水含水层,具体的含水层剖面结构概化见图5-5和图5-6所示。

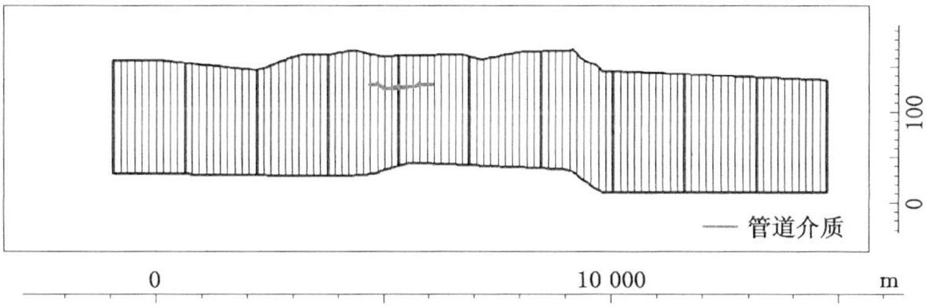

图 5-5　第 77 行含水层概化剖面图

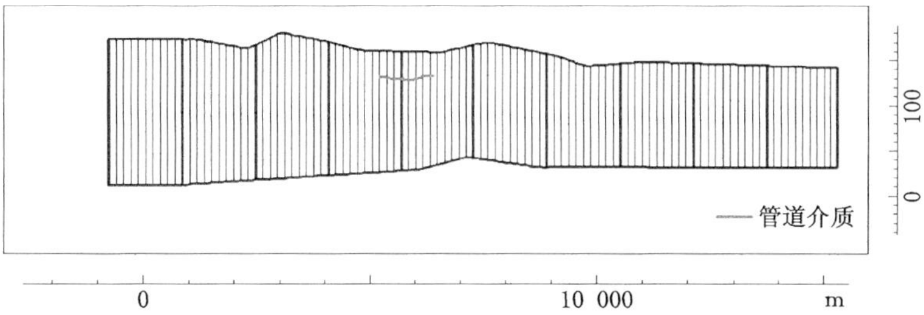

图 5-6　第 25 列含水层概化剖面图

鉴于双重介质模型的约束条件，经过钻孔资料及剖面图的分析，抽取含有裂隙、溶洞的典型钻孔参数值进行整合，概化为内嵌于孔隙介质中的一层管道介质，同一层中各管道依次相通。具体的管道介质顶底高程参数值如表 5-1 所示。

表 5-1　　含水层管道顶底板标高参数表

井号	大地坐标 *X*	大地坐标 *Y*	管道顶板相对标高/m	管道底板相对标高/m
X-49	20514525.83	3780025.24	−24.0	−41.0
X-46	20515726.61	3781841.97	−36.0	−58.0
X-43	20516655.78	3782952.23	−78.5	−85.0
X-64	20518355.27	3788064.28	−23.0	−49.5
X-29	20518729.27	3788356.04	−35.0	−46.5
X-26	20518767.00	3788994.06	−32.5	−64.0
X-24	20518724.25	3789546.24	−52.0	−61.0
X-18	20519358.00	3791082.42	−51.0	−59.5

（二）初始水头的确定

初始水位的设定，决定着模型结果的精确程度。研究区内地质条件复杂，各观测井的钻孔深度不均，监测水位时现场不具备分层观测条件，故多数水位数据为混合水位，不符合模型对于初始水位的要求，妨碍后期模型的识别与验证，因此需要采取特殊的方法对模型初始水位进行处理：

① 在模型开始阶段，将研究区内所有单元赋予一个相同的初始水位值，将水井抽水量、渗透系数、降雨入渗补给系数、径流补给系数等参数估计值导入模型，模拟期设定 1 年，将接下来模型开始时间 2004 年 4 月的初始水位实测值作为拟合数值，各水位节点启用 CHD 模块，设定为定水头边界。重复运行模拟数次，得到一组水位分布。

② 将上一步得到的水位数值作为初始条件，取消上一步设定的定水头边界。再次将水位抽水量、渗透系数、降雨入渗补给系数、径流补给系数等参数估计值导入模型，利用 2004 年 4 月～2005 年 4 月实测的大气降雨资料等现有实测数据，运行模型。

③ 将上一步获得的水位模拟值与实测值进行拟合，查看是否为满足要求的初始水位，择优选取；反之，则将此结果设为初始水头，重复以上两步，直到与实测值的拟合结果达到要求为止。

将上述求得的水位数据作为初始水位，选取插值方法将数据代入模型，然后调整水文地质参数使之符合水均衡，以达到水流模型校正的目的。具体的管道介质与孔隙介质初始水位见图 5-7 和图 5-8 所示。

根据岩溶含水层双重介质理论，将孔隙介质与管道介质中的水位相拟合，构建初始水位流场等值线图，见图 5-9 所示。

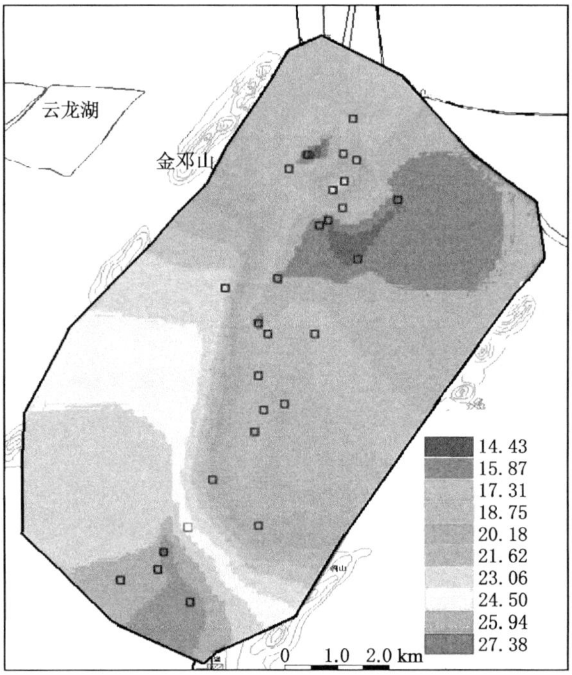

图 5-7 孔隙介质初始水位分布图

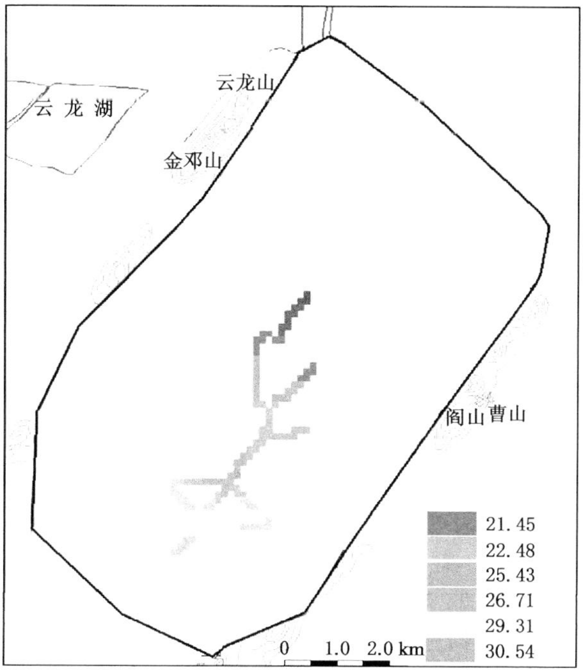

图 5-8　管道介质初始水位分布图

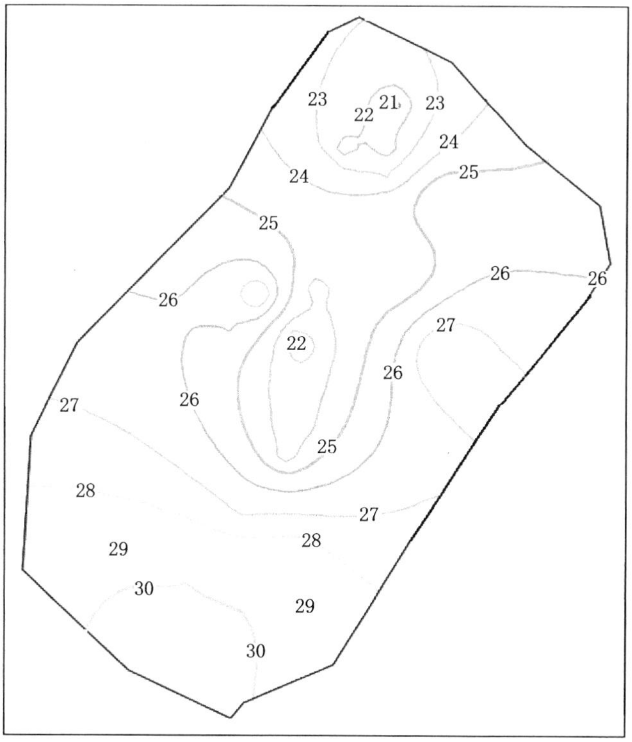

图 5-9　研究区初始水位等值线图

第五节　模型的识别与检验

模型的识别与检验是对研究区水文地质条件做一次全面深入细致的分析。为使建立的数值模型能准确地刻画客观水文地质原型，需要对模型的参数进行反复调试，以达到模拟地下水的动态变化与实测地下水的动态变化基本相似，模拟地下水的流场与实测地下水的流场基本一致，识别的水文地质参数与实际研究区的水文地质条件基本符合这三项标准。

一、模型识别的步骤

根据研究区降雨、钻孔资料及典型地段群孔抽水试验数据，确定岩溶含水层中孔隙介质的渗透系数等模型参数；根据示踪实验，参照水流速度与接收时间，按比例估算管道介质的渗透系数，再根据原始数据，划分孔隙介质和管道介质渗透系数、降雨入渗系数以及储水系数或给水度等参数分区。

在分析研究区内水文地质概念模型、数学模型及数值模型的基础上，需反复提高水位观测值与模拟值的拟合程度来达到参数要求的精度，因此引入参数目标函数的概念：

$$G(p_1,p_2,\cdots,p_n)=\sum_{i=1}^{N_g}\sum_{j=1}^{N_{ch}}\omega_h(i,j)[H(i,j)-H_g(i,j)]^2 \tag{5-15}$$

式中　$p_1,p_2,\cdots,p_n$——待求的各水文地质参数；

N_g,N_{ch}——对比的观测孔数据与时间数据；

ω_h——水头权因子；

$H(i,j)$——i 号观测孔 j 时段的模拟数值；

$H_g(i,j)$——i 号观测孔 j 时段的观测数值。

通过上述公式反复循环，在保证模型水文地质参数的前提下，求取目标函数的最小值；在未得到满意的函数最小值的情况下，进一步分析结果，调节相关参数，再次运行公式以求得最小值，如此反复运算，直至求得满意的结果。

二、模型识别的结果

选取 2004 年 4 月～2005 年 4 月一个完整水文年的监测数据作为模型识别数据，根据野外抽水试验和参数经验值等方式，将研究区孔隙介质划分 13 个渗透系数分区，管道介质划分 12 个渗透参数分区，6 个降雨入渗分区，4 个储水系数或给水度分区（如图 5-10～图 5-12），赋值并导入模型，运行模型，经过多次的微调与校对，使获得的模拟数值与观测数值拟合较好，择优选择这样的参数成为识别较好的参数[86]。

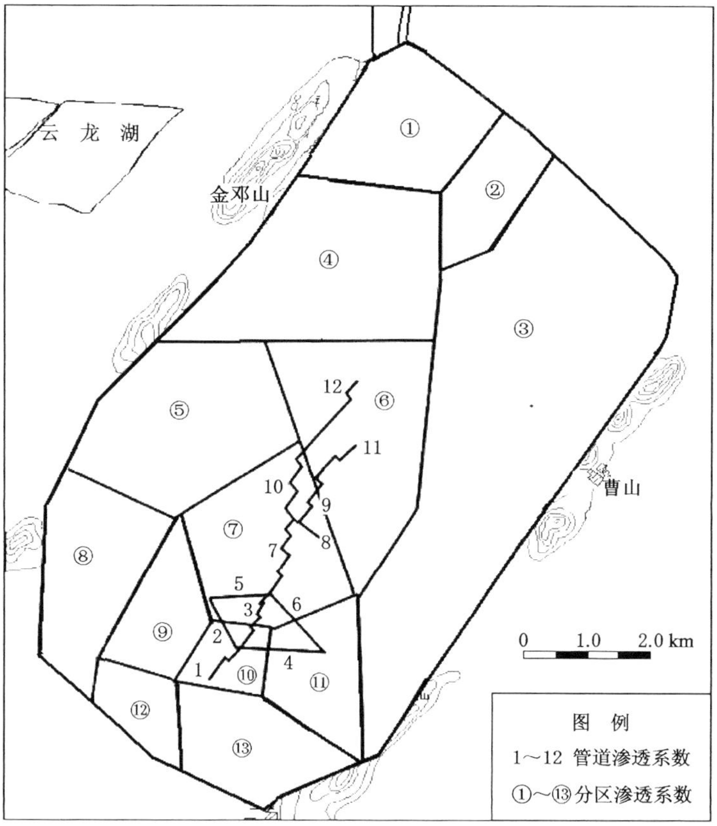

图 5-10　研究区渗透系数分区图

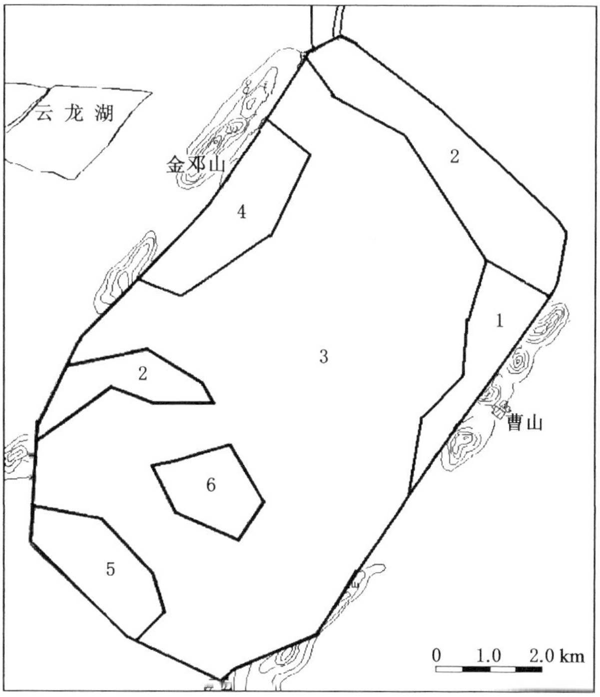

图 5-11　研究区降雨入渗分区图

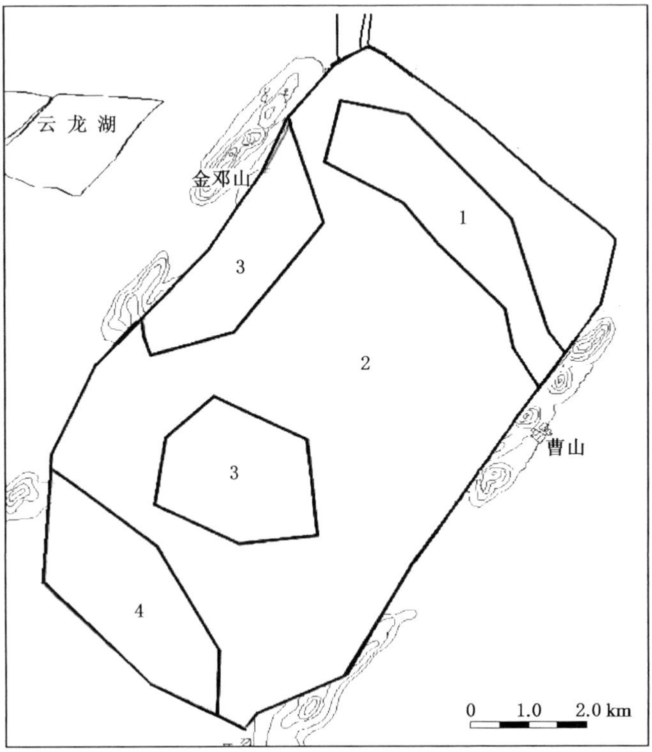

图 5-12 研究区储水系数或给水度参数分区图

在建立分区的基础上，通过 40 个观测井水位和水文资料数据的校正，利用“试错”法分别对孔隙介质、管道介质中的渗透系数、入渗系数等模型参数进行识别，得到识别后的相关参数，参数赋值见表 5-2～表 5-5。双重介质交换系数的取值，根据 W. White 对美国佛罗里达州 Edwards 岩溶含水介质的研究结果，选取范围为 $0\sim10^{-4}$[72]。

表 5-2　研究区孔隙介质渗透系数分区参数表

分区号	K_x/(m/s)	K_y/(m/s)	分区号	K_x/(m/s)	K_y/(m/s)
1	0.000 9	0.001 1	8	0.000 78	0.000 82
2	0.001 4	0.001 6	9	0.008 9	0.009 3
3	0.000 61	0.000 81	10	0.007 8	0.008 5
4	0.002 7	0.002 9	11	0.001 1	0.001 4
5	0.001 1	0.000 8	12	0.001 2	0.001 7
6	0.006 8	0.065	13	0.001 5	0.001 2
7	0.005 6	0.061			

表 5-3　　管道介质渗透系数分区参数表

管道编号	K_x/(m/s)	K_y/(m/s)	管道编号	K_x/(m/s)	K_y/(m/s)
1	0.013	0.022	7	0.082	0.076
2	0.046	0.051	8	0.022	0.029
3	0.010	0.016	9	0.032	0.042
4	0.025	0.021	10	0.075	0.089
5	0.069	0.073	11	0.041	0.058
6	0.015	0.018	12	0.054	0.043

表 5-4　　含水层降水入渗系数分区参数表

分区类型	1	2	3	4	5	6
降水入渗系数 α	0.29	0.44	0.38	0.42	0.55	0.25

表 5-5　　含水层给水度分区参数表

分区类型	1	2	3	4
给水度	0.007 8	0.035 9	0.004 9	0.002 2

三、模型的检验与拟合曲线

本次模拟采用 2005 年 4 月～2012 年 4 月的典型井长时间监测水位数据来进行模型的验证，准确的实测值可以保证模型的精确程度。根据模拟值与观测值精度计算的要求，当两者的数值相差在 0.5 m 的时间节点占到总时间节点 75%以上时，表明模型的精度满足要求。且在模型的验证阶段，长时间连续的模型验证可以反映出不同代表性的多个水文年内地下水动态的变化，提高模型的模拟仿真能力和计算精度[87]。

模型验证开始时间为 2005 年 4 月，终止时间为 2012 年 4 月。选取研究区内数据资料较全、位置较为典型的观测井的实测水位与模拟水位进行拟合，结果表明总体上拟合效果较好(图 5-13～图 5-16)。

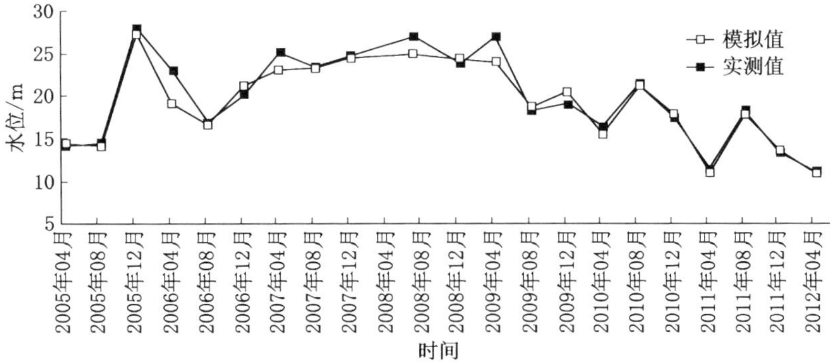

图 5-13　典型井 X-36 实测与模拟水位曲线

图 5-13 描述了 X-36 井模拟水位与实测水位的动态变化，除在个别随机条件（附近抽水井变化、降雨量等）的影响下，个别年份稍微跳动外，整体模拟水位与实测水位动态变化均相对吻合，拟合平均误差为 0.43 m。

图 5-14 显示为典型井 X-74 的模拟水位动态分布，由图可知，实测水位与模拟水位的误差大部分时段较为吻合，误差在 0.5 m 以下；在中后期的时间段，仅在 2007 年 10 月至 2008 年 4 月，最大误差增加到了 3.47 m 左右。究其原因，除了自然因素的影响之外，应该与局部地区的用水量变化有直接关系。

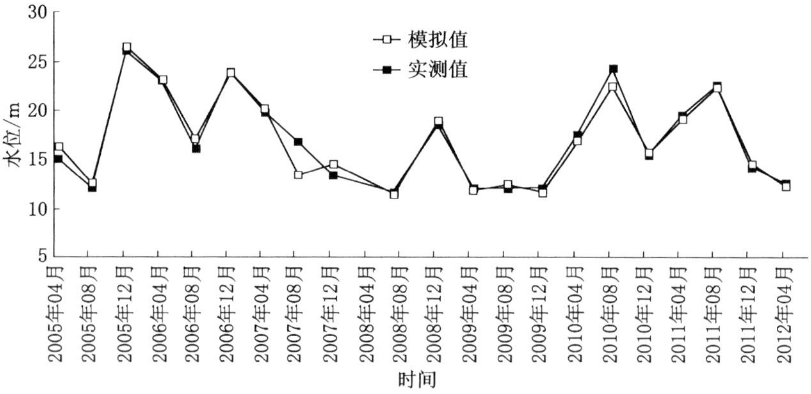

图 5-14 典型井 X-74 实测与模拟水位曲线

图 5-15 显示 X-79 井的模拟与实测值在前期与末期拟合程度较好，在中期 2007 年 10 月出现最大误差 3 m 左右，依靠研究区内抽水量以及降雨量的变化都难以解释，估计为局部地区的条件变化所致。整个时段误差均值在 0.35 m 左右，水位拟合的平均误差较小，结果较为理想。

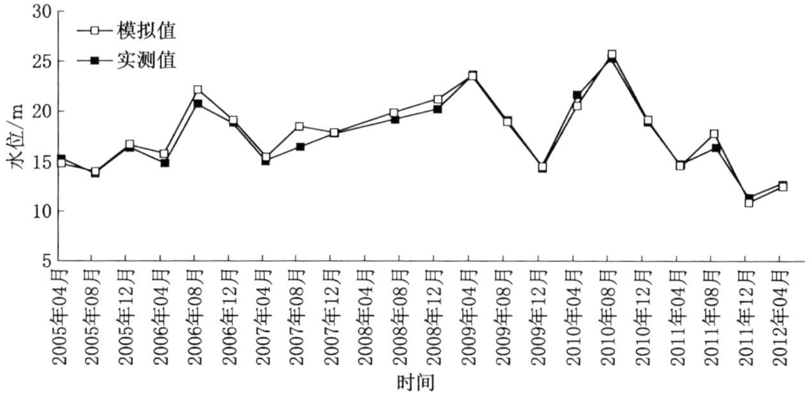

图 5-15 典型井 X-79 实测与模拟水位曲线

从图 5-16 可以看出，2008～2011 年，典型井 X-39 的年内动态水位波动较小，实测值与模拟值的拟合程度较好，精度较高，后期水位波动较大，最大误差出现在 2006 年 4 月，达到 1.8 m 左右，多年水位拟合平均误差为 0.27 m。

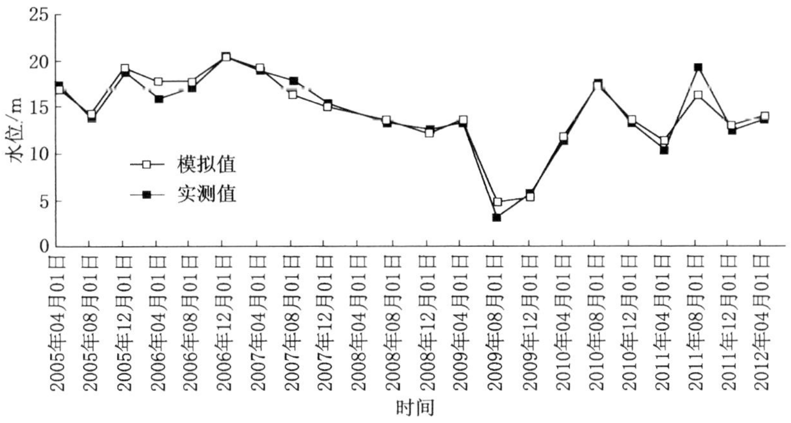

图 5-16　典型井 X-39 实测与模拟水位曲线

图 5-17 和图 5-18 显示的是 2009 年 12 月和 2011 年 8 月地下水流场模拟图与实测等值线的拟合对比图，特别选取水位特征明显的枯水期和丰水期时段，对模拟结果进行比较，可以看出实测等值线图与模拟图水位基本吻合。

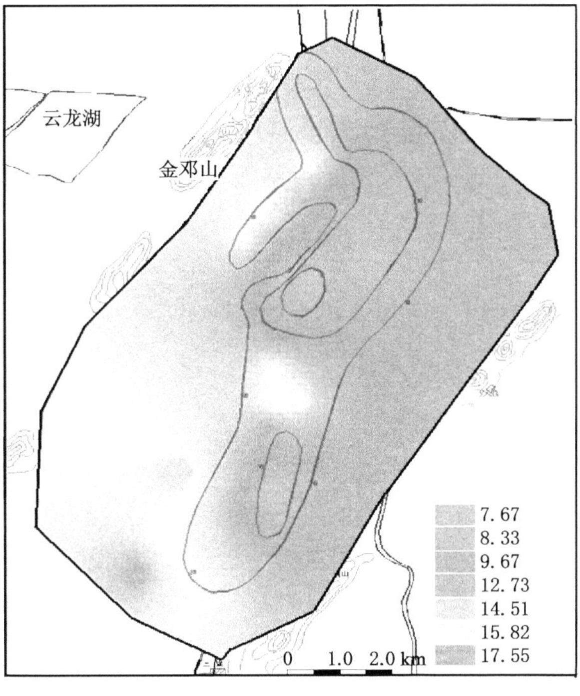

图 5-17　2009 年 12 月水流场模拟结果图

同时，在模型运行过程中包括了丰水年和平水年等不同特征年份。因此，该岩溶地下水流场模型的计算精度较高，在不同降雨特征年份内，模拟结果均较好，通过不同代表性年份、长时间序列的地下水水位长观资料识别和验证出来的模型具有较高的模拟精度，能够反映出研究区岩溶含水层的实际特征。

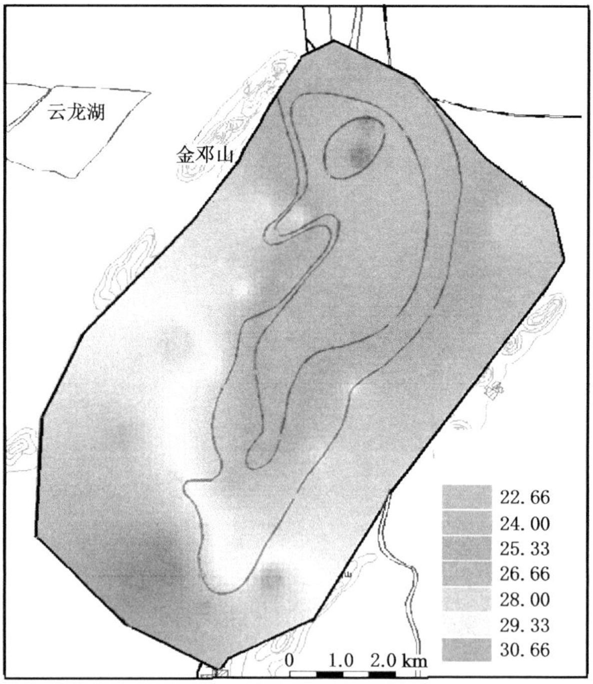

图 5-18 2011 年 8 月水流场模拟结果图

综上所述，根据以上地下水流场模拟结果，经过模型边界的修正和参数调整，所建立的地下水数值模拟模型，基本符合研究区内地下水流动特征，可为四氯化碳溶质运移模型提供依据与基础。

第六节 四氯化碳运移的数学模拟

一、运移模型介绍

模式化三维溶质运移模型——MT3D 是一款经典的溶质在地下水中的运移模拟软件，在美国环境保护署罗伯特克利环境重点实验室的资助下，由郑春苗博士在 S. S. Papadopulos & Associates 公司工作期间研制开发。此后便在污染物迁移和治理评估研究中得到广泛应用。

第二代 MT3D 称为 MT3DMS，其中 MT3D 仍然代表模块化三维溶质运移模型，而 MS 表示可插入多种污染物组分生化反应模块的程序结构。功能得到显著改善，包括：

① 利用三阶总变差缩减法（TVD）能够在保证质量守恒的基础上尽可能减小数值弥散和人工振荡引起的误差。

② 使用一种基于广义共轭梯度法的迭代算法，这种迭代法可以有效地避免对运移时间步长的限制。

③ 增加了处理非平衡吸附和双重介质中对流-扩散问题的处理方法。

④ 程序采用多组件结构，从而可以随时插入模拟生物化学反应的模块。

MT3DMS 的功能全面，既可以模拟常规水文地质条件下地下水流系统中污染物的对流、弥散扩散过程，也可以模拟污染物在迁移过程中的生物和化学反应[88,89]。

在研究中，目标污染物——四氯化碳的化学性质相当稳定，挥发扩散作用较弱，在自然条件下几乎没有生物降解，故难于自净消除。因此，只考虑溶质运移中的对流与弥散作用，其在运移过程中的吸附、挥发以及生物化学作用等条件，均不作考虑。

(1) 对流作用

地下水运动过程中会把自身含有的污染物从一个区域带到另一个区域，即空间位置的转移，这一过程称为对流。选取 C 作为单位体积地下水中的污染物浓度，单位时间内通过含水层单位过水面的污染物质量称之为污染物通量，因此对流作用引起的对流通量 f_c 可表示为：

$$f_c = vC = nuC \tag{5-16}$$

式中，v 为流体渗流速度，L/T；u 为流体渗透速度，L/T。

(2) 弥散作用

弥散作用是指示踪剂进入含水层以后，在孔隙介质中逐渐扩散，占据的范围越来越大，超过了按平均流动所预计范围的现象，包括机械弥散和分子扩散。

机械弥散是当流体在多孔介质中流动时，由于孔隙系统的存在，使得流速大小和方向都不均匀的现象[90]。可用 Fick 第一定律来描述，即污染物的弥散通量与其浓度梯度成正比，弥散方向与浓度梯度方向相反，计算方式为：

$$J_h = -nD_h \frac{\partial C}{\partial L} \tag{5-17}$$

式中，D_h 为机械弥散系数，L^2/T；L 为扩散方向的距离，m。

分子扩散是由于液相中示踪剂浓度不均一而引起的一种物质运移现象。也可以用 Fick 第一定律来表征分子的扩散通量，即污染物的分子扩散通量与其浓度梯度成正比，扩散方向与浓度梯度方向相反，表示为：

$$J_d = -nD_s \frac{\partial C}{\partial L} \tag{5-18}$$

式中，D_s 为分子扩散系数，L^2/T。

多数条件下，溶质运移过程中二者均有发生。因此，将二者结合的作用命名为弥散作用，其通量的计算公式为：

$$J_D = J_h + J_d = n(D_s + D_h)\frac{\partial C}{\partial L} = nD\frac{\partial C}{\partial L} \tag{5-19}$$

式中，D 为水动力弥散系数，L^2/T。

二、溶质运移的数学方程表达

本研究根据渗流方向的污染羽扩展情况，以机械弥散系数为影响参数，具体的溶质运移方程如下。

(1) 对流弥散方程：

$$\frac{\partial C}{\partial t} = D_L \frac{\partial^2 C}{\partial x^2} + D_T \frac{\partial^2 C}{\partial y^2} - u\frac{\partial C}{\partial x} + I \tag{5-20}$$

(2) 连续性方程(质量守恒)：

$$\frac{\partial \rho}{\partial t}=-\mathrm{div}(\rho u) \tag{5-21}$$

（3）运动方程：

$$u=-\frac{k}{n\mu}(\mathrm{grad}\ p+\rho g\cdot \mathrm{grad}\ z) \tag{5-22}$$

状态方程：

$$\begin{cases}\rho=\rho(C,p)\\ \mu=\mu(C,p)\end{cases} \tag{5-23}$$

（4）相应的初始条件和边界条件

初始条件：

$$C(x,y,0)=C_0(x,y,0)\quad (x,y)\in D \tag{5-24}$$

第一类边界条件——给定浓度边界：

$$C/_{B_1}=f_1(x,y,t)\quad (x,y)\in B_1,t>0 \tag{5-25}$$

第二类边界条件——给定弥散通量边界（Neumann 边界条件）：

$$-D\cdot \mathrm{grad}\ C\cdot \boldsymbol{n}/_{B_2}=f_2(x,y,t)\quad (x,y)\in B_2,t>0 \tag{5-26}$$

第三类边界条件——给定溶质通量边界（Cauchy 边界条件）：

$$(Cu-D\cdot \mathrm{grad}\ C)\cdot \boldsymbol{n}/_{B_3}=f_3(x,y,t)\quad (x,y)\in B_3,t>0 \tag{5-27}$$

式中，D_L，D_T 分别为纵向和横向上的弥散系数；u 为地下水的运动速度，m/d；C 为污染物浓度，mg/L；p 为流体的压力；ρ 和 μ 为水体的密度和黏度；k 为渗透率；n 为有效孔隙率；I 为源汇项；D 为研究区区域范围；B_1 为 D 的第一类边界，$f_1(x,y,t)$ 为 B_1 上的已知函数；B_2 为 D 的第二类边界，$\boldsymbol{n}$ 为 B_2 边界上某点外法线方向上单位向量，$f_2(x,y,t)$ 为 B_2 上的已知函数；B_3 为 D 的第三类边界，$f_3(x,y,t)$ 为 B_3 上的已知函数。

第七节　溶质运移模型的识别与检验

一、边界条件和初始条件的设定

根据污染源、四氯化碳监测数据等资料，在地下水流场模型边界条件和源汇项的基础上，确定溶质运移模型的边界条件和初始浓度。

侧向边界上，根据研究区内四氯化碳污染的范围，模型的南部和北部设定为定浓度边界，取最小值 0.01 μg/L，保证污染羽一直存在于模型范围之内；东部和西部设置为零通量边界。

区内南部农药厂范围相对于整个研究区面积较小，设定为点状；根据 Hydrus-1D 软件建立的上覆土壤松散层模型，选取模型结束日期 2004 年 8 月松散层底部渗出四氯化碳浓度均值 2 773.6 μg/L，作为四氯化碳污染源的初始浓度。该数据与 2004 年 8 月农药厂井水样中的四氯化碳监测数据 2 709 μg/L 非常接近，因此较为可靠。

考虑到区内河流虽然与地下水存在水力联系，但多年监测显示，河水中没有发现四氯化碳存在，故概化为零浓度补给。

将 2004 年 8 月四氯化碳监测浓度作为初始浓度，插入模型作为模型的背景浓度，如图

5-19 所示。

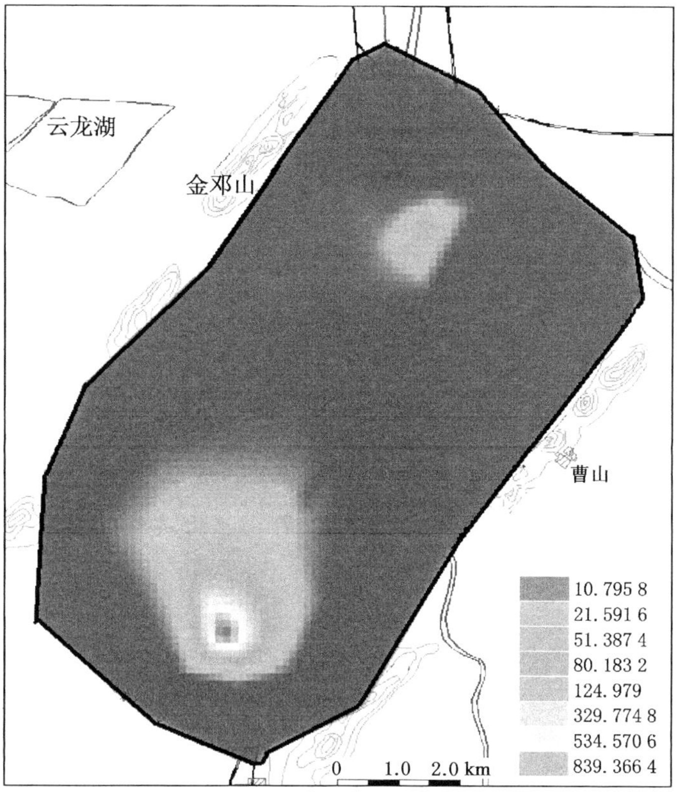

图 5-19　模型初始浓度插值图

二、溶质模型参数的确定

溶质模型参数获取的精度决定了后期模型结果的准确度以及可信度。目前，国内外针对地下水中四氯化碳运移的研究较少，对于其在复杂岩溶含水层中的运移研究相对更少。弥散度等模型参数的直接获取比较困难，只能从前人对类似污染物的运移模型研究中，间接提取相关参数。许增光等运用 ModFlow 模拟软件，建立 PRB 修复四氯乙烯(PCE)的数值模型，并通过遗传反演模型，获取相关参数，效果较好[91]。在分子结构上，四氯乙烯与四氯化碳分子结构相近且特征相近，因此将以上模型获得的参数作为识别期初始值。

2004 年以前，污染源区周围开展了四氯化碳污染治理工作，进行了不定期的强排抽水活动，区内四氯化碳的衰减过程不属于自然降解过程，人为干扰严重。2004 年 8 月后，强排抽水结束，农药厂搬迁，为四氯化碳的自然衰减过程。因此，选取 2004 年 8 月～2005 年 8 月一个完整的水文年为模型识别期范围，在识别期模型运行期间，调整参数，使得识别期末四氯化碳模拟值与实测值的拟合程度满足要求，求得最优参数值。识别期末的 2005 年 8 月拟合图见图 5-20，获得模型参数赋值见表 5-6。

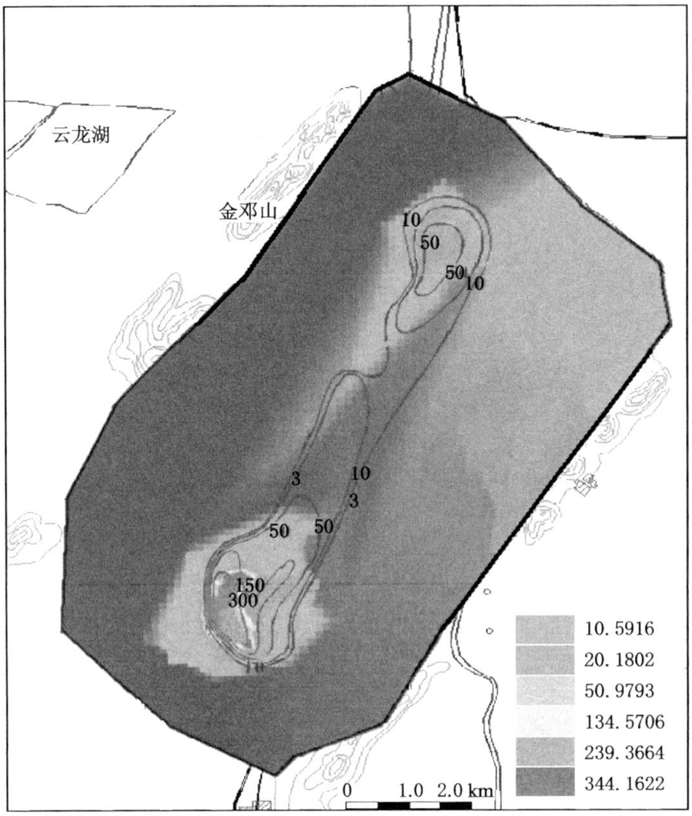

图 5-20　识别期末四氯化碳污染拟合图

表 5-6　　　　　　　　　　模型拟合参数及取值范围

模型参数	数值	模型参数	数值
水力传导系数/(m/d)	190～7 100	有效孔隙率	0.1～0.41
介质密度/(kg/m³)	2 500	横向弥散度/cm	0.3～0.8
一阶反应速率/day^{-1}	1.365	点源浓度/(μg/L)	2 773.6
初始浓度/(μg/L)	2 773.6	总模拟期/d	365
点源的持续时间/d	180		

三、溶质运移模型的检验

为进一步验证所建立的溶质运移模型和参数的精确性，选择 2005 年 8 月～2012 年 4 月，约 7 个完整的水文年运行模型。且溶质运移的模拟中，一般认为模拟的结果与实测结果之间的相对误差在±20%以内都是可以接受的[92]。

选取典型观测井以四氯化碳浓度实测数值与模拟数值进行拟合对比，绘制对比曲线(图 5-21～图 5-23)并计算相对误差以验证模型精度。空间上，选取模型中期 2008 年 8

月与模型末期 2012 年 4 月实测四氯化碳浓度等值线进行拟合对比，如图 5-24 和图 5-25 所示。

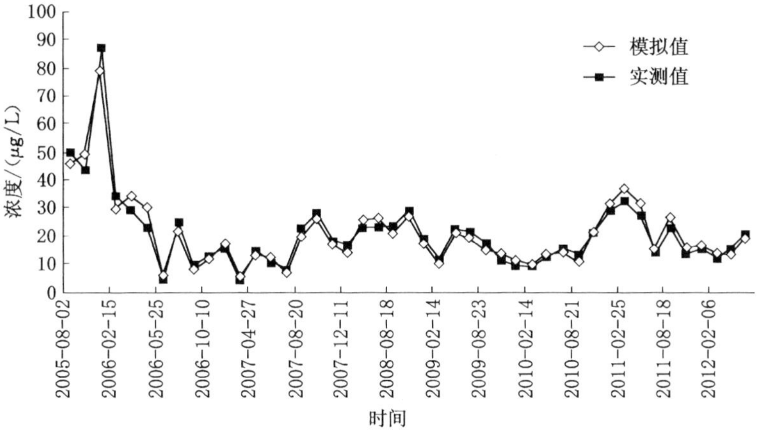

图 5-21　典型井 X-56 四氯化碳拟合曲线

从典型井 X-56 的四氯化碳浓度动态变化可以看出，时间序列内 2005～2006 年浓度变化较大，后期普遍趋于吻合。实测值与模拟值的相对误差，最大值为 22%，最小值为 8%，误差小于 20 的拟合数值组合占到 96%。平均相对误差为 11.4%，实测值与模拟值基本吻合。

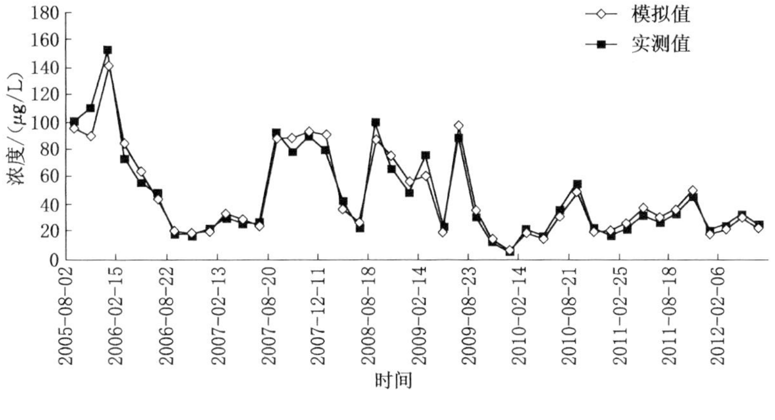

图 5-22　典型井 X-47 四氯化碳拟合曲线

典型井 X-47 四氯化碳拟合值与实测值误差较好，相对误差最大为 20.7%，出现在 2009 年 2 月，最小相对误差为 5%，平均误差值为 16.7%。2005～2007 年由于四氯化碳整体浓度较高，范围上下浮动较大，因此误差相对较高，后期浓度趋于稳定，变化幅度较小，拟合程度较高，误差也相对较小。

典型井 X-61 四氯化碳浓度动态变化与井 X-47、X-56 类似，实测值与模拟的相对误差最大为 27%，最小相对误差为 9%，平均相对误差为 15%，尤其在后期的浓度拟合值准确度较高，模拟结果较为理想。

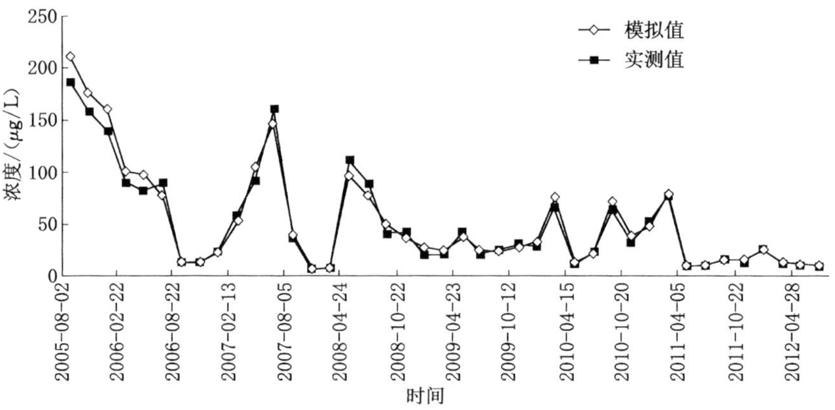

图 5-23　典型井 X-61 四氯化碳拟合曲线

根据上述三组拟合曲线显示，拟合值与实测值整体趋势一样，总体呈逐年递减的趋势。前期由于强排抽水工作结束时间较短，岩溶地下水流场回归自然条件下的稳定状态需要缓冲过程，导致岩溶地下水中四氯化碳浓度的动态变化范围相对剧烈，属于非正常衰减范畴，致使前期模拟值与实测值相对误差较大；后期随着缓冲过程的结束，区内地下水流场和四氯化碳浓度趋于稳定，模拟值与实测值相对误差较小，拟合结果较好。从图中看出，模拟值有比监测值偏小的趋势，分析原因可能是由于模型建立过程中部分参数，如降雨入渗系数、越流补给系数简化所致，还需进行调整，但总体上来说，模型是基本可靠的。

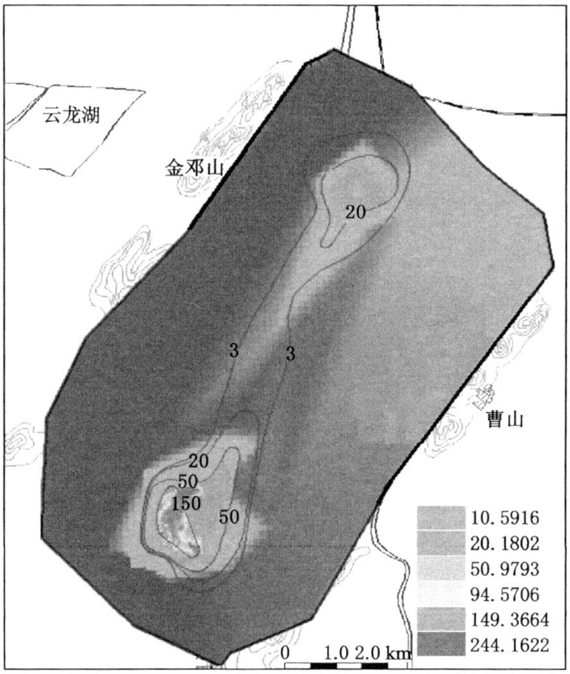

图 5-24　2008 年 8 月四氯化碳污染拟合图

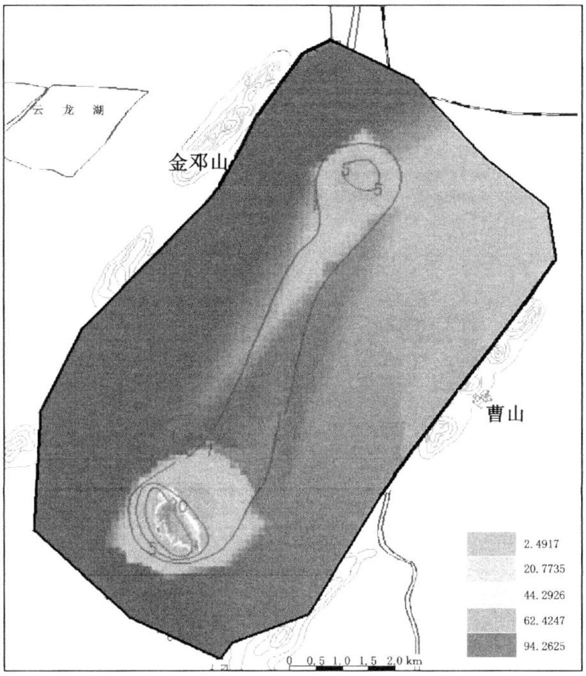

图 5-25　2012 年 4 月四氯化碳拟合图

图 5-24 和图 5-25 的模型拟合对比结果证明，研究所建立的数学模型，边界条件、水文地质参数和源汇项等的设定都是合理的，研究区内四氯化碳的污染主要集中在南部和北部地区，南部污染羽由于靠近农药厂污染源，浓度范围和浓度普遍大于北部，呈现以污染源为中心，往四周扩散的趋势。整体上来说，南部与北部的四氯化碳呈“哑铃状”污染区域，模拟结果与实测等值线基本吻合，中间区域浓度相对较低，基本符合实际监测结果，模型可用于预测未来研究区内四氯化碳的污染状况。

在此模型基础上，对 2015 年、2018 年、2022 年和 2025 年的四氯化碳污染羽演变情况进行了预测。模型预测阶段，边界条件、水文地质参数取值与模型识别期一致，部分源汇项输入值取多年平均值。详细的四氯化碳污染羽预测结果见图 5-26～图 5-29 和所附彩图。选取污染羽南区、中区、北区典型井的预测浓度值，绘制四氯化碳动态变化曲线，分析四氯化碳随时间的变化趋势，见图 5-30 所示。

由图 5-26～图 5-30 可知，随着时间的推移，岩溶含水层中的四氯化碳污染呈逐年衰减的趋势，从三口典型井浓度变化曲线和趋势线分析，南部 X-61 井浓度变化曲线斜率约为 －3.10，衰减速率最快，中部污染井 X-59 由于初始浓度相比较低，浓度变化曲线斜率最小，约为 －0.57，衰减速率最慢；根据污染羽变化情况，北区四氯化碳污染羽缩减趋势相对明显，到 2025 年时北部污染羽已消失；南区污染源附近污染羽逐年减小，污染羽缩小速率相对稳定，原因在于污染源的搬迁以及近年来对南区重污染井进行的抽水强排，四氯化碳随水流方向逐步向固定点富集，排泄与补给达到相对平衡。由于南区污染源附近仍存在个别民用水井，随着污染浓度的降低，污染羽面积的减小，对当地居民健康的潜在影响也随之减少，中部污染羽浓度相比南北两地含量较低，到 2022 年，四氯化碳在污染羽中部含水层中也将消失，

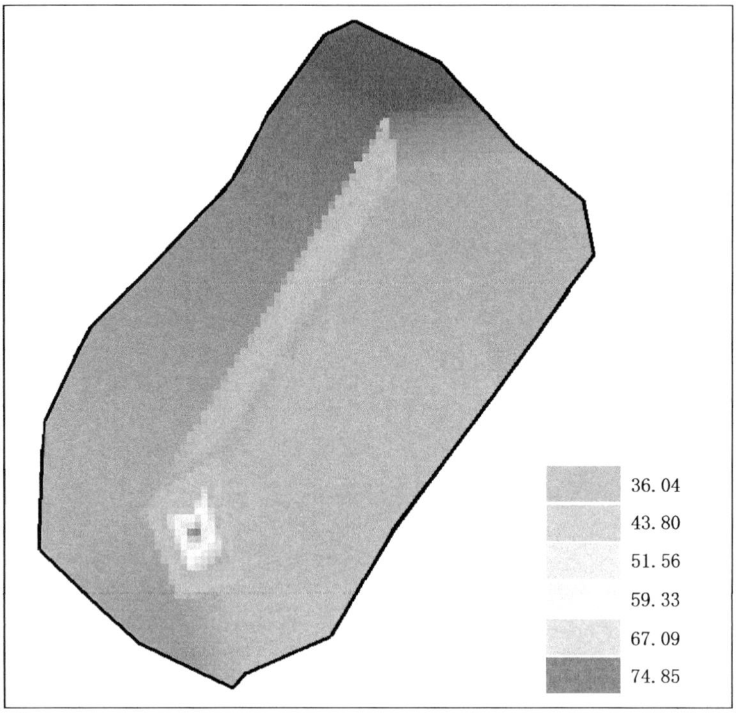

图 5-26　2015 年 8 月四氯化碳污染羽

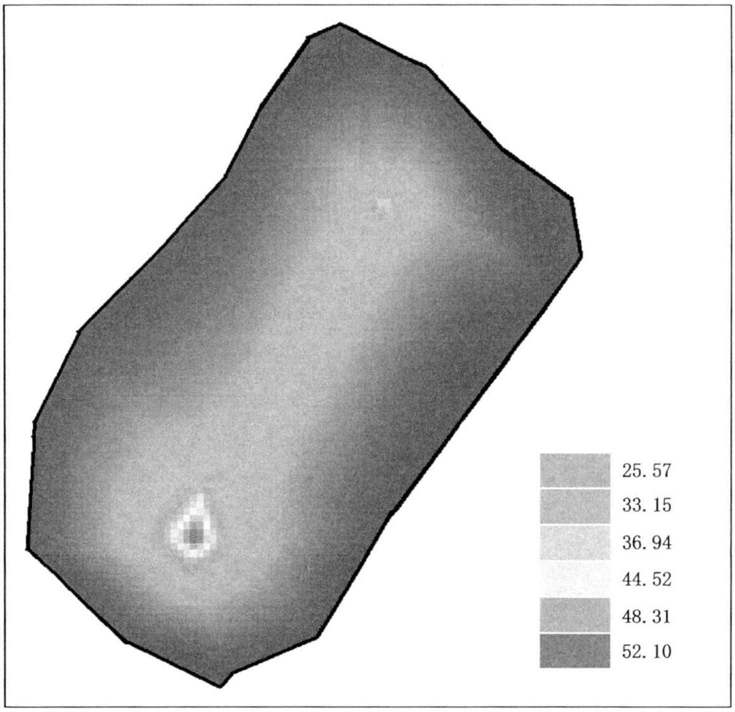

图 5-27　2018 年 8 月四氯化碳污染羽

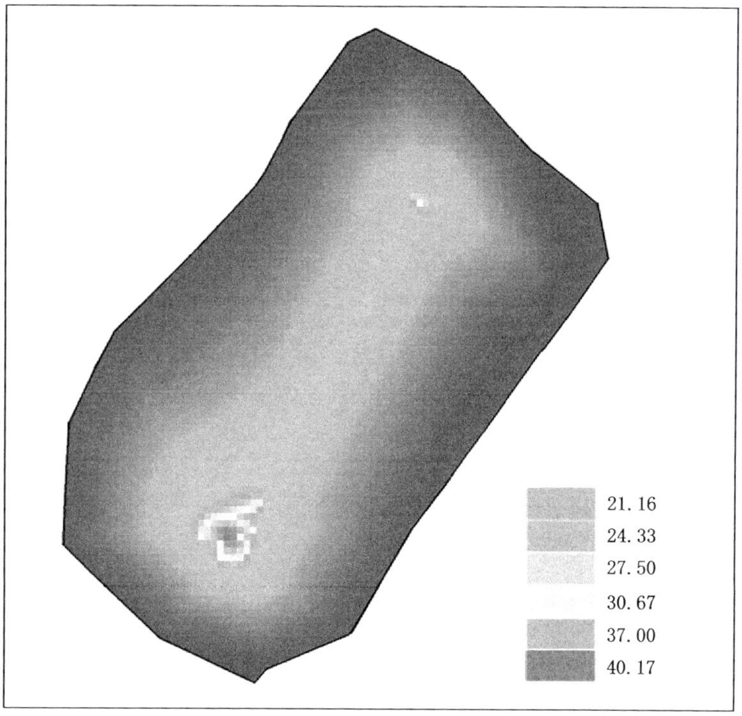

图 5-28　2022 年 8 月四氯化碳污染羽

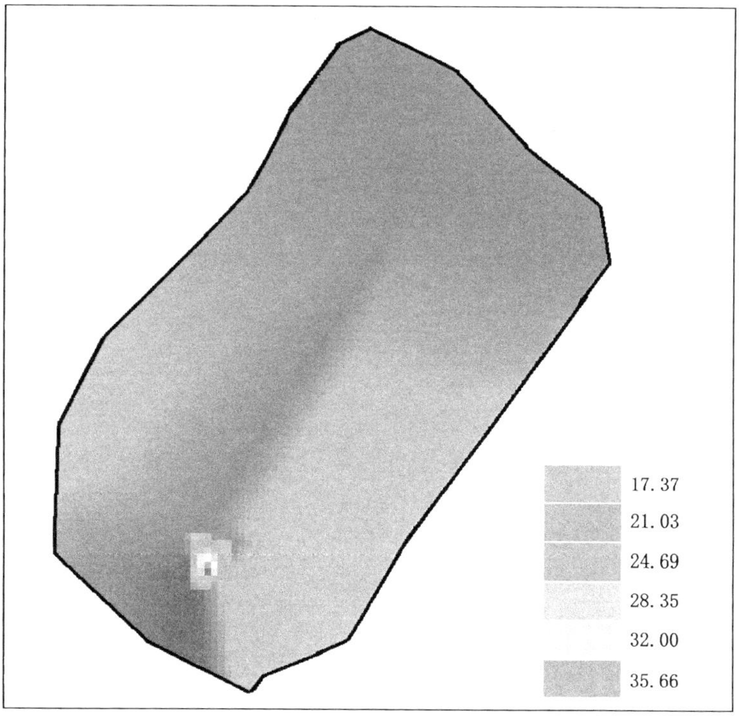

图 5-29　2025 年 8 月四氯化碳污染羽

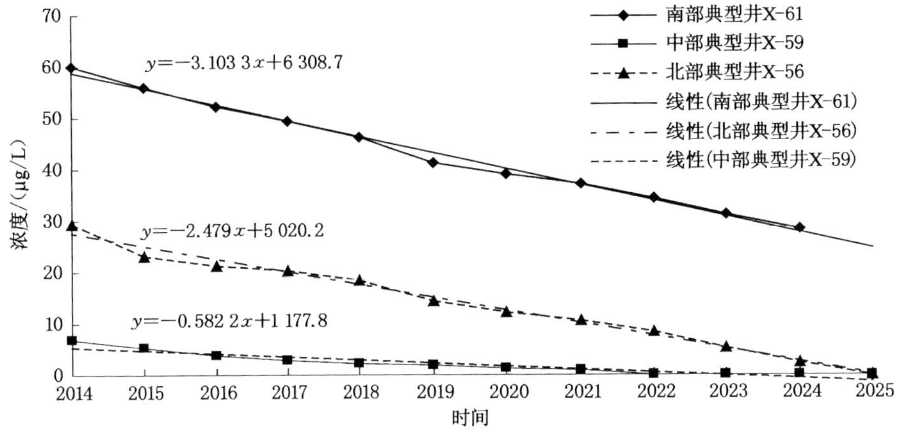

图 5-30　污染羽南部、中部、北部典型井四氯化碳浓度变化趋势

七里沟水源地的功能也将得到恢复。据此，徐州市水资源规划可以考虑未来七里沟这一地区宝贵的岩溶水资源的重新利用问题。

综上所述，由于岩溶含水层本身的复杂性以及溶质运移模型求解的复杂性，虽然模拟结果与实际监测结果有一定的差别，但在允许误差范围内，所建立的模型结果比较符合实际条件，具有较高的实际价值。

第八节　本章小结

(1) 基于岩溶双重含水介质理论，根据研究区岩溶含水介质特征，将岩溶地下水运动定义为孔隙介质中符合达西定律的线性流和管道介质中不符合达西定律的非线性紊流，考虑两种介质间的质量交换，引入双重介质水力交换系数，建立岩溶含水双重介质数学模型；根据研究区边界水文地质状况，设定模型边界，将研究区含水层系统概化为孔隙-管道双重介质非承压含水层，并根据钻孔资料定义模型含水层顶底板和管道介质高度，建立双重介质概念模型。运用 ModelMuse 模拟软件，依据渗透系数将管道介质划分为 12 条管道，孔隙介质划分为 13 个区域。

(2) 构建了污染源区四氯化碳污染的概念模型和运移模型，并预测了 2015、2018、2022 和 2025 年岩溶含水层中四氯化碳污染羽的演变情况，结果表明：四氯化碳整体衰减速率表现为由快转慢并逐渐趋于稳定，最终达到动态平衡。随着农药厂的搬迁以及南区部分井点的抽水排泄治理工作，区内四氯化碳整体趋势为：污染浓度逐年降低，污染羽范围逐步缩减，中部和北部污染羽分别将在 2022 年和 2025 年彻底消失。

第六章　七里沟水源地四氯化碳生物降解研究

前期的研究表明，四氯化碳在自然环境中可以缓慢降解形成氯仿，但是要降解到安全的水平甚至完全降解需要一个漫长的过程。依靠土壤和地下水自净作用以及微生物的自然净化过程，处理该地区大面积四氯化碳的污染，显然不能满足要求。因此，采用人工培养和繁育能够高效降解四氯化碳的微生物，制备成生物菌剂，通过投加具有特定功能的微生物、营养物或基质类似物，对污染地区进行有效的生物强化治理，增强处理系统对四氯化碳的降解能力，提高降解速率，加快净化速度，达到有效处理难降解物的四氯化碳，是本项研究的目的。

第一节　四氯化碳降解菌种的分离、筛选和鉴定

一、材料和方法

（一）仪器和药品

实验用仪器和药品见表 6-1 和表 6-2。

表 6-1　　实验所用仪器

名　称	型　号	生产厂家或产地
生化培养箱	LRH-250A	广东省医疗器械厂
光学显微镜	L-1000a	广州光学仪器厂
精密 pH 计	PHS-3C	上海雷磁仪器厂
电子天平	MP120-1	上海第二天平仪器厂
立式电热压力蒸汽灭菌器	YXQL31-400	浙江绍兴医疗器械厂
超净工作台	SW-CJ-1F	苏州净化设备厂
恒温摇床	RS-1-T	日本
电热恒温水浴锅	HHS-4	上海沪南科学仪器联营厂
分光光度计	752SFZ	上海精密科学仪器公司
离心机	TDL-40B	上海安亭科学仪器厂
定时恒温磁力搅拌器	JB-3	上海雷磁仪器厂新泾分厂
VITEK 全自动微生物鉴定仪	WSVTK-807.01	法国生物梅里埃公司
电热恒温干燥箱	CZK DH-600 Ⅱ	上海跃进医疗器械厂
回转式恒温调速摇瓶柜	HYG-Ⅱ	上海欣蕊自动化设备厂

表 6-2　　实验所用主要药品

药品名称	生产厂家
酵母膏	上海顾路生物试剂厂
吐温-80	徐州化学试剂厂
琼脂	福建石狮副食品加工厂
95%乙醇(CH_3COOH)	徐州化学试剂厂
氯仿($CHCl_3$)	徐州化学试剂厂
甘油($CH_2OHCHOHCH_2OH$)	徐州化学试剂厂
蔗糖($C_{12}H_{22}O_{11}$)	宜兴市亚盛化工厂
可溶性淀粉($(C_6H_{10}O_5)_n$)	中国彭县军乐化工厂
葡萄糖($C_6H_{12}O_6$)	上海化学试剂公司
硫胺素(TPP)	南京第二制药厂
30%双氧水(H_2O_2)	徐州化学试剂厂
硫酸铵($(NH_4)_2SO_4$)	广东台山市粤侨化工厂
氯化钠(NaCl)	徐州化学试剂厂
磷酸二氢钾(KH_2PO_4)	上海苏蕊化工厂
磷酸氢二钾(K_2HPO_4)	上海苏蕊化工厂
硫酸镁($MgSO_4 \cdot 7H_2O$)	连云港化学试剂有限公司
氯化钙($CaCl_2$)	天津福晨有限公司
丁二酸钠($C_4H_4Na_2O_4$)	青浦新产品有限公司
硫酸亚铁($FeSO_4 \cdot 7H_2O$)	徐州试剂二厂
四氯化碳(CCl_4)	江苏师范大学科技开发有限公司

(二) 菌种来源

实验用土壤及秸秆来自某农药厂东侧被污染的河沟,这里与该农药厂污水暗排放口相连接,河沟宽 0.8 m,水深 0.4 m 左右,水体呈深黑色,伴有恶臭气味,沿河沟两边,植物大都枯死。在农药厂废水(含四氯化碳)排污处及周边被污染土壤分别取土样及秸秆带回实验室。

(三) 分离所用培养基

① 霉菌基础培养基:马铃薯 200.0 g,蔗糖 20.0 g,H_2O 1 L,pH 值为 6.0～7.0。

② 驯化培养基:酵母膏 1.0 g,$(NH_4)_2SO_4$ 5.0 g,K_2HPO_4 2.0 g,NaH_2PO_4 2.0 g,CCl_4 50 μg,吐温-80 0.5 mL,H_2O 1 L,pH 值为 6.0～6.5。

③ 选择性培养基:$(NH_4)_2SO_4$ 5.0 g,K_2HPO_4 2.0 g,NaH_2PO_4 2.0 g,NaCl 0.1 g,$CuSO_4 \cdot 5H_2O$ 0.1 g,$MgSO_4 \cdot 7H_2O$ 0.1 g,CCl_4 50 μg,吐温-80 0.5 mL,H_2O 1 L,pH 值为 6.0～6.5。

④ 霉菌保藏培养基:马铃薯 200.0 g,蔗糖 15.0 g,琼脂 20.0 g,H_2O 1 L,分别装入试管灭菌,制成斜面。

⑤ 降解培养基:$(NH_4)_2SO_4$ 5.0 g,K_2HPO_4 2.0 g,NaH_2PO_4 2.0 g,NaCl 0.1 g,CCl_4 50 μg,吐温-80 0.5 mL,H_2O 1 L,pH 值为 6.0～6.5。

⑥ 摇瓶培养基：KH_2PO_4 0.2 g，$MgSO_4$ 0.5 g，$CaCl_2$ 0.1 g，葡萄糖 10 g，丁二酸钠溶液(0.1 mol/L) 100 mL，硫胺素 0.001 g，$NH_4H_2PO_4$ 0.25g，CCl_4 50 μg，吐温-80 0.5 mL，$CuSO_4 \cdot 5H_2O$ 7 mg，$ZnSO_4 \cdot 7H_2O$ 7 mg，$FeSO_4 \cdot 7H_2O$ 7 mg。

本研究中，培养基除特别注明外，均采用 121 ℃蒸汽灭菌 30 min。

(四) 实验方法

(1) 菌种分离筛选方法

采用平板划线的微生物分离法，将某农药厂混合土样约 60 g 加无菌水，制成菌悬液，在霉菌基础培养基上划线。划线后，将该培养皿倒置于恒温培养箱中，28 ℃恒温培养 2～4 d，之后，用接种环小心挑取单菌落至另一无菌培养基中，培养 2～3 d，用生物显微镜观察是否为单一的微生物，若有杂菌，则需再次分离、纯化，直到获得纯培养菌为止。

① 初筛：通过选择性培养基转接，挑选生长优势菌落，用无菌生理盐水制成菌悬液，加入到 250 mL 驯化培养基中，调节合适的温度和 pH 值，在 150 r/min 摇瓶柜中恒温振荡培养，每隔 3～5 d 换一次培养基，共振荡培养 15 d 左右。

② 复筛：采用摇瓶降解实验进行复筛。挑取一菌环新鲜菌种，接入上述降解培养基中，30 ℃、150 r/min 的条件下培养，不同时间取样，测定其生长势。通过多次驯化，进行实验分析，淘汰不良菌株。将纯化后的菌落接种至斜面保藏培养基上保存。

(2) 菌种鉴定方法

霉菌的鉴定根据《真菌鉴定手册》结合 VITEK 全自动微生物鉴定仪进行分类鉴定。

(3) 菌种保存方法

菌株接入霉菌保藏培养基上，30 ℃培养 36 h，在无菌条件下，注入无菌甘油 2～3 mL，低温冷冻保藏，或制成沙土管－70～－80 ℃条件下超低温冷冻保藏。

(4) 摇瓶培养

250 mL 三角瓶中装培养基 50 mL，以 10%接种量(已注明的除外)接入种子液，30 ℃、150 r/min 条件下培养。

(5) 孢子悬浮液配置

将配制好的浓度为 2.5%的氯化钠，0.1 MPa 高压灭菌后，在无菌室中按照一定的比例接入白腐真菌孢子，震荡摇匀。

二、结果与讨论

(一) 菌种分离

菌液被稀释至 5～10 倍以后，每个培养皿含有 5～7 个菌落，各菌落已能较清晰地分离。经过多次富集和划线分离，将菌落不断纯化，最终通过显微镜观察，证明菌落中不再混有杂菌，即可认为所分离的菌落获得了纯菌落培养。

根据各种微生物在培养基中的基本特征，初步判断出所分离的微生物的类别，如细菌和放线菌一般生长在高氏培养基和牛肉膏蛋白胨培养基中，呈点状生长，个体较小且适合偏碱性的条件，要在高倍镜甚至油镜下染色观察，尤其是放线菌的菌斑小而干燥，较难挑起；而霉菌主要生长在查氏培养基和 PDA 培养基中，菌斑较大，适合于偏酸的条件，用低倍显微镜就清晰可见，一般容易挑起。

（二）菌种的筛选和鉴定

通过多次的好氧驯化培养和平板重复划线分离，在选择性培养基上获得131个不同的单菌落，对它们进行再次筛选，选出了6株细菌(B)和47株霉菌(M)，它们能在以四氯化碳为唯一碳源的培养基中较好生长，之后，又通过筛选得到10株霉菌(M)和2株细菌(B)，其培养特征见表6-3。

表6-3　筛选出的各菌株在PDA培养基上的特征

菌种号	菌斑直径/cm	菌落特征	菌落边缘	菌落形态	孢子
M-5	1.5～2.5	圆形，初始灰白色，后变青色、黄绿	不整齐	菌丝细长，絮状松散	黄色至褐色
M-12	1.5～2.0	圆形，中间黄褐色、颗粒状、粉白	不整齐	短丝，绒状较紧密	白色孢子
M-17	1.5～2.0	浅粉圆形，麦壳色	不整齐	短丝，绒状紧密	粉红色孢子
M-19	1.5～2.0	浅粉	不整齐	绒状紧密	粉红色孢子
M-24	1.5～2.5	圆形，白色，后变黄绿、墨绿	较整齐	絮状松散	产生一条球形、有色、不分隔的墨绿分生孢子链
M-26	1.5～2.5	黑色	不整齐	短丝，绒状紧密	黑色孢子
M-31	1.5～2.0	黄绿	整齐	束状质地紧密	分生孢子球形、椭圆形或短柱形，光滑或粗糙，大部分生长时呈蓝绿色
M-37	5.0～7.0	绿色	整齐	菌丝细长，絮状松散	绿色孢子
M-42	1.5～2.0	白色	整齐	絮状松散	白色孢子
M47	0.5～1.0	灰绿	不整齐	短丝，絮状紧密	白色孢子
B-6	—	白色	整齐	湿润	
B-2	—	乳白色	不整齐	湿润	

注：B——细菌，M——霉菌。

表6-4是10株降解菌在含有四氯化碳培养基的摇瓶中的生长情况及吸光度。由表6-4可知，这几种微生物均表现出对四氯化碳有一定适应性，其中菌株M-24、M-31和M-42适应性能最强。

表6-4　各菌株在摇瓶中生长情况

菌种号	摇瓶生长情况	生长势	pH值	OD_{550}
M-5	溶液澄清透明，有大量黄白色菌球生成	+	6.0	0.270
M-12	溶液乳黄混浊，有少许黄色菌球，瓶壁有白色菌膜	+	7.5	0.260
M-17	溶液较清澈，有较多粉色菌球及菌膜	+	7.2	0.225
M-19	溶液较清澈，有较多粉色菌丝体及菌絮体	+	7.0	0.273
M-24	溶液澄清透明，有大量黄白色菌球，瓶壁有菌膜	++	6.0	0.170
M-26	溶液澄清透明，有大量黑灰色菌球生成	+	7.0	0.206

续表 6-4

菌种号	摇瓶生长情况	生长势	pH 值	OD_{550}
M-31	溶液无色透明，有较多灰色菌球及菌絮体	++	7.0	0.180
M-37	溶液乳黄混浊，有较多白色菌球，表面有气泡生成	+	6.4	0.220
M-42	溶液较清澈，有较多乳白菌球	+++	6.7	0.113
M-47	溶液较澄清，有较多灰绿色菌丝体	+	6.4	0.225

筛选出的微生物菌株，不仅要能高效降解四氯化碳，而且应是非病原微生物，不具有致病性。从筛选实验可知，霉菌在含有四氯化碳筛选培养基中的适应能力优于细菌，其中筛选出的 10 株霉菌有 3 株存活能力最强，分别是 M-24、M-31 和 M-42 菌株。

依据《真菌鉴定手册》对 3 菌株进行鉴定[93]，鉴定结果见表 6-5。

表 6-5　霉菌的鉴定结果

鉴定项目	菌株编号		
	M-24	M-31	M-42
发酵特征			
淀粉	+	+	+
棉子糖	+	+	+
甘露糖	+	+	+
蔗糖	+	+	+
葡萄糖	+	+	+
纤维二糖	—	+	+
同化特征			
乙醇	+	+	+
乳酸	+	—	+
甘露醇	+	—	+
淀粉	—		
D-山梨醇	+	—	+
肌醇	—	—	+
纤维二糖	—	—	—
D-木糖	—	+	—
柠檬酸	—	—	—
蔗糖	—	—	—
棉子糖	—	—	—
麦芽糖	—	—	—
甘油_	+	+	+
L-阿拉伯糖	—	—	+
甲醇	—	—	—
硝酸盐	—	—	—
葡萄糖	+	+	+

菌株 M-24 的镜检结果：菌落为黄绿色，菌丝体有横隔，呈黄色或黄褐色。有足细胞，分生孢子梗从足细胞生出，顶端膨大形成球形的顶囊，分生孢子串生，分生孢子为淡黄绿色，圆形。这些特征符合曲霉的典型特性，依据《真菌鉴定手册》，结合 VITEK 全自动微生物鉴定仪，鉴定为真菌门（*Fungi*）/半知菌纲（*Deuteromycetes*）/丛梗孢目（*Moniliales*）/丛梗孢科（*Monliceae*）/曲霉属（*Aspergillus*）/黄柚霉种（*Aspergillus. flvus*）。

菌株 M-31 的镜检结果：菌落为深绿色，分生孢子梗从菌丝垂直生出，无足细胞，分生孢子梗有横膜，顶端排列成帚状间枝，分枝多次，顶层为小梗，分生孢子串呈有分枝的链状，单个孢子为浅绿色，呈卵圆形，光滑，无菌核。经与鉴定手册对照，结合自动微生物鉴定仪，鉴定为真菌门（*Fungi*）/半知菌纲（*Deuteromycetes*）/丛梗孢目（*Moniliales*）/丛梗孢科（*Monliceae*）/单孢亚科（*Amerosporideae*）/曲霉族（*Aspergilleae*）/青霉属（*Penicillium*）/灰绿青霉（*Penicillium glaucum*）。

菌株 M-42 的镜检结果：分生孢子有 3～5 个隔膜，分生孢子为暗黑色，呈梭形，两端细胞色淡，多数弯曲，中部的 2～3 细胞较大，色较浓。由于它的分生孢子特征很明显，因此鉴定为真菌门（*Fungi*）/担子菌纲（*Basidiomycetes*）/无隔担子菌亚纲（*Holobasidiomycetidae*）/非褶菌目（*Aphyllophorales*）/伏革菌科（*Corticiaceae*）/显刺革菌属（*Phanerochaete*）/黄孢展齿革菌（*Phanerochaete Chrysosporium*）。

第二节　白腐真菌培养条件及生长特性研究

本节以白腐真菌为主要研究对象，对它的培养生长条件进行优化研究，以期找出最佳的培养条件，为白腐真菌降解四氯化碳工作提供实验基础。

一、材料和方法

（一）主要仪器和药品

具体见表 6-6 和表 6-7。

表 6-6　　实验所用仪器

名　称	型　号	生产厂家
精密 pH 计	PHS-3C	上海雷磁仪器厂
电子天平	MP120-1	上海第二天平仪器厂
立式电热压力蒸汽灭菌器	YXQL31-400	浙江绍兴医疗器械厂
超净工作台	SW-CJ-1F	苏州净化设备厂
电热恒温水浴锅	HHS-4	上海沪南科学仪器联营厂
分光光度计	752SFZ	上海精密科学仪器公司
离心机	TDL-40B	上海安亭科学仪器厂
定时恒温磁力搅拌器	JB-3	上海雷磁仪器厂新泾分厂
电恒温培养箱	HH-1311-600-S-Ⅱ	上海跃进医疗器械厂
电热恒温干燥箱	GZX-DH. 600-Ⅱ	上海跃进医疗器械厂

续表 6-6

名　称	型　号	生产厂家
快速水分测定仪	MB45	美国 OHAUS
显微镜	CX31-12	日本 OLYMPUS
回转式恒温调速摇瓶柜	HYG-Ⅱ	上海欣蕊自动化设备厂

表 6-7　　实验主要药品

药品名称	生产厂家
蛋白胨	广州环凯微生物科技有限公司
土温-80	广州化学试剂厂
琼脂	汕头市水产品综合加工厂
95%乙醇(CH_3COOH)	广州市新港化工有限公司
氯仿($CHCl_3$)	广州化学试剂厂
可溶性淀粉($(C_6H_{10}O_5)_n$)	中国彭县军乐化工厂
葡萄糖($C_6H_{12}O_6$)	汕头市光华化学厂
蔗糖($C_{12}H_{22}O_{11}$)	宜兴市亚盛化工厂
甲醇(CH_3OH)	广州化学试剂厂
硫胺素(TPP)	南京第二制药厂
30%双氧水(H_2O_2)	广州化学试剂厂
硫酸铵($(NH_4)_2SO_4$)	广东台山市粤侨化工厂
氯化钠(NaCl)	广州化学试剂厂
磷酸二氢钾(KH_2PO_4)	上海苏蕊化工厂
硫酸镁($MgSO_4 \cdot 7H_2O$)	连云港化学试剂有限公司
氯化钙($CaCl_2$)	天津福晨有限公司
丁二酸钠($C_4H_4Na_2O_4$)	青浦新产品有限公司
硫酸亚铁($FeSO_4 \cdot 7H_2O$)	徐州试剂二厂
四氯化碳(CCl_4)	江苏师范大学科技开发有限公司

实验用培养基如下：

① 查氏培养基：$NaNO_3$ 2 g，$FeSO_4 \cdot 7H_2O$ 0.01 g，KH_2PO_4 1 g，KCl 0.5 g，$MgSO_4 \cdot 7H_2O$ 0.5 g，蔗糖 10 g，H_2O 1 L，pH 值为 6.5。

② 合成培养基：KH_2PO_4 0.2 g，$MgSO_4 \cdot 7H_2O$ 0.5 g，$CaCl_2$ 0.1 g，葡萄糖 10 g，丁二酸钠溶液(0.1 mol/L) 100 mL，硫胺素 0.001 g，$NH_4H_2PO_4$ 0.25 g，吐温-80(1%) 50 mL，微量元素混合液 70 mL(成分：$CuSO_4 \cdot 5H_2O$ 0.1 mg/L，$ZnSO_4 \cdot 7H_2O$ 0.01 mg/L，$FeSO_4 \cdot 7H_2O$ 0.1 mg/L)。

③ 黄豆芽培养基：黄豆芽 100 g，葡萄糖 20 g，H_2O 1 L，pH 值为 6.5。

④ PDA 培养基：土豆 200 g，葡萄糖 20 g，H_2O 1 L。

⑤ 通用发酵培养基：葡萄糖 20 g，$(NH)_2SO_4$ 0.2 g，脲 0.5 g，KH_2PO_4 2 g，K_2HPO_4 5 g，NaCl 0.1 g，酵母膏 0.5 g，H_2O 1 L。

本研究中，培养基除特别注明外，均采用 121 ℃蒸汽灭菌 30 min。

（二）实验方法

(1) 生物量的测定

取发酵液 100 mL，3 500 r/min 条件下离心 15 min，倾去上清液，再用蒸馏水洗涤 2 次，85 ℃烘干至恒重，称量其干重，以其质量代表菌体生物量。

(2) 种子培养

将一环菌苔（30 ℃培养 24～36 h 的斜面种子）接种于装有 50 mL 种子培养基的三角瓶，30 ℃、150 r/min 条件下培养 36 h（已注明的除外）。

(3) 摇瓶培养

250 mL 三角瓶中装培养基 125 mL，以 10% 接种量（已注明的除外）接入三角瓶中，30 ℃、150 r/min 条件下培养。

(4) 生长曲线测定

在发酵培养基中进行种子培养。取一定量种子液接种于装有 125 mL 发酵培养基的 250 mL 锥形瓶中，置于温度为 30 ℃、转速为 150 r/min 控温摇床上振荡培养。每 4 h 取样，采用干重法测定生物量，作生物量随时间变化的趋势图，即为该菌的生长曲线。

二、结果与讨论

（一）单因素环境条件对白腐真菌生长的影响

本实验主要以白腐真菌作为研究对象，研究培养白腐真菌成球的环境条件。为了提高实验效率和减少实验中的误差，首先研究单一培养条件对白腐真菌成球的影响，包括培养基类型、葡萄糖浓度、温度、初始 pH 值、转速、培养时间、不同外源添加物质。

(1) 培养基的选择

培养基是根据不同微生物的营养需要，将水、碳源、氮源、无机盐及生长因子这五大因素按一定的比例配制成培养微生物的基质。不同的微生物在生长代谢过程中对这五大要素的需求和成分含量是不一样的，同样，微生物在不同培养基中的生物活性也不相同。下面将配制好的孢子悬液 10 mL 在无菌室中等量接入已选取的四种培养基中，设置 30 ℃，pH 值为 6.5，140 r/min 摇瓶培养 8 d 后结果。

表 6-8 和图 6-1 是四种培养基摇瓶培养 8 d 的白腐真菌菌丝球的干重，为了便于比较，将其换算成菌体生物量。在整个培养历程中，无论是哪种培养基，白腐真菌的生长均表现为不断递增的过程。培养的初期阶段，菌体生物量增加缓慢，这表明白腐真菌对于新的环境有一个适应过程。在中期阶段，微生物种群数量迅速增加，表现为生长活跃，代谢旺盛。到了后期营养物质大量消耗，无法为菌体的繁殖进一步提供营养，同时在菌体的代谢过程中，产生大量副产物，其对微生物的生长和繁殖有抑制作用，因此，该阶段菌体的生长平缓，趋于稳定。从四种培养基对白腐真菌生长的促进作用来看，合成培养基和 PDA 培养基效果最好，这也说明，二者的成分更适宜白腐真菌的生长。

表 6-8　　　不同培养基对白腐真菌生长的影响

时间/d	菌体生物量/g			
	合成培养基	查氏培养基	黄豆芽培养基	PDA 培养基
1	0.019	0.009	0.01	0.012
2	0.059	0.051	0.028	0.058
3	0.144	0.109	0.133	0.132
4	0.214	0.111	0.168	0.179
5	0.262	0.125	0.184	0.202
6	0.273	0.141	0.196	0.302
8	0.279	0.152	0.209	0.291

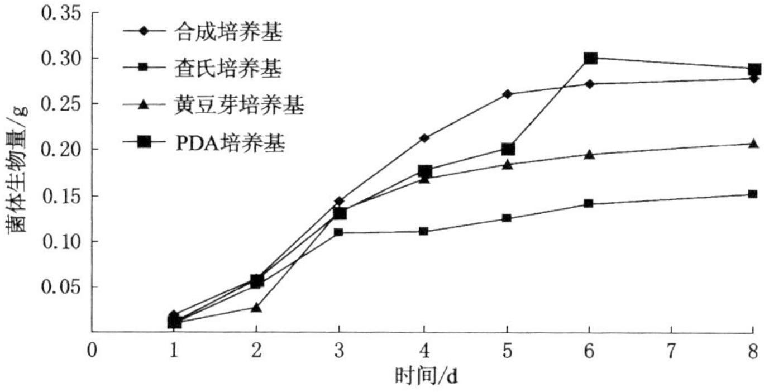

图 6-1　不同培养基对白腐真菌生长的影响

(2) 葡萄糖浓度对白腐真菌生长的影响

微生物生长离不开营养物质，其五大营养物质中，碳源最为重要，它为菌体的生长繁殖提供骨架，构成菌体的结构物质，同时它为微生物生长提供能源。作为能量的供体有多种：淀粉、纤维素、蛋白质、脂肪，被微生物分解时，均能产生大量的能量，而有些微生物因无法分解上述物质而不能被利用。葡萄糖是最为简单的碳水化合物，它能够直接参与糖酵解和三羧酸循环，最终完全氧化为水和二氧化碳，并产生 38 个 ATP，它是所有微生物能够被利用的有机物。为此，实验中设定 6 个葡萄糖浓度梯度(5、10、20、40、60、80 g/L)，并配制孢子悬液 10 mL 等量接入各培养基中，设置 30 ℃，pH 值为 6.5，140 r/min 摇瓶培养 5 d 后分别称量菌丝球的干重，计算其生物量。

由图 6-2 看出，培养基中葡萄糖浓度为 5 g/L 时，菌体的生物量较低，菌丝球开始生长并保持一定生长量；当葡萄糖浓度增加到 20 g/L 时，白腐真菌生长量出现生长高峰，继续升高葡萄糖浓度，超过 40 g/L 时，其生长量又有所下降，表现为数量少且个体微小。葡萄糖是白腐真菌生长必需的营养物质，在不同的培养基中，出现的高峰值各不相同，当葡萄糖浓度为 20～40 g/L 时，对白腐真菌的生长有促进作用。

(3) 温度对白腐真菌生长的影响

温度是影响微生物生长与存活的最重要因素之一。在一定的温度范围内，微生物的代谢活动与生长繁殖才随着温度的上升而增加，当温度上升到一定程度，开始对机体产生不利

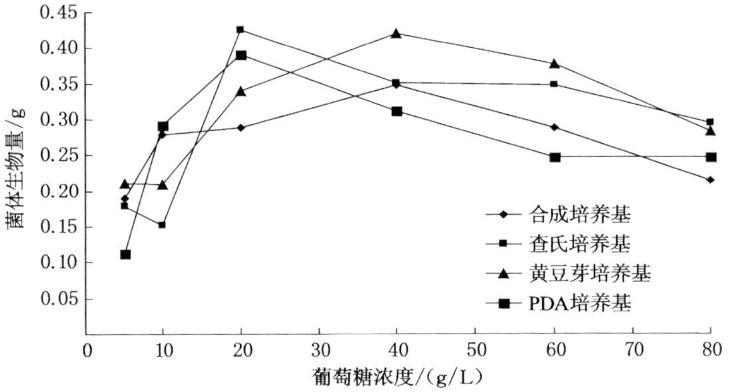

图 6-2 不同葡萄糖浓度对菌体生长的影响

影响，如再继续升高，则细胞功能急剧下降以至死亡。实验中设置温度为 15、20、25、30、35、40、45 ℃，并将制作好的孢子悬浮液在无菌室中以 10 mL 等量接入培养基中，在葡萄糖浓度为 10 g/L、pH 值为 6.5、140 r/min 转速条件下摇瓶培养 5 d 后分别称量菌丝球的干重，计算菌体生物量，如表 6-9 和图 6-3 所示。

表 6-9　　不同温度对白腐真菌生长的影响

培养基类型	生物量/g						
	15 ℃	20 ℃	25 ℃	30 ℃	35 ℃	40 ℃	45 ℃
合成培养基	0.198	0.219	0.275	0.301	0.366	0.181	0.167
查氏培养基	0.168	0.291	0.292	0.351	0.351	0.314	0.201
黄豆芽培养基	0.158	0.152	0.212	0.285	0.301	0.241	0.251
PDA 培养基	0.129	0.099	0.112	0.248	0.251	0.214	0.148

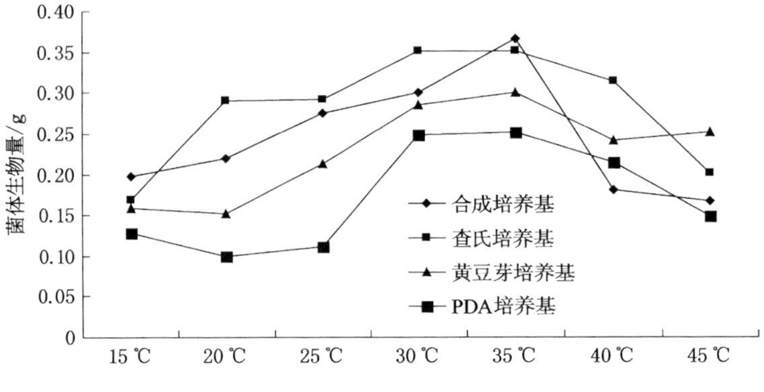

图 6-3 环境温度对白腐真菌生长的影响

由表 6-9 和图 6-3 可以看出，温度从 15～30 ℃，菌体生物量整体呈现随温度上升而递增的趋势，说明在此区间温度对微生物的生长有促进作用；当温度在 30～35 ℃时，四种培养基均表现菌体生物量达到最大值，说明该温度段最适宜白腐真菌生长；当温度继续增加到

40 ℃时，菌体生物量下降明显。所以在后期的研究中选取 30～35 ℃温度区间作为培养白腐真菌的最佳温度条件。

(4) 初始 pH 值对白腐真菌生长的影响

一般条件下，微生物生长的适宜 pH 值在 5～9 之间，不同种属的微生物具有不同的最适生长 pH 值，即使同一种微生物在其不同的生长阶段和不同的生理生化过程中，也有不同的最适 pH 值要求。因此了解白腐真菌 pH 值的最适生长范围，为今后处理过程中有效地进行控制是很有必要的。实验中每 250 mL 三角瓶中分装 125 mL 的基础培养基，用 0.1 mol/L NaOH 和 0.2 mol/L HCl 溶液预先试调指定 pH 值，在 121 ℃灭菌 15 min 后，用无菌吸管将制作好的孢子悬浮液在无菌条件下以 10 mL 等量接入各培养基中，精确调节培养基溶液的 pH 值分别为 2.5、3.0、3.5、4.0、4.5、5.0、5.5、6.0、6.5、7.5，设置 30 ℃，葡萄糖浓度为 10 g/L、140 r/min 摇瓶培养 5 d 后分别称量菌丝球的干重，计算出生物量(图 6-4)。

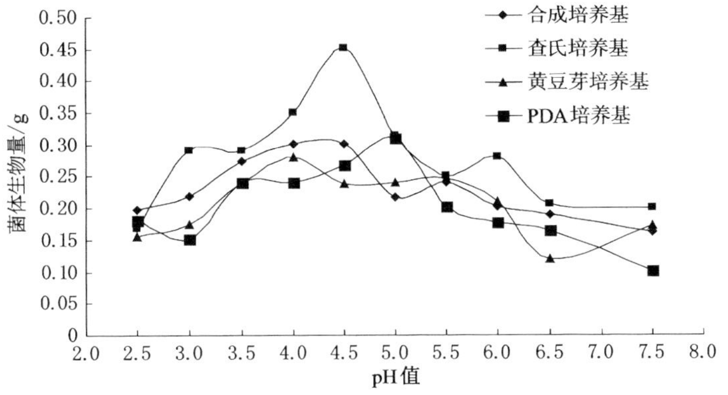

图 6-4　初始 pH 值对白腐真菌生长的影响

由图 6-4 看出，pH 值对白腐真菌的生长影响很大。总体而言，当 pH 值在 2.5～4.0 范围内，白腐真菌的生长呈小幅波动并不断增加，pH 值在 4.0～5.0 区间范围内，白腐真菌的生长势良好，表现出菌丝球个体增大，重量增加，菌丝球均匀一致。从四种培养基的平均值来看，pH 值为 4.5 时达到生长最高峰。而后随着 pH 值的增大，得到的白腐真菌菌体生物量反而减少，接近 7.5 时，白腐真菌生长减弱到低处。由此说明，酸性环境适于白腐真菌生长，有利于它的新陈代谢。

(5) 摇瓶机转速对白腐真菌生长的影响

白腐真菌属于好氧型微生物，在其生长阶段含氧量是否充足对其生长繁殖有重大影响。通过机械搅拌的方式，将空气中的氧溶解到溶液中，给好氧微生物在代谢的过程中提供氧气。实验设置在合成培养基中调节摇瓶机转速分别为 100、110、120、130、140、150 r/min，以每样品 125 mL 培养基分装在三角瓶中，将孢子悬液在无菌室以 10 mL 等量分别接入三角瓶，设置葡萄糖浓度为 10 g/L，pH 值为 4.5，温度为 35 ℃，摇瓶培养 5 d 后分别计算菌体生物量(图 6-5)。

由图 6-5 可以看出摇瓶机转速对白腐真菌的影响。当转速在 100～120 r/min 之间时，白腐真菌的生长呈上升趋势；除个别培养基外，转速在 120～140 r/min 达到最大值区域，之后随转速的增加，白腐真菌生物量有一定的下降趋势，这可能是由于氧气充沛，产物代谢作

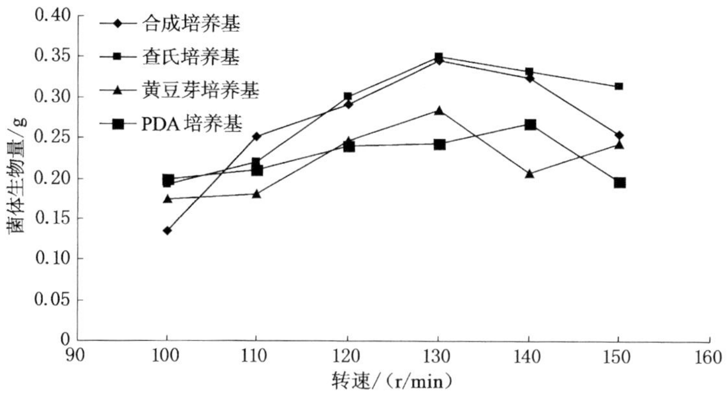

图 6-5　摇瓶机转速对白腐真菌生长的影响

用大于菌体合成作用，使胞外多糖等产物大量生成，菌体生物量则相应减少。因此，选取摇瓶机转速 130 r/min 为白腐真菌生长的最佳摇瓶条件。

(6) 培养时间对白腐真菌生长的影响

调整合成培养基培养时间分别为 1、2、3、4、5、6、7、8 d，以每份 125 mL 分装在三角瓶中，将孢子悬液在无菌室条件下，10 mL 等量接入三角瓶，设置葡萄糖浓度 10 g/L、pH 值为 4.5、温度 35 ℃、转速 130 r/min 条件下摇瓶，分别计算菌体生物量(图 6-6 所示)。

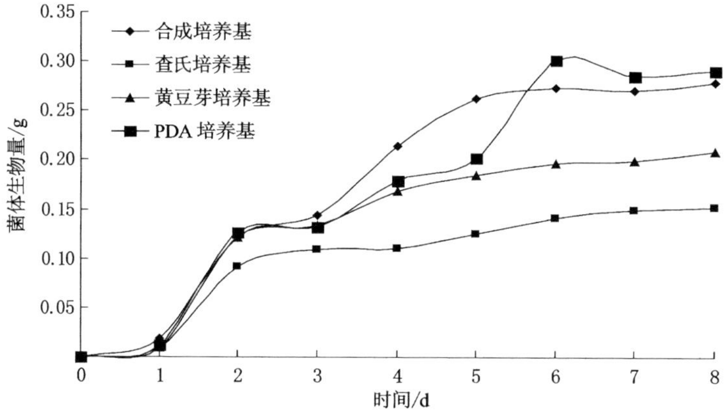

图 6-6　培养时间对白腐真菌生长的影响

由图 6-6 可以看出，在培养的前期，由于微生物对新环境的适应需要一定过程，表现出细胞形态增大，但菌体生长非常缓慢，生长繁殖的速度几乎为零，这可能是因为在接种到新鲜培养液的菌体细胞中，一时还缺乏分解或催化有关底物的酶，或是缺乏充足的中间代谢物。随着培养时间的增加，白腐真菌的生长量也随即增大，菌体细胞以几何级数的繁殖速度分裂，表现为生长繁殖的速度加快，活菌的数目呈对数增长，因而细胞每分裂一次所需的时间以及原生质增加 1 倍所需的时间最短，菌体内各种成分最为均匀，酶系活跃，代谢旺盛。在此时期内，菌细胞的形态特征均匀一致，最代表种的特征。6 d 达到生长最大值，进入稳定生长阶段，其细胞增长率为零，新繁殖的细胞数与衰亡的细胞数相等，这时的菌体生物量达到了最高点，而且菌体产量与营养物质的消耗间呈现出一定的比例关系，白腐真菌的生长量几乎不再发生变化。因此，选取 6 d 为白腐真菌生长的最佳培养时间。

(7) 培养基中添加不同外源物质对白腐真菌生长的影响

添加不同外源物，对培养液中的有害物质有屏蔽作用，可提高营养物质吸收利用率，促进白腐真菌的生长。实验中分别取稻壳、麸皮、木材、竹子、玉米芯各 20 g，加蒸馏水 500 mL，电炉上煮沸 30 min，八层纱布过滤，取上清液备用。调整培养基分别添加稻壳、麸皮、木材、竹子、玉米芯的浸出液约 25 mL，将制作好的孢子悬液在无菌室以每 10 mL 等量分别接入各三角瓶，设置葡萄糖浓度为 10 g/L，pH 值为 4.5，温度为 35 ℃，培养时间 6 d，转速为 130 r/min 条件下摇瓶后分别称量菌丝球的干重，计算其生物量(图 6-7)。

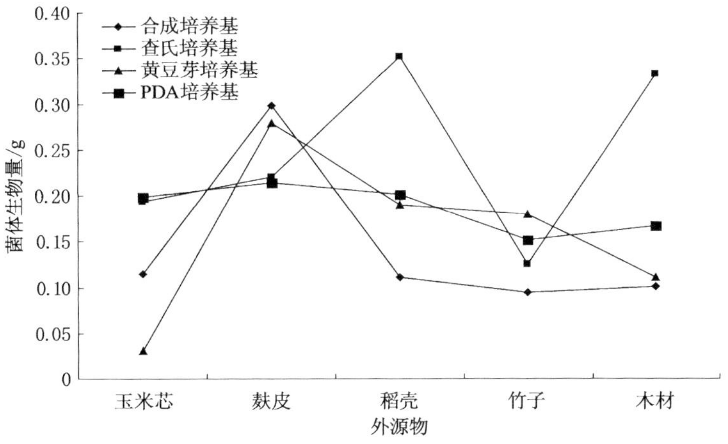

图 6-7　不同外源物质对白腐真菌生长的影响

图 6-7 表明，在多数培养基中，麸皮浸出液的菌体生物量高于其他，而在查氏培养基中添加稻壳浸出液表现最好，白腐真菌生长旺盛。玉米芯和竹子最差。因此，选用稻壳浸出液作为基础培养基的外源物质。

(二) 多因素综合条件对白腐真菌生长的影响

根据单因素的分析，决定选用合成培养基作为基础实验，从七个单因素实验中选取有代表性条件，为此分别选取摇瓶机转速、浸出液容量、葡萄糖浓度、pH 值、温度 5 个因素，同时为其设置了 4 个水平，对影响白腐真菌菌体生物量的诸多因素进行综合分析，了解各因素之间的相互关系和交互作用，通过正交实验优化参数(见表 6-10)。

表 6-10　　正交实验因素、水平

实验号	A	B	C	D	E
	转速/(r/min)	浸出液(稻壳)/(mL/L)	葡萄糖浓度/(g/L)	pH 值	温度/℃
1	140	70	25	4	38
2	120	50	15	3.5	30
3	80	90	5	4.5	35
4	160	110	35	3	26

表 6-10 是 5 个因素 4 个水平的正交实验因素水平表，各因素中水平的选取，依照单因素实验结果而定，为了避免系统误差，采用随机的方式进行排位。根据设置的因素、水平，做 16 组正交实验，得出其相应的实验结果，对其进行直观分析（见表 6-11）。

表 6-11　　正交实验直观分析 $L_{16}(4^5)$

实验号	A	B	C	D	E	实验结果
	转速 /(r/min)	浸出液(稻壳) /(mL/L)	葡萄糖浓度 /(g/L)	pH 值	温度 /℃	菌体生物量 /g
1	1(140)	1(70)	1(25)	1(4.0)	1(38)	0.283 0
2	1	2(50)	2(15)	2(3.5)	2(30)	0.105 0
3	1	3(90)	3(5)	3(4.5)	3(35)	0.328 5
4	1	4(110)	4(35)	4(3.0)	4(26)	0.194 4
5	2(120)	1	2	3	4	0.138 8
6	2	2	1	4	3	0.146 2
7	2	3	4	1	2	0.818 6
8	2	4	3	2	1	0.311 4
9	3(80)	1	3	4	2	0.166 2
10	3	2	4	3	1	0.235 5
11	3	3	1	2	4	0.174 7
12	3	4	2	1	3	0.222 1
13	4(160)	1	4	2	3	0.611 2
14	4	2	3	1	4	0.169 2
15	4	3	2	4	1	0.531 8
16	4	4	1	3	2	0.813 6
K_1	0.910 9	1.199 2	1.417 5	1.492 9	1.361 7	
K_2	1.415	0.655 9	0.997 7	1.202 3	1.903 4	
K_3	0.798 5	1.853 6	0.975 3	1.516 4	1.30 8	
K_4	2.125 8	1.541 5	1.859 7	1.038 6	0.677 1	
k_1	0.228	0.300	0.354	0.373	0.340	
k_2	0.354	0.164	0.249	0.301	0.476	
k_3	0.200	0.463	0.244	0.379	0.327	
k_4	0.531	0.385	0.465	0.260	0.169	
极差 R	1.327 3	1.197 7	0.862	0.477 8	1.226 3	
因素主次顺序	AEBCD					

注：摇瓶溶液体积 200 mL。

表 6-11 显示的是 16 组正交实验所得数据，实验以菌体生物量为衡量指标。根据 K 值与极差 R 计算，其最优方案是 A4E2B3C4D3，即摇瓶机转速为 160 r/min，温度为 30 ℃，稻壳浸出液为 90 mL/L，葡萄糖浓度为 35 g/L，pH 值为 4.5。

根据正交实验直观分析数据，进行方差分析，得到 F 临界值和显著性，见表 6-12。由表 6-12 可知，摇瓶机转速对菌体生物量的影响极为显著，是影响菌丝球产量的主要因素。

表 6-12　　方差分析

因素	偏差平方和	自由度	F 比	F 临界值	显著性
摇瓶机转速	0.274	3	1.450	9.280	* * *
浸出液(稻壳)	0.197	3	1.042	9.280	
葡萄糖浓度	0.131	3	0.693	9.280	
pH 值	0.040	3	0.212	9.280	
温度	0.189	3	1.000	9.280	*
误差	0.19				

根据所得最优方案，选择摇瓶机转速为 160 r/min、温度为 30 ℃、稻壳浸出液为 90 mL/L、葡萄糖浓度为 35 g/L、pH 值为 4.5 进行验证实验，所得结果菌体生物量为 0.912 5 g，即质量浓度为 4.563 g/L。产量均比正交实验中任一组要高，说明正交实验所得结果是正确的。

同时我们对效应曲线图进行分析，以温度和 pH 值两因素作交互作用研究，见表 6-13。

表 6-13　　温度与 pH 值交互作用

温度/℃	菌体生物量/g			
	pH(4)	pH(3.5)	pH(4.5)	pH(3)
38	0.283	0.311	0.235	0.532
30	0.819	0.105	0.814	0.166
35	0.222	0.611	0.329	0.146
26	0.169	0.175	0.139	0.194

注：摇瓶溶液体积 200 mL。

表 6-13 显示以温度和 pH 值作为两个交互作用因素对菌丝球生长量的影响。研究发现，当温度是 30 ℃、pH 值为 4.0 时交互作用明显，达到 0.819 g，即菌体生物量 4.095 g/L。白腐真菌菌丝球形态见图 6-8。

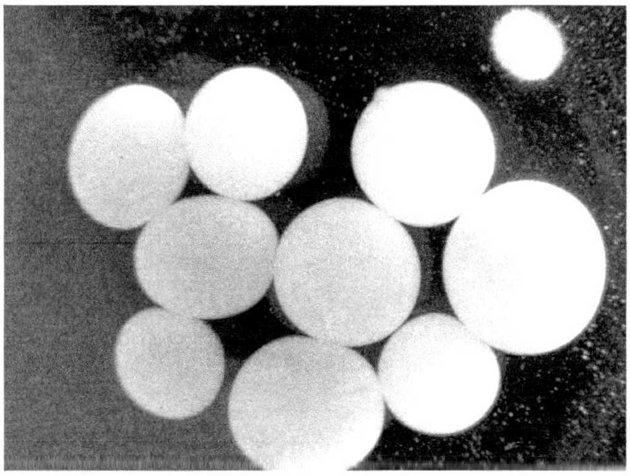

图 6-8　白腐真菌菌丝球形态

第三节 白腐真菌对四氯化碳的生物降解特性研究

本节从四氯化碳生物降解特性研究入手，利用生物工程的原理，培养和驯化能够降解四氯化碳的白腐真菌，研究生物降解真菌的生理、生化特性和生长条件，同时研究影响降解的主要因素，为四氯化碳生物处理提供科学、合理的依据，进而为修复受四氯化碳污染环境奠定理论基础。

一、材料与方法

(1) 供试菌种

白腐真菌黄孢展齿革菌(*Phanerochaete Chrysosporium*)菌种，由某农药厂受四氯化碳污染的土壤中分离得到。

(2) 主要仪器

回转式恒温调速摇瓶柜 HYG-Ⅱ，上海欣蕊自动化设备厂；全自动气升式发酵罐 YT-10，扬州维克特；快速水分测定仪 MB45，美国奥豪斯 OHAUS；显微镜 CX31-12C02，OLYMPUS；Agilent 6890N 型气相色谱仪。

(3) 培养基

① 富集培养基：马铃薯 200 g，蛋白胨 20 g，琼脂 20 g，蒸馏水 1 000 mL[121-124]。

② 筛选培养基：KCl 0.5 g，KH_2PO_4 1 g，$NaNO_3$ 2 g，$MgSO_4$ 0.5 g，$FeSO_4$ 0.01 g，蔗糖 30 g，蒸馏水 1 000 mL，pH 值自然。

③ 发酵培养基：KH_2PO_4 0.2 g，$CaCl_2$ 0.1 g，$NH_4H_2PO_4$ 0.25 g，$MgSO_4 \cdot 7H_2O$ 0.5 g，葡萄糖 15 g，丁二酸钠 0.1 g，硫胺素 1 mg，$ZnSO_4 \cdot 7H_2O$ 5 mg；$FeSO_4 \cdot 7H_2O$ 7 mg，$CuSO_4 \cdot 5H_2O$ 7 mg，吐温-80 0.5 mL，蒸馏水 1 000 mL，pH 值为 4.5。

(4) 白腐真菌的复壮

将保藏菌株接种到富集培养基中，28±1 ℃条件下培养，8 d 后镜检微生物细胞的恢复水平，挑选出降解能力强的菌株备用。

(5) 培养方法

将复壮菌种接入装有 125 mL 发酵培养基的三角瓶中，设置四氯化碳质量浓度为24 μg/L、摇瓶机转速为 130 r/min、温度为 35 ℃、葡萄糖质量浓度为 10 g/L 和 pH 值为 4.5 条件下在回转式恒温调速摇瓶柜中进行降解实验，同时以 10%接种量接入 10 L 全自动气升式发酵罐中，设置温度 30 ℃，pH 值为 4.5，通气量 1.1 dm^3/min，培养 8 d，了解发酵进程中物质的变化。

(6) 四氯化碳降解率计算

降解率计算公式：

$$R = q/C_0 \times 100\% \tag{6-1}$$

$$q = C_0 - C$$

式中 q——降解量，μg；

C_0——四氯化碳加入量，μg；

C——检测残留量，μg。

二、结果与讨论

（一）单因素环境条件下白腐真菌对四氯化碳降解的影响

根据第二节研究结果，选取降解时间、初始 pH 值、温度、摇瓶机转速、葡萄糖浓度、四氯化碳浓度、不同外源添加物质、电子受体等作为影响白腐真菌降解四氯化碳的因素，并对其进行研究。

（1）降解时间对优势菌降解性能影响的分析

微生物降解有害物质的多少与降解时间有着密切的关系。随着生长繁殖速度加快，菌体数目呈对数增长，酶系活性也不断增强，菌体内各种成分最为均匀，代谢旺盛，这有利于菌体对有害物质的降解。当菌体进入稳定生长阶段，新产生的细胞数与衰亡的细胞数相等，其生长速率增量为零，细胞酶系平衡，对底物的代谢和对有害物的分解趋于稳定。

调整四氯化碳降解时间为 1～8 d，以每份 125 mL 发酵液分装在三角瓶中，以经过驯化的白腐真菌降解菌株制成孢子悬浮液，在无菌条件下，以 10%接种量等量接入三角瓶，分别测定四氯化碳降解率。分析结果见图 6-9 所示。

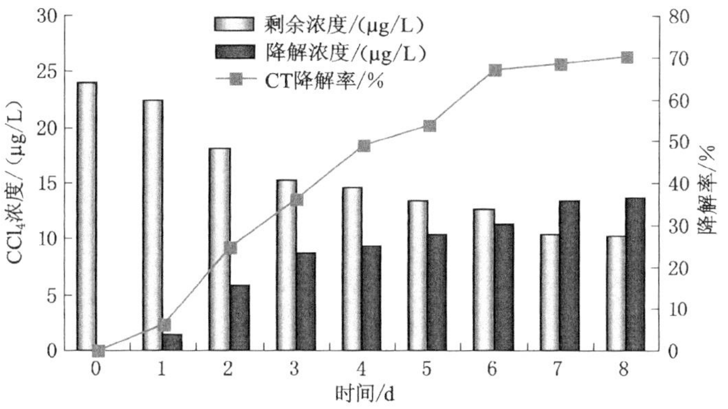

图 6-9　降解时间对四氯化碳降解率的影响

由图 6-9 可以看出，代谢初期降解比较缓慢，2 d 后菌体生长进入加速阶段，其大量增殖，加速降解有机物，这说明初期菌体数量较少，无法对四氯化碳进行有效降解；当菌体量迅速增加后，其降解四氯化碳的能力也骤然提高。图中数据表明，随着培养时间的增加，白腐真菌的生物量也随即增大，对四氯化碳的降解率也在增加。当达到 6 d 时四氯化碳的降解率为最大，6 d 之后菌体生长进入稳定阶段，降解率趋于稳定，变化幅度减小。

（2）初始 pH 值对优势菌降解性能影响的分析

pH 值影响着微生物生长的同时也对其降解产生重要的影响。主要表现：pH 值的高低影响微生物细胞膜的完整性和其应发挥的作用，影响培养基中营养物质的离子化程度，从而影响微生物对营养物质的吸收，同时还影响环境中有害物质对微生物的毒性，以及影响代谢反应中各种酶的活性。

参考第二节，实验中用 0.1 mol/L NaOH 和 0.2 mol/L HCl 溶液调节培养基溶液的 pH 值在 2.5～7.0 范围，每个三角瓶中分装 125 mL 的发酵培养基，以经过驯化的白腐真菌变异菌株制成孢子悬浮液，在无菌条件下，以 10%的接种量等量接入发酵培养基中，摇瓶培养 6 d 后分别测定四氯化碳降解率，结果如图 6-10 所示。

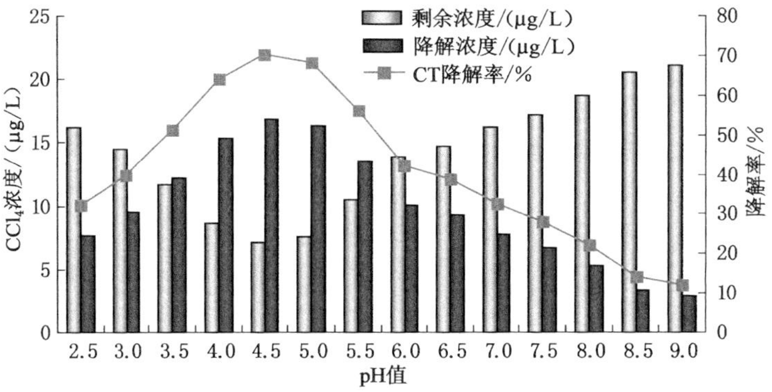

图 6-10　初始 pH 值对四氯化碳最终降解率的影响

由图 6-10 可以看出，pH 值对白腐真菌的降解影响很大，当发酵液初始 pH 值设置小于 3.5 时，白腐真菌的降解率不高，可能是因为在强酸性条件下，微生物本身的生长受到了很大的影响，种群数量不足，活力下降，因此对四氯化碳的降解能力处于较低水平；当初始 pH 值设在 4.5 时，最终降解率达到最高峰，即最适降解的 pH 值为 4.5，之后随着 pH 值设置增大，白腐真菌的活性处于较低水平，菌体数量少，降解效率相应较低。

（3）温度对优势菌降解性能影响的分析

温度是影响微生物生长存活和代谢的最重要因素之一。一般情况下，只有在一定范围内，微生物的代谢降解活动与生长繁殖才随着温度的上升而增加，当温度上升到一定程度，开始对机体产生不利影响，如再继续升温，则细胞降解功能急剧下降以至死亡。采用优化后的发酵条件和培养基配方，设定温度为 15～45 ℃七个等级，了解温度对四氯化碳降解的影响，进行白腐真菌降解实验，得出最终降解进程曲线（图 6-11）。图中描述了四氯化碳降解率、初始浓度、降解浓度、剩余浓度在降解过程中随温度的变化情况。从数据可以看出，环境温度设置在较低范围时，菌体生长速度比较缓慢，最终降解率处于较低水平；环境温度设置在 30～40 ℃时，最终降解率较高，其中当温度设置在 35 ℃，表现出菌体代谢旺盛，生长繁殖最快，降解活动最强；温度再升高，生物体内酶受热部分酶钝化，酶的活性明显降低，其生长减缓，表现出四氯化碳最终降解率下降。

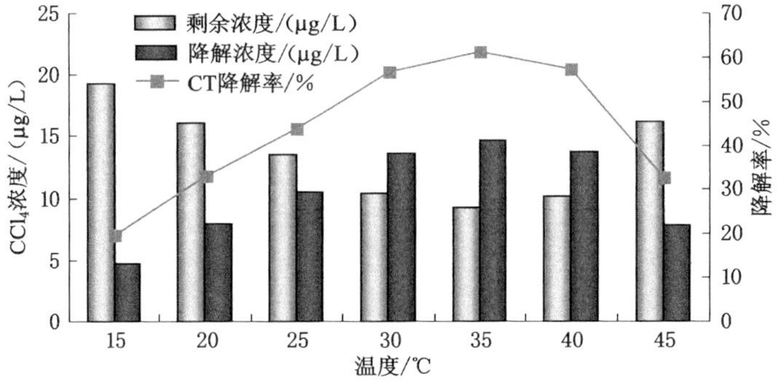

图 6-11　温度对四氯化碳最终降解率的影响

(4) 溶氧对优势菌降解性能影响的分析

白腐真菌属于好氧型微生物。因此，在白腐真菌生长阶段含氧量是否充足对其生长繁殖有重大影响，同时，其降解过程也离不开氧的参与。在实验室，给好氧微生物在代谢的过程中提供氧气，使用机械搅拌的方式，将空气中的氧溶解到溶液中，为此实验中以搅拌机转速间接反映降解液中溶氧的大小(图 6-12)。

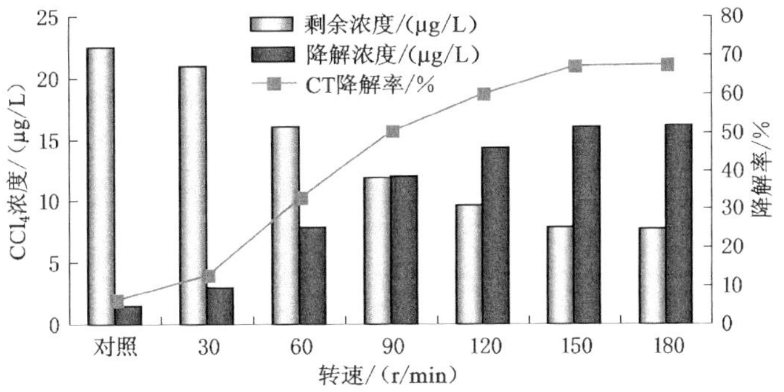

图 6-12　转速对白腐真菌降解的影响

由图 6-12 可以看出，四氯化碳的最终降解率随转速的提高而增加，当转速在 30 r/min 时，参比对照最终降解率没有明显的提高，说明低转速无法满足微生物生长代谢所需要的氧气；当转速大于 150 r/min，降解率达到最大值，并趋于稳定；若再提高转速，对降解率的提高没有多大影响。在没有搅拌设置的对照中，其最终降解率仅为 6.4%，作为好氧菌的白腐真菌无氧条件下其生长代谢均受到很大影响。

(5) 葡萄糖浓度对优势菌降解性能影响的分析

糖类是最常见的碳源，而葡萄糖是最为简单的碳水化合物，是所有微生物能够被直接利用的有机物。为此，实验中设定六个葡萄糖浓度梯度(5、10、20、30、35、40 g/L)，用葡萄糖浓度对白腐真菌进行降解实验，分析葡萄糖浓度对最终降解率的影响，结果见图 6-13 所示。

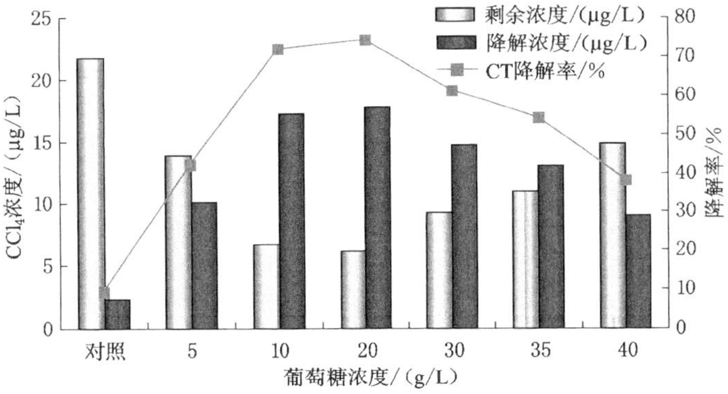

图 6-13　不同葡萄糖浓度下四氯化碳降解情况

由图 6-13 可以看出，葡萄糖浓度对四氯化碳的最终降解率有很大影响，随着葡萄糖浓度的增高，四氯化碳的最终降解率也不断提高，当浓度在 10～20 g/L 范围内，最终降解率最大，之后，随葡萄糖浓度的增加最终降解率逐步下降，可能是因为高浓度葡萄糖液改变了溶液渗透压，使细胞在高渗透压溶液中大量失水，微生物无法正常生长，菌体内大量氧化酶不能正常工作，表现为白腐真菌对四氯化碳最终降解率较低。从参比对照看出，未加葡萄糖其最终降解率仅为 9.5%，说明葡萄糖不仅为白腐真菌的生长提供碳源，而且在很大程度上能够有效地促进四氯化碳的降解。

(6) 四氯化碳浓度对降解菌的抑制

在一定范围内，白腐真菌对有机污染物能够有效地进行降解，因为在细胞内代谢过程中，产生合成白腐真菌降解有机污染物需要的一系列酶。但当污染物的浓度超出其耐受极限时，则抑制微生物的生长，进一步降低了对污染物的降解作用。实验中设定四氯化碳浓度为 20～800 μg/L，在四种培养基下，分析了解白腐真菌对四氯化碳忍耐的极限，结果见图 6-14 所示。

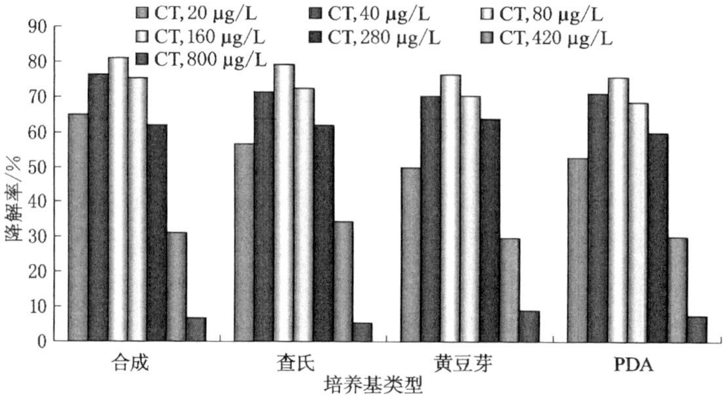

图 6-14 四氯化碳初始浓度对白腐真菌降解四氯化碳的影响

由图 6-14 可以看出，白腐真菌在一定范围内，对四氯化碳有强烈的降解作用，同时也表明高浓度四氯化碳对菌体的抑制作用。综合多种培养基，当四氯化碳浓度较低时，并没有表现出较高的降解率，分析原因，可能是低浓度时无法激活降解四氯化碳所需要的酶系，虽然其浓度不能构成对菌体的抑制作用，但也无法形成较高的降解率；当浓度超过 420 μg/L 时，对菌体抑制作用明显，表现为四氯化碳降解率较低；当四氯化碳浓度为 80 μg/L 时，其降解率最高。

(7) 外源物质对优势菌降解性能影响的分析

研究发现，白腐真菌能够生长在多种纤维植物表面。添加不同外源物质，可以对生长不利物质有屏蔽作用，或提高营养物质吸收利用率，促进白腐真菌的生长和代谢。实验中分别取稻壳、麸皮、木材、竹子、玉米芯各 20 g，加蒸馏水 500 mL，电炉上煮沸 30 min，八层纱布过滤，取上清液备用。调整合成培养基分别添加稻壳、麸皮、木材、竹子、玉米芯的浸出液约 25 mL，将制作好的孢子悬液在无菌室以每 10 mL 等量分别接各三角瓶，研究各组对四氯化碳降解的促进作用，结果见图 6-15 所示。

由图 6-15 可以看出，参比对照，除麸皮和稻壳对白腐真菌略有促进作用之外，其他外源物对提高降解率没有多大影响。这可能是由于对碳源的提供方面，葡萄糖的作用远大于外源物质，为此，添加不同的外源物不足以显示它的存在。

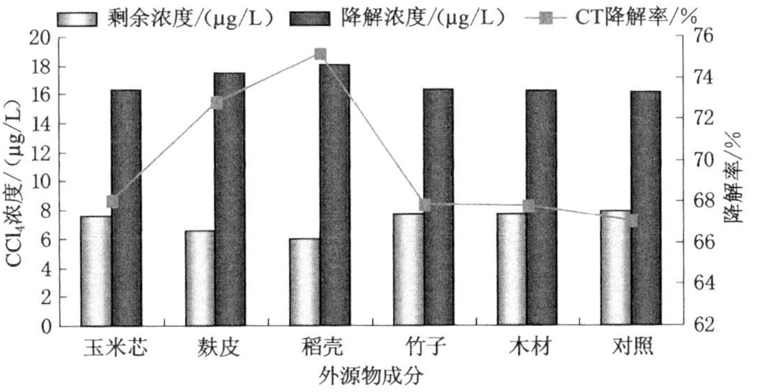

图 6-15 不同外源物质对四氯化碳降解的影响

(8) 电子受体对降解率的影响

电子受体是指在电子传递中接受电子的物质和被还原的物质。以分子氧作为最终电子(或氢)受体的氧化过程,是最普遍、最重要的生物氧化方式。由于地下水环境属还原环境,在微生物培养过程中添加电子受体,能够有效解决地下水环境中微生物由于缺氧而造成的生长受到抑制的问题。四氯化碳初始浓度为 24 μg/L,在发酵液中加入 KNO_3 30 mg/L 接种后在摇床中振荡、避光、密封培养,按一定时间间隔取样,测定四氯化碳的浓度,研究硝酸钾这种电子受体对四氯化碳降解菌的作用情况,结果见图 6-16 所示。

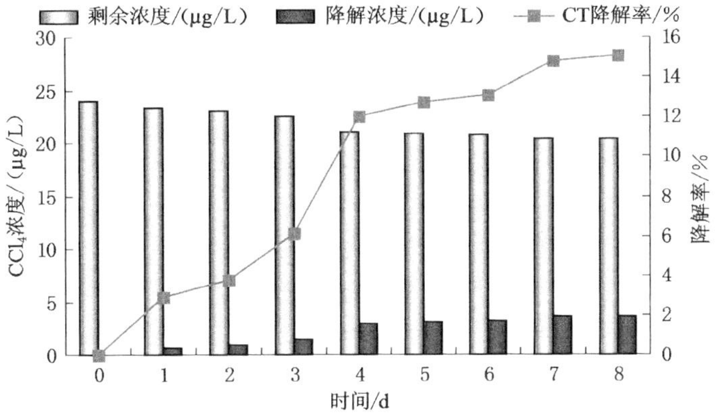

图 6-16 电子受体对白腐真菌降解四氯化碳的影响

如图 6-16 所示,以 KNO_3 为电子受体对四氯化碳的降解效果。在加入四氯化碳和硝酸盐的缺氧环境中,作为好氧菌的白腐真菌对四氯化碳的降解比较缓慢,四氯化碳浓度仅轻微减少。这说明,硝酸盐不太适合作为该菌体降解的电子受体,同时也说明,白腐真菌可能不适宜在无氧条件下生存。

(二) 白腐真菌降解四氯化碳的条件优化

在研究单一因素对降解四氯化碳影响的基础上,通过综合实验研究各因素之间的共同作用,同时研究因素间的相互关系。

(1) 综合因素对最终降解率的影响

选取摇瓶机转速、稻壳浸出液体积浓度、葡萄糖质量浓度、温度、四氯化碳质量浓度五个因素，并以上述实验条件为参考依据，设定各因素的四个水平，结果见表 6-14。

表 6-14　　正交实验因素和水平 $L_{16}(4^5)$

水平编号	A	B	C	D	E
	转速/(r/min)	稻壳浸出液体积浓度/(mL/L)	葡萄糖质量浓度/(g/L)	温度/℃	四氯化碳质量浓度/(μg/L)
1	140	70	25	38	12
2	120	50	15	30	24
3	100	90	5	35	36
4	160	120	35	26	48

根据表 6-14 选择 $L_{16}(4^5)$的正交设计，以摇瓶机转速、稻壳浸出液体积浓度、葡萄糖质量浓度、温度和四氯化碳质量浓度为因素，随机产生每个因素的四个水平，得出正交实验的因素和水平表。以白腐真菌驯化菌株对四氯化碳的最终降解率作为衡量指标，通过 16 组实验，得出相应的实验结果，对其进行直观分析，结果见表 6-15。

表 6-15　　正交实验直观分析 $L_{16}(4^5)$

实验号	A	B	C	D	E	实验结果
	转速/(r/min)	稻壳浸出液体积浓度/(mL/L)	葡萄糖质量浓度/(g/L)	温度/℃	四氯化碳质量浓度/(μg/L)	最终降解率/%
1	1(140)	1(70)	1(25)	1(38)	1(12)	30.09
2	1	2(50)	2(15)	2(30)	2(24)	75.48
3	1	3(90)	3(5)	3(35)	3(36)	75.93
4	1	4(120)	4(35)	4(26)	4(48)	75.40
5	2(120)	1	2	3	4	80.01
6	2	2	1	4	3	81.09
7	2	3	4	1	2	59.65
8	2	4	3	2	1	35.01
9	3(100)	1	3	4	2	63.89
10	3	2	4	3	1	27.37
11	3	3	1	2	4	76.07
12	3	4	2	1	3	72.05
13	4(160)	1	4	2	3	76.15
14	4	2	3	1	4	82.27
15	4	3	2	4	1	30.84
16	4	4	1	3	2	65.52
K_1	2.568	2.5	2.528	2.44	1.232	
K_2	2.556	2.664	2.584	2.628	2.644	
K_3	2.392	2.424	2.572	2.488	3.052	

续表 6-15

实验号	A	B	C	D	E	实验结果
	转速/(r/min)	稻壳浸出液体积浓度/(mL/L)	葡萄糖质量浓度/(g/L)	温度/℃	四氯化碳质量浓度/(μg/L)	最终降解率/%
K_4	2.548	2.48	2.384	2.512	3.136	
k_1	0.642	0.625	0.632	0.610	0.308	
k_2	0.639	0.666	0.646	0.657	0.661	
k_3	0.598	0.606	0.643	0.622	0.763	
k_4	0.637	0.620	0.596	0.628	0.784	
极差 R	0.044	0.060	0.050	0.047	0.476	
因素主次顺序	E4B2C2D2A1					

表 6-15 显示了白腐真菌驯化菌株降解四氯化碳的 16 组正交实验参数列表和所得数据，实验以四氯化碳最终降解率为衡量指标。根据 K 值与极差 R 计算，得出该菌株降解四氯化碳的优化方案是 E4B2C2D2A1，即四氯化碳质量浓度为 48 μg/L，稻壳浸出液体积浓度为 50 mL/L，葡萄糖质量浓度为 15 g/L，温度为 30 ℃，摇瓶机转速为 140 r/min。

根据正交实验直观分析数据，进行方差分析，得到 F 临界值和显著性，结果见表 6-16。结果表明，四氯化碳质量浓度对最终降解率的影响极为显著，是影响该菌株降解四氯化碳效率的主要因素。

表 6-16　　方差分析

因素	偏差平方和	自由度	F 比	F 临界值	显著性
摇瓶机转速/(r/min)	0.005	3	1.0	9.28	
浸出液体积浓度/(mL/L)	0.008	3	1.6	9.28	
葡萄糖质量浓度/(g/L)	0.006	3	1.2	9.28	
温度/℃	0.005	3	1.0	9.28	
四氯化碳质量浓度/(μg/L)	0.584	3	116.8	9.28	* * *
误差	0.01				

注："* * *"为极显著。

(2) 验证实验

根据所得最优方案，选择四氯化碳质量浓度为 48 μg/L，稻壳浸出液体积浓度为 50 mL/L，葡萄糖质量浓度为 15 g/L，温度为 30 ℃，摇瓶机转速为 140 r/min 进行验证实验，所得结果四氯化碳降解率为 82.3%，此数值均比正交实验中任一组要高，说明正交实验所得结果是正确的。

第四节　白腐真菌生长代谢及降解动力学模型研究

上节探讨了白腐真菌培养的最佳环境因素及白腐真菌降解四氯化碳的最佳环境条件，本节将对白腐真菌胞外多糖(EPS)的发酵过程控制和菌体的生长、底物的消耗动力学及降解模型进行探讨，通过动力学曲线了解菌丝细胞在代谢过程中胞外多糖的产生情况，并获得菌体生长、胞外多糖生成、底物消耗和四氯化碳降解的模型参数，并根据其模型参数建立动力学模型，为进一步放大实验和了解菌体生长和降解规律以及对代谢过程进行优化和控制提供理论依据。

一、材料与方法

（1）供试菌种

同本章第三节。

（2）主要仪器

同本章第三节。

（3）培养基

斜面培养基：马铃薯 200 g，蛋白胨 20 g，琼脂 20 g，蒸馏水 1 000 mL。

种子培养基：KCl 0.5 g，KH_2PO_4 1 g，$NaNO_3$ 2 g，$MgSO_4$ 0.5 g，$FeSO_4$ 0.01 g，蔗糖 30 g，蒸馏水 1 000 mL，pH 值自然。

发酵培养基：KH_2PO_4 0.2 g，$CaCl_2$ 0.1 g，$NH_4H_2PO_4$ 0.25 g，$MgSO_4 \cdot 7H_2O$ 0.5 g，葡萄糖 13.7 g，丁二酸钠 0.1 g，硫胺素 1 mg，$ZnSO_4 \cdot 7H_2O$ 5 mg；$FeSO_4 \cdot 7H_2O$ 7 mg，$CuSO_4 \cdot 5H_2O$ 7 mg，吐温-80 0.5 mL，蒸馏水 1 000 mL，pH 值为 4.5。

（4）培养方法

将斜面菌种接入装有 50 mL 种子培养基的三角瓶中，设置 30 ℃，pH 值为 4.5，摇瓶机转速为 160 r/min，在回转式恒温调速摇瓶柜中培养 3 d 后，再以 10%接种量将菌种接入 10 L全自动气升式发酵罐中，设置温度为 30 ℃，pH 值为 4.5，通气量为 1.1 dm^3/min，培养 8 d。

（5）分析方法

① 菌体生物量测定：取一定体积发酵液在 4 000 r/min 下离心 20 min，过滤后用蒸馏水洗涤 2 次，收集菌体于 80～90 ℃干燥至恒量。用菌体干重来表示菌体生物量。

② 胞外多糖(EPS)测定：发酵液经 5 000 r/min 离心 15 min，取 10 mL 上清液加 3 倍体积的 95%乙醇，将其置于 4 ℃条件下静止沉淀 12 h，将溶液在转速为 5 000 r/min 离心 15 min，去除上清液，所得沉淀物即为胞外多糖。取多糖沉淀物置于 80 ℃烘干至恒重后称重。

③ 葡萄糖消耗量测定：发酵液经 5 000 r/min 离心 15 min，去除菌体及固形物，将上清液采用蒽酮比色法测定葡萄糖的消耗量。

（6）数据处理

模型参数的优化及方程组的求解均利用软件 Matlab 得出。

二、动力学模型

（一）菌体生长动力学模型

描述菌体生长最常用的模型为 Monod 方程，该模型为典型的均相非结构模型。它是基于以下假设建立的：菌体生长为均衡型非结构式生长，细胞成分只需要用一个参数即菌体浓度来表示；培养基中只有一种底物是生长限制性底物，其他营养成分不影响微生物生长；将微生物生长视为简单反应，并假设菌体得率为常数，没有动态滞后。通过实验发现，其假设不符合白腐真菌生长特征。用 Monod 方程在建立白腐真菌菌体生长动力学模型时，拟合情况不够理想，偏差较大。

比利时数学家 Verhulst 于 1838 年首创的 Logistic 方程，是一个表现生长与营养物质之间的非线性关系的方程[94]。在分批发酵的研究中，发现 Logistic 方程能很好地反映该过程中菌体浓度的增加对自身生长的抑制作用，用于拟合白腐真菌菌体生长过程具有一定的适用性，为此，采用 Logistic 方程能够较好地反映该菌在液体培养基中的生长规律。其方程形式如下：

$$\frac{\mathrm{d}C_{\mathrm{x}}}{\mathrm{d}t}=\mu_{\mathrm{m}}\left(1-\frac{C_{\mathrm{x}}}{C_{\mathrm{x,max}}}\right)C_{\mathrm{x}} \tag{6-2}$$

式中 C_{x}——t 时刻的菌体质量浓度，g/L；

$C_{\mathrm{x,max}}$——最大菌体质量浓度，g/L；

μ_{m}——比生长速率，1/h；

t——时间，h。

当初始条件 $t=0$ 时，菌丝体质量浓度为接种量（即当 $t=0$ 时，$C_{\mathrm{x}}=C_{\mathrm{x,0}}$）；

对方程（6-2）积分可得：

$$\mu_{\mathrm{m}}t=\ln\left(\frac{C_{\mathrm{x,max}}}{C_{\mathrm{x,0}}}-1\right)+\ln\left(\frac{C_{\mathrm{x}}}{C_{\mathrm{x,max}}-C_{\mathrm{x}}}\right) \tag{6-3}$$

整理得：

$$C_{\mathrm{x}}(t)=\frac{C_{\mathrm{x,0}}\exp(\mu_{\mathrm{m}}t)}{1-\left(\frac{C_{\mathrm{x,0}}}{C_{\mathrm{x,max}}}\right)\cdot(1-\exp(\mu_{\mathrm{m}}t))} \tag{6-4}$$

式中 $C_{\mathrm{x,0}}$——初始菌体质量浓度，g/L。

由实验数据，以 $\ln[C_{\mathrm{x,0}}/(C_{\mathrm{x,max}}-C_{\mathrm{x,0}})]$ 为截距，以函数 $\ln[C_{\mathrm{x}}/C_{\mathrm{x,max}}-C_{\mathrm{x}}]$ 对时间（t）作图，得到的直线斜率即为 μ_{m}。

（二）多糖产物形成动力学模型

Luedeking-Piret 方程是用以描述产物浓度随时间变化速度的普遍适用性方程，其方程形式如下[95]：

$$\frac{\mathrm{d}P_{\mathrm{x}}}{\mathrm{d}t}=\alpha\frac{\mathrm{d}C_{\mathrm{x}}}{\mathrm{d}t}+\beta C_{\mathrm{x}} \tag{6-5}$$

式中 P_{x}——t 时刻的产物胞外多糖质量浓度，g/L；

α——模型参数；

β——模型参数。

方程中 α 和 β，依发酵条件的变化而不同。当 $\alpha\neq0,\beta=0$ 时，为生长偶联型；当 $\alpha=0$，$\beta\neq0$ 时，为非生长偶联型；当 $\alpha\neq0,\beta\neq0$ 时，为混合型。通过白腐真菌胞外多糖生成的动力学实验，发现白腐真菌胞外多糖生成属于混合型。

将方程（6-2）代入方程（6-3）得：

$$\frac{\mathrm{d}P_{\mathrm{x}}}{\mathrm{d}t}=\alpha\mu_{\mathrm{m}}\left(1-\frac{C_{\mathrm{x}}}{C_{\mathrm{x,max}}}\right)C_{\mathrm{x}}+\beta C_{\mathrm{x}} \tag{6-6}$$

将方程（6-4）代入方程（6-6），积分得：

$$P_x(t)=P_{x,0}+\alpha[C_x(t)-C_{x,0}]+\beta(C_{x,max}/\mu_m)\ln\{1-(C_{x,0}/C_{x,max})[1-\exp(\mu_m t)]\} \quad (6\text{-}7)$$

式中 $P_{x,0}$——初始产物(胞外多糖)质量浓度,g/L。

稳态时,$dC_x/dt=0$,$C_x=C_{x,max}$,则由方程(6-5)得:

$$\beta=(dP_x/dt)_{st}/C_{x,max} \quad (6\text{-}8)$$

方程(6-7)可写成如下形式:

$$P_x(t)=\alpha A(t)+\beta B(t)+P_{x,0} \quad (6\text{-}9)$$

式中,$A(t)=C_x(t)-C_{x,0}$;$B(t)=(C_{x,max}/\mu_m)\ln\{1-(C_{x,0}/C_{x,max})[1-\exp(\mu_m t)]\}$。

其中,μ_m、$C_{x,max}$、$C_{x,0}$均已知,因此以函数 $P_x(t)-P_{x,0}-\beta B(t)$ 对函数 $A(t)$ 作图,得到的直线斜率即为 α 值。

(三) 底物葡萄糖消耗动力学模型

发酵过程中的底物消耗主要与菌体生长和产物生成及其代谢有关。因此,底物消耗速率可用下式表示[96]。

$$-\frac{dS_x}{dt}=\frac{1}{Y_{x/s}}\left(\frac{dC_x}{dt}\right)+\frac{1}{Y_{p/s}}\left(\frac{dP_x}{dt}\right)+K_e C_x \quad (6\text{-}10)$$

式中 S_x——t 时刻的底物质量浓度,g/L;

$Y_{x/s}$——消耗 1 g 基质所得菌体量,g/g;

$Y_{p/s}$——消耗 1 g 基质所得胞外多糖量,g/g;

K_e——细胞维持系数。

将式(6-5)代入方程(6-10),可得:

$$-\frac{dS_x}{dt}=[\beta/Y_{p/s}+K_e]C_x+[1/Y_{x/s}+\alpha/Y_{p/s}]\left(\frac{dC_x}{dt}\right) \quad (6\text{-}11)$$

整理得:

$$\frac{dS_x}{dt}=-b_1 C_x-b_2\left(\frac{dC_x}{dt}\right) \quad (6\text{-}12)$$

式中,$b_1=\beta/Y_{p/s}+K_e$;$b_2=1/Y_{x/s}+\alpha/Y_{p/s}$。

依照上述原理,当菌体生长处于稳态时,即 $dC_x/dt=0$,$C_x=C_{x,max}$ 可利用式(6-12)求得:

$$b_1=\left(\frac{1}{C_{x,max}}\frac{dS_x}{dt}\right)_{st} \quad (6\text{-}13)$$

对式(6-12)积分得:

$$S_x(t)=S_{x,0}-b_2 A(t)-b_1 B(t) \quad (6\text{-}14)$$

式中,$A(t)=C_x(t)-C_{x,0}$;$B(t)=(C_{x,max}/\mu_m)\ln\{1-(C_{x,0}/C_{x,max})[1-\exp(\mu_m t)]\}$;$S_{x,0}$为初始底物质量浓度,g/L。

依照同样原理,以函数 $S_{x,0}-S_x(t)-b_1 B(t)$ 对函数 $A(t)$ 作图,所得直线斜率为 b_2。

(四) 四氯化碳降解动力学模型

研究发现,白腐真菌对四氯化碳的降解动力学满足一级反应动力学方程,即:

$$\text{In}\ C=-Kt+A$$

式中 K——四氯化碳降解速率的动力学常数;

C——t 时刻的四氯化碳浓度,μg/L;

t——四氯化碳生物降解时间,d;

A——常数。

白腐真菌的降解动力学满足一级反应动力学时，降解反应的半衰期为：

$$t_{1/2}=\ln 2/K$$

三、结果与讨论

（一）白腐真菌的发酵进程

选择温度为 35 ℃、摇瓶机转速为 130 r/min、pH 值为 7.0、葡萄糖质量浓度为 13.7 g/L、发酵时间为 8 d、培养基类型为合成培养基等发酵条件，对白腐真菌进行了分批培养发酵实验。以菌体生物量(Biomass)、胞外多糖产量(EPS)、残糖消耗量(RSC)和发酵液 pH 值为测定项目，结果如图 6-17 和图 6-18 所示。

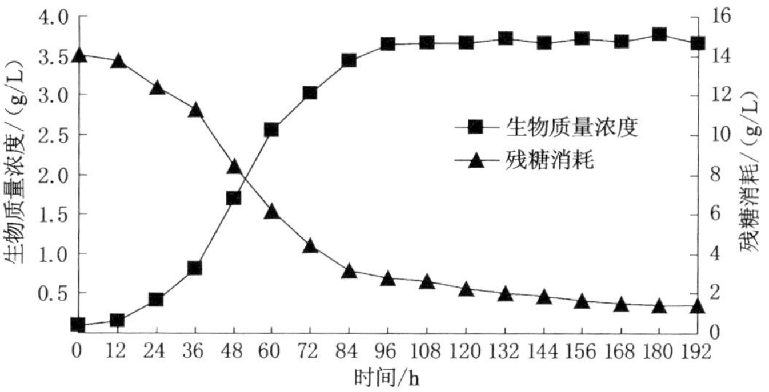

图 6-17　发酵过程生物量和葡萄糖的变化

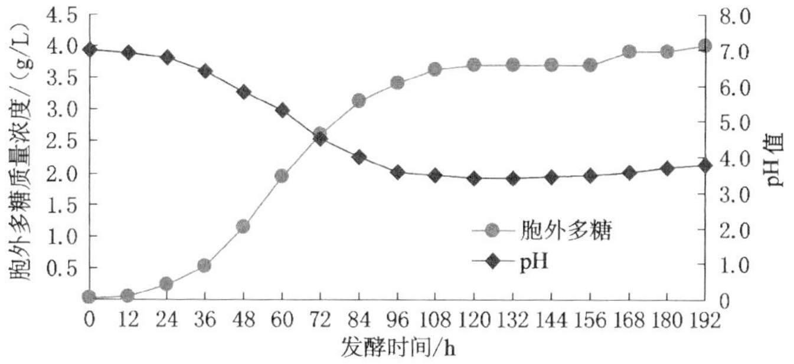

图 6-18　发酵过程中胞外多糖和 pH 值的变化

由图 6-17 和图 6-18 可以看出，菌体开始生长速度比较缓慢，12 h 后开始加快，36 h 进入指数生长，到 96 h 菌体生长进入到稳定期。与之相对应，底物糖消耗在此期间下降很快，到 96 h 糖消耗降到 19.7%以下。胞外多糖的合成随菌体生长不断上升，24 h 进入加速增长，到 108 h 胞外多糖产量增幅变缓，192 h 达到最高，为 4.001 g/L；pH 值从初始的 7.0 降低到此时的 3.8。

（二）白腐真菌代谢过程动力学特征

(1) 白腐真菌菌体生长动力学

根据发酵过程的实验数据 $C_{x,max}=3.771$ g/L 和动力学模型方程(6-4)，以函数 $\ln[C_x/(C_{x,max}-C_x)]$ 对时间 t 作图，得到的直线斜率即为 μ_m，设定该直线的截距为

$\ln[C_{x,0}/(C_{x,max}-C_{x,0})]$，结果图 6-19 所示。

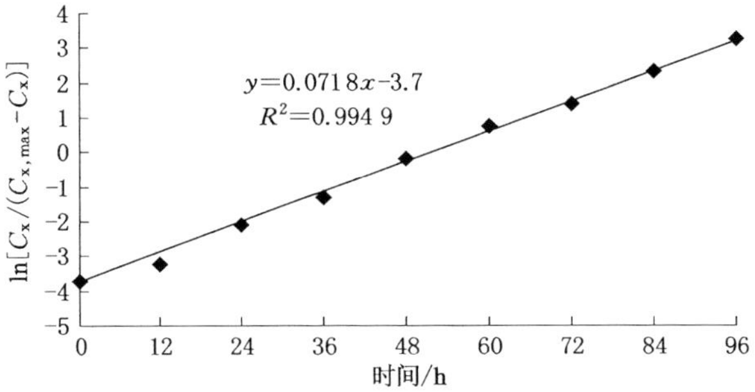

图 6-19　白腐真菌菌体生长动力学模型参数 μ_m 的计算

图 6-19 是函数 $\ln[C_x/(C_{x,max}-C_x)]$ 对时间 t 的作图曲线，通过求其趋势线求得该函数的线性方程为 $y=0.0718x-3.7$，该直线斜率 0.071 8 即为模型参数 μ_m 值，则白腐真菌菌丝体生长动力学模型参数如下：

$$\mu_m=0.0718$$

将上述模型参数及其实验数据 $C_{x,0}=0.091$ g/L 和 $C_{x,max}=3.771$ g/L 分别代入方程(6-4)得：

$$C_x(t)=\frac{0.091\exp(0.0718t)}{1-(0.091/3.771)[1-\exp(0.0718t)]} \tag{6-15}$$

经整理得发酵过程白腐真菌菌体生长的动力学模型：

$$C_x(t)=\frac{0.091\exp(0.0718t)}{0.976+0.0241\exp(0.0718t)} \tag{6-16}$$

根据式(6-16)绘制白腐真菌菌体生长动力学曲线并与实验值比较，作白腐真菌菌体生长动力学模型与实验数据的拟合曲线，结果如图 6-20 所示。

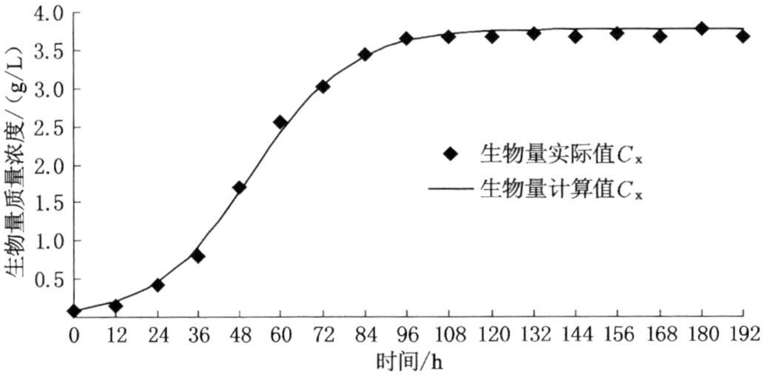

图 6-20　白腐真菌菌体生长动力学模型与实验数据拟合曲线

由图 6-20 可知，菌体经过较短暂的延滞期，大约在 12 h 后进入一个加速生长期，大约在 96 h 后进入稳定期。该方法所得菌丝生长曲线在延滞期和稳定期模型计算值与实验数据拟合情况较好，而在稳定后期计算值与实验值绝对误差存在着微小的差异。经计算两者间的平均相对误差为 4.5%，说明该方程能够正确地描述菌体生长的实际过程，可作为其菌体生长模型。

(2) 胞外多糖生成动力学

白腐真菌代谢过程中的胞外多糖生成与菌体自身生长密切有关。依照方程(6-7),以函数 $C_p(t)-C_{p,0}-\beta B(t)$ 对函数 $A(t)$ 作图,得到的直线斜率即为白腐真菌发酵过程胞外多糖生成模型参数 α 值,结果如图 6-21 所示。

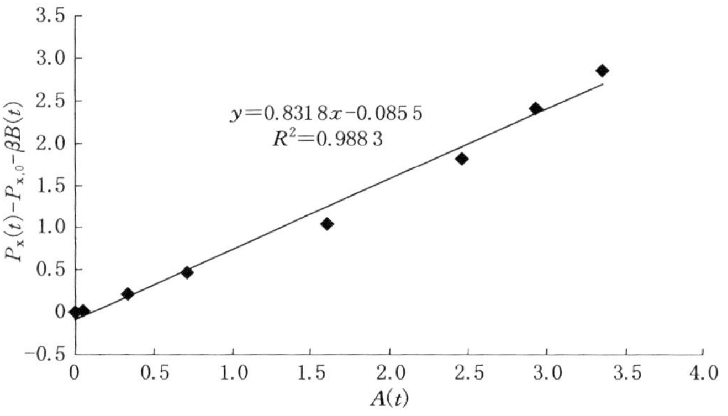

图 6-21 白腐真菌胞外多糖生成动力学模型参数 α 值的计算

图 6-21 是函数 $P_x(t)-P_{x,0}-\beta B(t)$ 对函数 $A(t)$ 作图曲线,通过求其趋势线求得该函数的线性方程为:$y=0.8318x-0.0855$,该直线斜率 0.831 8 即为模型参数 α 值。而 β 是根据式(6-8)菌体生长处于稳态下的 $\beta=(\mathrm{d}P_x/\mathrm{d}t)_{st}/C_{x,max}$ 作图计算得到,则白腐真菌胞外多糖生成动力学参数如下:

$$\alpha=0.8318,\ \beta=0.002$$

将上述模型参数及其实验数据 $P_{x,0}=0.028$ g/L、$C_{x,0}=0.091$ g/L 和 $C_{x,max}=3.771$ g/L 分别代入方程(6-7)得:

$$P_x(t)=0.028+0.8318[C_x(t)-0.091]+0.002\left(\frac{3.771}{0.0718}\right)\cdot\ln\left\{1-\left(\frac{0.091}{3.771}\right)[1-\exp(0.0718t)]\right\} \tag{6-17}$$

经整理得白腐真菌胞外多糖生成动力学模型为:

$$P_x(t)=0.0477+0.8318C_x(t)+0.105\ln[0.976+0.024\exp(0.0718t)] \tag{6-18}$$

根据式(6-18)绘制白腐真菌胞外多糖生成动力学曲线并与实验值比较,作白腐真菌胞外多糖生成动力学模型与实验数据的拟合曲线,结果如图 6-22 所示。

由图 6-22 可知,在白腐真菌代谢过程中,胞外多糖生成经过一个延滞阶段,大约在 24 h 后就进入加速产生阶段,大约在 108 h 后代谢减缓,进入代谢平稳阶段。模型计算值与实验数据拟合情况较好,白腐真菌代谢过程中,胞外多糖生成的实验值与计算值的平均相对误差为 7.3%,小于规定的 10%,说明该动力学模型能很好地描述白腐真菌胞外多糖的生成随时间变化的行为。

(3) 底物葡萄糖消耗动力学

白腐真菌代谢过程中的底物葡萄糖消耗主要与菌体自身生长和胞外多糖生成密切相关。依照方程(6-14),以函数 $S_{x,0}-S_x(t)-b_1B(t)$]对函数 $A(t)$ 作图,得到的直线斜率即为白腐真菌发酵过程底物(葡萄糖)消耗模型参数 b_2 值,结果如图 6-23 所示。

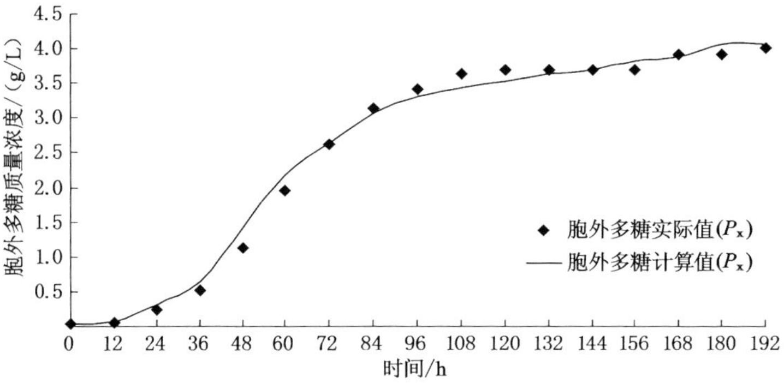

图 6-22　白腐真菌胞外多糖生成动力学模型与实验数据拟合曲线

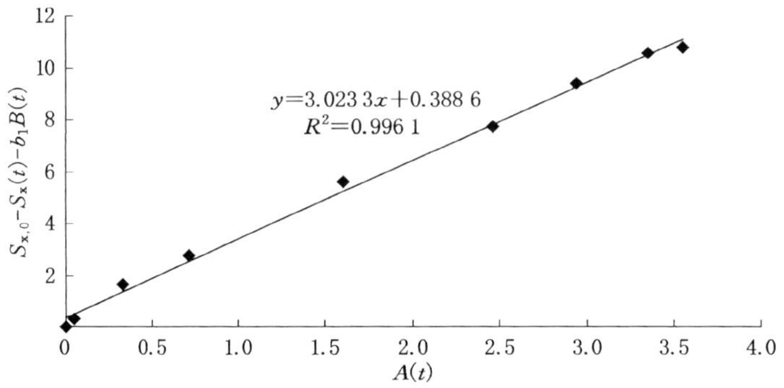

图 6-23　白腐真菌底物消耗动力学模型参数 b_2 值的计算

图 6-23 是函数 $S_{x,0}(t)-S_x(t)-b_1B(t)$ 对函数 $A(t)$ 的作图曲线，通过求其趋势线求得该函数的线性方程为 $y=3.023\ 3x+0.388\ 6$，该直线斜率 3.023 3 即为模型参数 b_2 值。而 b_1 是根据式(6-13)菌体生长处于稳态下的 $b_1=(\mathrm{d}S_x/C_{x,\max}\mathrm{d}t)_{st}$ 方程作图计算得到，则白腐真菌底物葡萄糖消耗动力学参数如下：

$$b_1=0.016\ 3,b_2=3.023\ 3$$

将上述模型参数及其实验数据 $S_{x,0}=14.077\text{g/L}$、$C_{x,0}=0.091\ \text{g/L}$ 和 $C_{x,\max}=3.771\ \text{g/L}$ 分别代入方程(6-14)得：

$$S_x(t)=14.077-3.023\ 3[C_x(t)-0.091]-$$

$$0.016\ 3\left(\frac{3.771}{0.071\ 8}\right)\cdot\ln\{1-(0.091/3.771)[1-\exp(0.071\ 8t)]\} \qquad (6\text{-}19)$$

整理得白腐真菌底物葡萄糖消耗的动力学模型：

$$S_x(t)=14.107-3.023C_x(t)-0.856\ln[0.976+0.024\exp(0.071\ 8t)] \qquad (6\text{-}20)$$

根据式(6-20)绘制白腐真菌底物葡萄糖消耗动力学曲线并与实验值比较，作白腐真菌底物葡萄糖消耗动力学模型与实验数据的拟合曲线，结果如图 6-24 所示。

由图 6-24 可知，在白腐真菌代谢过程中，12 h 以内葡萄糖几乎没有消耗，这也验证了菌体生长存在延滞期，之后进入加速消耗阶段，此阶段菌丝体的生长和胞外多糖的产生同时进行；大约 96 h 后葡萄糖消耗趋于减缓，但仍然不断下降，说明该阶段菌体生长趋于停滞，胞

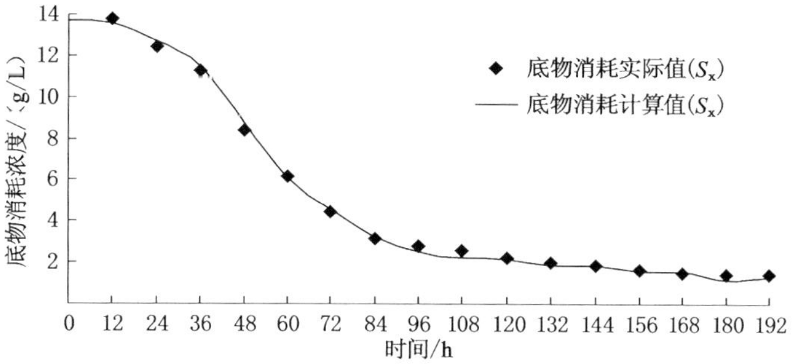

图 6-24　白腐真菌底物消耗动力学模型与实验数据的拟合曲线

外多糖的产生仍在进行。底物葡萄糖消耗动力学模型计算值与实验数据拟合情况较好，葡萄糖消耗动力学实验值与计算值的平均相对误差为 6.1%，小于规定的 10%，说明该动力学模型能很好地描述白腐真菌底物消耗随时间变化的行为。

（三）白腐真菌降解过程动力学特征

评价微生物系统降解有机物质的能力时，要了解系统的动力学。由于生物系统包含许多不同的微生物，每种微生物又有不同的酶系，因此经常用总的速率常数来描述降解速度。

降解动力学的数据是在实验中所确定的最佳降解时间、初始 pH 值、温度、摇瓶机转速、葡萄糖浓度、四氯化碳浓度、添加不同外源物质条件下测定，其数据来源于第四章，并对白腐真菌做降解动力学研究。在最佳条件下对四氯化碳的降解效果进行测定，浓度随时间变化曲线如图 6-25 所示。

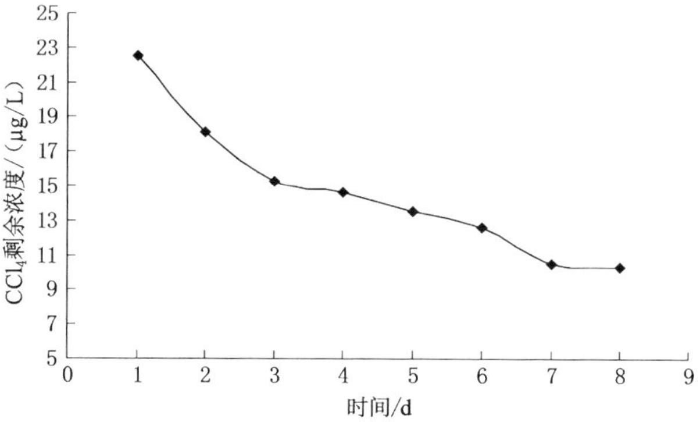

图 6-25　白腐真菌对四氯化碳的降解

对四氯化碳的降解动力学满足一级反应动力学方程，即：

$$\ln C = -Kt + A \tag{6-21}$$

式中　K——t 时刻的四氯化碳降解速率的动力学常数；

C——t 时刻的四氯化碳浓度，μg/L；

t——t 时刻的四氯化碳生物降解时间，d；

A——t 时刻的常数。

对四氯化碳残留浓度取对数后，以函数 $\ln C$ 对时间 t 作图，得到的直线斜率即为白腐真菌降解四氯化碳的模型参数 K 值，曲线如图 6-26 所示。

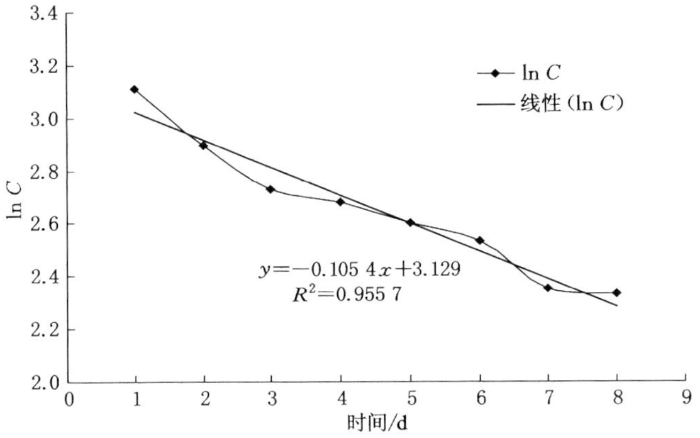

图 6-26　四氯化碳残留浓度取对数的 $\ln C-t$ 曲线

图 6-26 是函数 $\ln C$ 对时间 t 的作图曲线，通过求其趋势线求得该函数的线性方程为 $y=-0.105\ 4x+3.129$，该直线斜率 0.105 4 即为模型参数 K 值。则白腐真菌对四氯化碳的生物降解动力学参数如下：

降解反应的半衰期：

$$t_{1/2}=\ln 2/k$$

降解速率常数：

$$K=0.105\ 4$$

$$R^2=0.955\ 7$$

整理得白腐真菌对四氯化碳的生物降解反应动力学模型(表 6-17)：

$$Y(t)=-0.105\ 4t+3.129 \tag{6-22}$$

表 6-17　　白腐真菌对四氯化碳的生物降解反应动力学方程

初始浓度/(μg/L)	动力学方程	降解速率常数	$t_{1/2}$/d	R^2	最终降解率/%
24	$Y(t)=-0.105\ 4t+3.129$	0.105 4	6.576 349	0.955 7	57.1

第五节　静态条件下污染土壤环境中白腐真菌对四氯化碳的降解特征模拟研究

本节是污染土壤在填充柱中降解的静态模拟，并通过饱和微生物在砂样层的静态降解过程，分别研究不同污染强度下微生物的降解性能、不同分散剂下四氯化碳降解、砂层不同含水率下四氯化碳降解、不同接种量对降解的影响、体系中 pH 值随降解进程的变化规律、翻耕对降解的促进作用及体系中电导率的变化。

一、实验设计与运行

(1) 材料和仪器

试剂：四氯化碳（分析纯）；甲醇（分析纯）。

仪器：SHB-Ⅲ型循环式多用真空泵；BT00-100M/YZ1515X 型恒流泵；Elementar Ligu-iTOC。

气相色谱仪：Agilent 6890N，测试条件同前文。

电导率的测定：DDS-11A 电导率仪。

本实验填充柱中选用细砂填柱，以构成降解实验的主体层，分析不同因素对四氯化碳的降解影响。选用细砂的基本性质见表 6-18。

表 6-18　实验用细砂的基本性质

土壤质地	土壤颗粒大小分布/%			有机碳/%	干密度/(g/cm³)	饱和含水率/%
	砂粒(0.22～0.075 mm)	粉砂粒(0.075～0.002 mm)	黏粒(<0.002 mm)			
砂质	67.8	29.9	2.3	0.059	1.58	31.12

土壤粒度分析采用筛分法和密度计法。有机碳含量使用 TOC 仪进行测定。

本模拟实验所使用的模拟装置见图 6-27 和图 6-28。主体部分为有机玻璃柱，规格：1 500 mm 长，外径 200 mm，内径 160 mm；顶部安装顶盖以防止四氯化碳溢出。在玻璃柱侧壁从 1 000 mm 处向下间隔 100 mm 开孔，并制作相应的橡皮塞，制作 10 个取水头可伸入柱内，整个装置由钢架固定。考虑到地下水温较低，在填充柱外层安装一夹套水层，用控温水箱和循环泵来控制水温在 10 ℃左右，以近似地模拟地下水的自然环境。

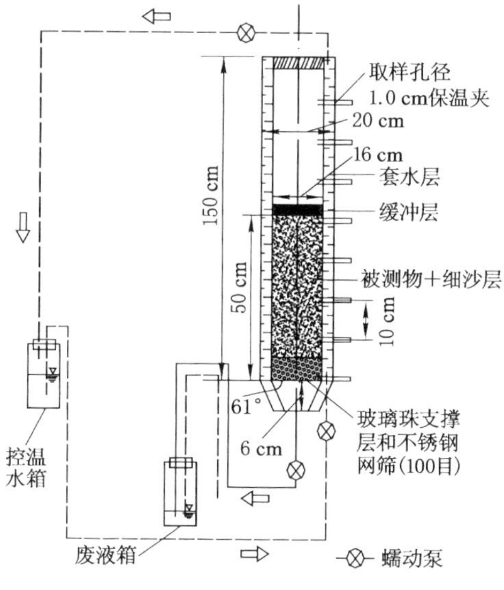

图 6-27　模拟实验装置示意图

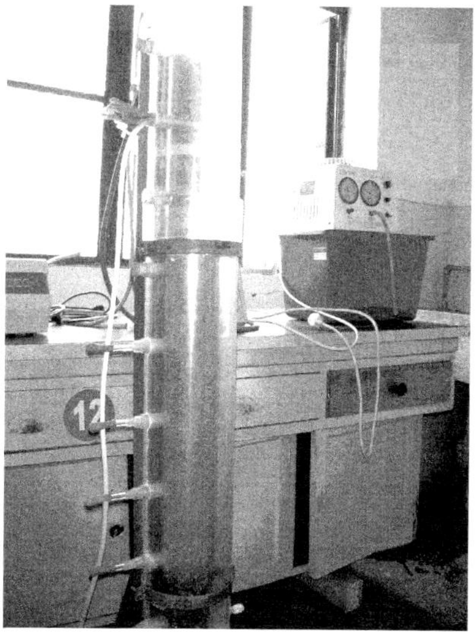

图 6-28　降解四氯化碳的静态模拟填充柱

（2）实验方法

为研究不同污染强度下白腐真菌降解四氯化碳的性能，采用填充柱的静态模拟实验，将孢子悬浮液依照（1～3）×10⁹ 个/mL 的细胞浓度与填充物混合均匀，按照图 6-27 所示装入实验装置中。实验共分六个实验组（用 CT_i，$i=1,2,\cdots,6$ 表示），每组分别选用 1 个土样，每个土样大约重500 g。填充柱层由四氯化碳污染土壤与分散物(细砂)混匀配制而成,经预处理后保证混合物的四氯化碳质量浓度如表6-19所示。同时,添加营养物(葡萄糖3.0%,硝酸铵0.25%,氯化钠0.3%,磷酸二氢钾0.4%,磷酸氢二钾0.39%,硫酸镁0.08%,土温-80 0.05%,硫酸铁0.04%),以确保微生物的正常生长需要。实验中通过预埋搅拌杆,间隔12 h搅动,实现翻耕的目的。

表6-19　实验运行条件

编号	四氯化碳质量浓度/(μg/kg)	饱和含水率/%	有机碳/%
CT_1	12.4	29.45	0.59
CT_2	24.5	31.12	0.95
CT_3	36.4	31.84	0.78
CT_4	48.2	36.45	0.86
CT_5	53.1	30.08	0.45
CT_6	72.3	37.15	0.77

实验时夹套循环水温度保持在9~10 ℃,土样含水率保持在30%~40%,开始时每隔2~4 d采样,随着土壤中四氯化碳降解率的降低,采样间隔逐渐增大。处理时间为54 d,测定土壤中四氯化碳含量、土壤中微生物的生物量及土壤电导率、含水率、pH值。

二、结果与讨论

(一)污染强度对白腐真菌降解四氯化碳的影响

四氯化碳初始浓度影响微生物的活性和毒性,浓度过高会抑制微生物的活性,使土壤的呼吸强度下降。不同四氯化碳初始浓度条件下白腐真菌对四氯化碳的降解情况如图6-29所示。

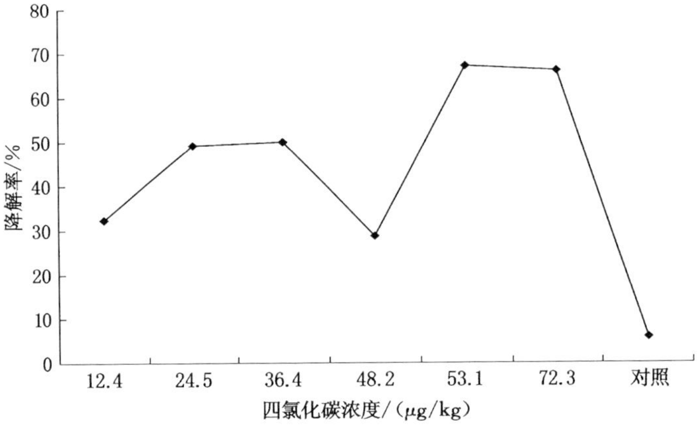

图6-29　不同四氯化碳初始浓度下白腐真菌对四氯化碳的降解

从图6-29可知,在6组填充柱土样中四氯化碳降解率的大小关系为:$CT_5>CT_6>CT_3>CT_2>CT_1>CT_4>$对照,这说明在一定范围内,四氯化碳浓度越高降解率越好,即降解率随着四氯化碳污染强度的增高而增大。原因可能是一定量的四氯化碳会对微生物的生长产生刺激作用，同时在污染物的诱导下会产生微生物的种类选择和优势菌的富集，使降解程度大幅度提高。本章第四节实验表明，当污染物含量超过一定范围时，会产生毒性而抑制微生物对四氯化碳的降解。在本实验中这种现象未发生的原因是：在小于 100 μg/kg 的污染强度范围之内，白腐真菌是可以承受的，如果污染强度超过白腐真菌能够承受的临界值，降解率就会随着污染强度的增加而降低。

（二）降解过程中 pH 值的变化

静态模拟降解实验的 pH 值变化如图 6-30 所示。实验中，将填充柱的主要成分细砂洗至中性，孢子悬浮液和外加营养液调至中性，以确保填充层的初始 pH 值为 7，它在白腐真菌生长的最适合范围内。白腐真菌在降解四氯化碳的过程中，进行生长代谢产生苹果酸、延胡索酸、α-酮戊二酸、琥珀酸和草酰乙酸等有机酸，这些物质的产生和积累会导致填充柱土样 pH 值下降，pH 值的小幅下降会有效地提高菌体的降解能力，可以把被降解物四氯化碳彻底降解。但是，如果 pH 值下降幅度太大，有机物不能得到充分降解，会有大量的有机酸积累，导致土样的酸性增加，此时微生物受到抑制，影响四氯化碳的降解。随着降解进程的不断深入，外加营养物质葡萄糖和被降解物四氯化碳最终被分解成二氧化碳和水，这样在代谢过程中，二氧化碳的释放会使 pH 值有所回升。不难看出，一方面是由于白腐真菌的生长代谢，产生 α一酮戊二酸等中间产物，这些有机酸的积累会使整个体系的 pH 值下降，它是微生物代谢的正常反应；另一方面有机物降解的最终产物是二氧化碳和水，它们能使 pH 值升高。同时，营养液中的磷酸二氢钾和磷酸氢二钾本身也是缓冲剂，它们对稳定和调节降解过程的 pH 值有积极作用，这样使得体系中 pH 值稳定在适宜四氯化碳降解菌生长的范围内。

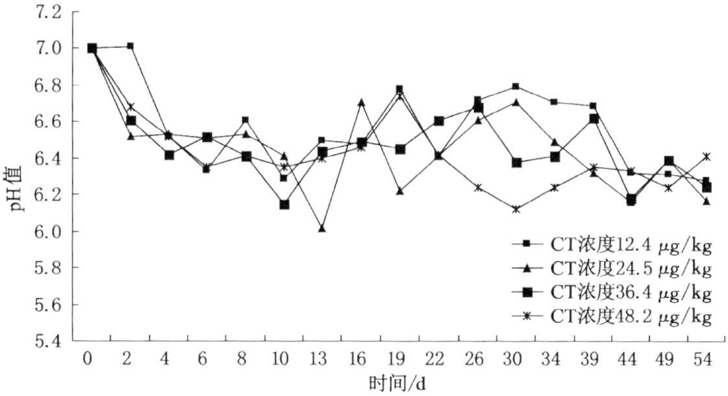

图 6-30　降解过程中 pH 值的变化

（三）翻耕对白腐真菌降解四氯化碳的影响

图 6-31 表明，实验中通过预埋搅拌杆的搅动，在同样条件下经翻动填充柱土样层的降解率均高于未翻动的土样。对比同一四氯化碳污染强度实施不同的处理方式，四氯化碳降解率最好的是翻耕处理，6 种不同污染强度的土样中翻耕的降解率分别达到 82.3%、67.2%、85.3%、71.0%、93.5%和 96.3%，翻耕的降解率远远大于不翻耕的降解率。这说明翻动填充柱土样层使土样中氧浓度增加，有利于促进土样层好氧白腐真菌的活性，从而提

高土样层四氯化碳的降解率。从图 6-31 看出，对照 2 的处理方式为不加菌不翻耕，仍有 5.9％的降解率，填充柱土样层中没有微生物的存在，说明四氯化碳本身挥发性很强，该装置虽然进行了严格的密封处理，但仍有少量的四氯化碳逸出。对照 1 的处理方式为不加菌翻耕，从中可以看出，对填充柱土样层的翻耕操作，加剧了四氯化碳的逸出，使得不加菌翻耕仍有 9.8％损失。

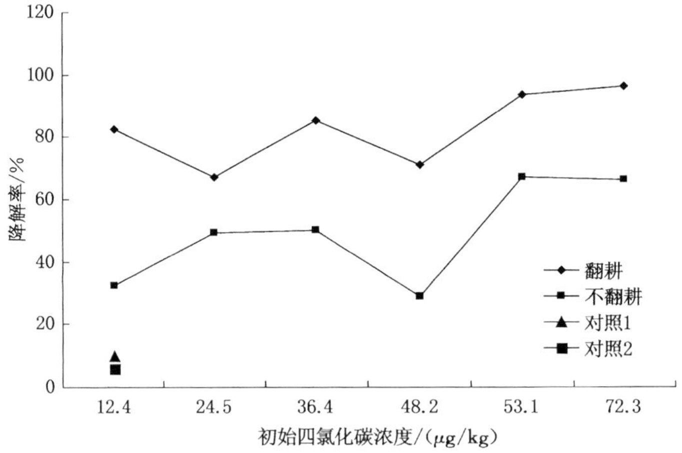

图 6-31　翻耕对四氯化碳降解的影响

（四）白腐真菌降解四氯化碳过程中电导率的变化

土壤的电导率是土壤中多种电解质和电解质溶液以及各种离子的导电能力之和，是土壤传导电流能力的体现。图 6-32 描述了四种不同四氯化碳浓度在降解过程中土壤电导率的变化。

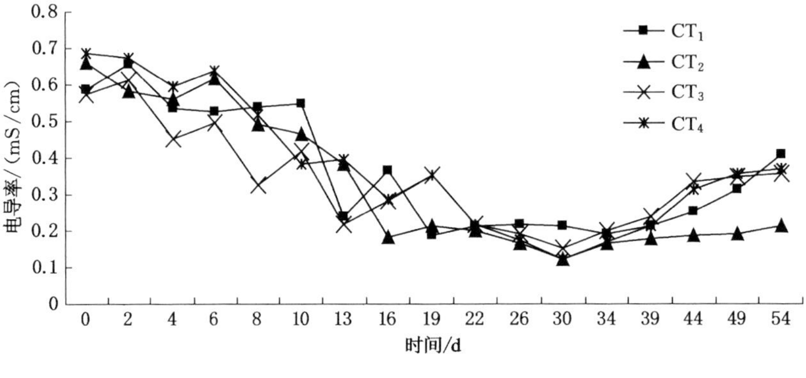

图 6-32　四氯化碳降解过程中土壤电导率的变化

降解初期电导率维持高位盘整，随后开始下降，维持在一定水平，而在降解的最后阶段又开始上升。白腐真菌孢子悬浮液与填充柱土样混匀，加入营养液装入填充柱内，降解初期，由于微生物本身带有一定的电荷，营养液中也存在大量导电离子，会使土样的电导率维持在高位波动，同时较高电导率也是降解前大量微生物的负电性所致。电导率的变化也反映着微生物数量的变化，在降解的中期由于营养物的减少，有机物被大量消耗，导致微生物数量下降，电导率随之下降，随后微生物慢慢适应了这种条件，在这一阶段微生物数量维持在一定范围内，同时由于微生物的自溶作用，增加了溶液中导电物质数量，电导率又有了一定的提高。同样，由土样翻耕与土样不翻耕的对比实验可知，前者的电导率明显高于后者，这也说明翻耕有利于微生物的生长及有机物的代谢，这样促使电导率的增加。

（五）降解过程中四氯化碳含量的变化

由图 6-33 可知，在降解初期，四氯化碳的含量并没有多大变化，这说明降解过程的复杂性，反映了降解过程与土样中四氯化碳的关系。降解初期，四氯化碳降解菌对新环境尚未适应，因此，四氯化碳的质量浓度在这个阶段没有大幅度下降，此为微生物生长和代谢的适应阶段，该阶段时间的长短与环境因素是否适于微生物的生长和繁殖有关。随着降解时间的推移，白腐真菌适应了新的环境，土样层中含有的四氯化碳逐渐被降解菌所利用和降解，四氯化碳含量缓慢下降。在 4～20 d 范围内，四氯化碳含量下降迅速，反映了降解菌的活性此时达到了最大，代谢反应最为强烈，同时，有机营养物质在生物菌的作用下也快速分解。20 d 之后，降解速度放缓，反映了降解过程已基本完成，整体状态趋于稳定，同时反映有机营养物已消耗殆尽，菌体活性大幅度下降，死亡数量增加，另外也表现出残留的四氯化碳因浓度太低或较为分散而难以被继续降解。由图 6-33 可知，在四氯化碳的各浓度梯度下，降解的速率不尽相同，其中 CT_4 曲线变化幅度最大，说明其降解四氯化碳的过程最快。

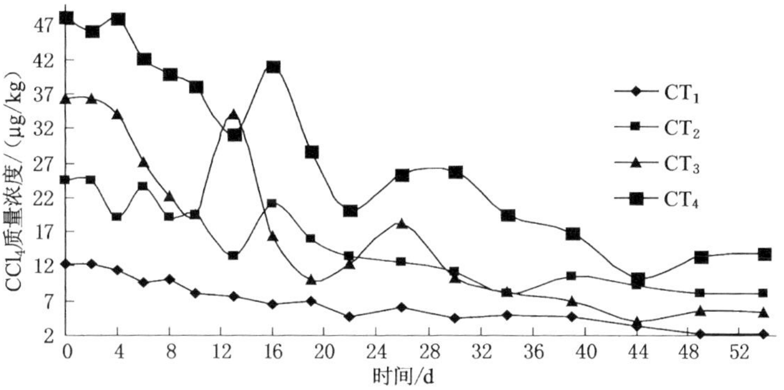

图 6-33　降解过程中四氯化碳含量的变化

（六）白腐真菌降解四氯化碳过程中微生物数量的变化

由图 6-34 可知，在加菌的土样中，实验初期阶段很快观察到土壤中微生物数量的显著提高，即初期投菌对污染系统的生物修复具有快速启动作用，可见经过微生态环境的调控和营养物质的添加，白腐真菌能很快适应系统并得到增长，迅速发挥降解四氯化碳的活性。随着时间的推移，微生物数量增长缓慢，且呈跳跃式波动，尤其在实验的中期阶段更为明显。分析其原因发现，每次在土样翻耕后微生物的数量就有一次明显的增加，这也说明白腐真菌是耗氧微生物，翻耕能有效地促进微生物种群数量的增加，进行气体交换，获取营养，进而才能有效地降解四氯化碳。实验后期，土样中微生物群落结构已达到平衡，不易改变，因生物量不能区分死亡菌体，反映在总量上变化不明显。

（七）膨松剂（分散剂）对白腐真菌降解四氯化碳的影响

将孢子悬浮液依照一定浓度[(1～3)×10^9 个/mL]与分散剂混合均匀，同时添加按照葡萄糖 3.0%、硝酸铵 0.25%、氯化钠 0.3%、磷酸二氢钾 0.4%、磷酸氢二钾 0.39%、硫酸镁

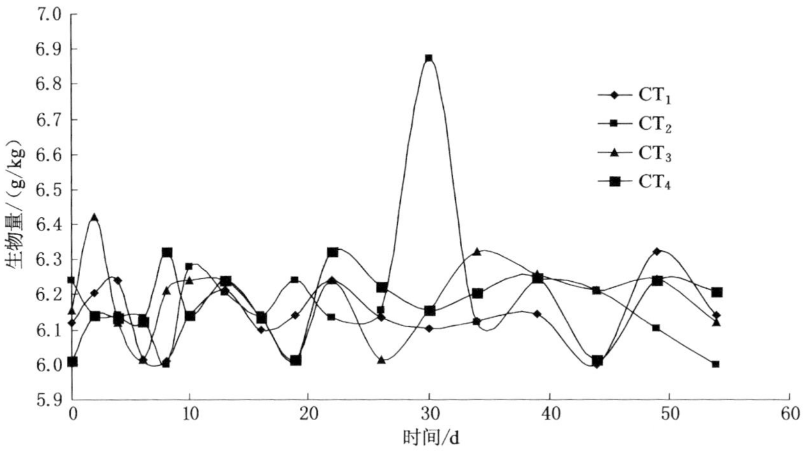

图 6-34　降解过程中微生物数量的变化

0.8%、土温-80 0.05%、硫酸铁 0.04%配制的营养液，以确保微生物的正常生长需要。分散剂共分 5 种，操作时进行翻耕处理，并按照相同的初始四氯化碳质量浓度进行实验，以了解不同分散剂对四氯化碳降解效率的影响，结果如图 6-35 所示。

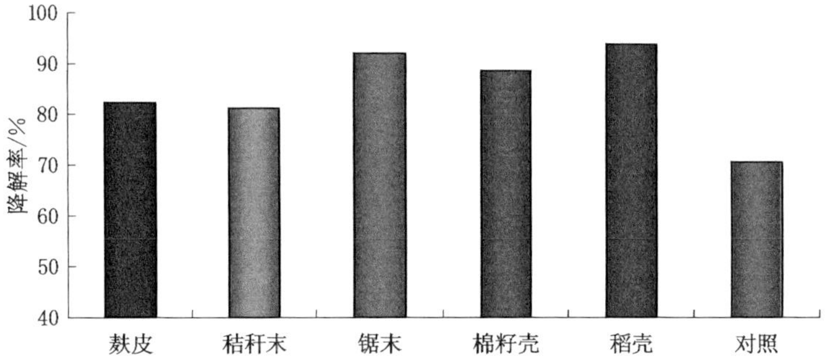

图 6-35　不同分散剂对白腐真菌降解四氯化碳的影响

由图 6-35 可知，添加分散剂可以显著地提高四氯化碳的生物降解速率，其中稻壳作为分散剂降解效率最高，其最终降解率达到 93.9%。在填充柱的静态模拟实验中，分散剂不仅起到膨松土壤，维持土壤颗粒间具有一定的孔隙率，提供氧气、二氧化碳迁移和交换的有利条件，而且可以保持温度，调节水分含量，从而有利于生物对四氯化碳的降解。几种分散剂比较，以稻壳最好，锯末、棉籽壳次之，麸皮、秸秆末再次之。在实验中麸皮和秸秆末粉碎度较小，减少了氧气供给，由于氧分压较低，不利于微生物的正常生长和对四氯化碳的正常降解，使得最终降解率较低，表现为四氯化碳的生物降解速率处于较低水平。

（八）不同含水率对白腐真菌降解四氯化碳的影响

为使四氯化碳能够溶解于水，加入对微生物生长有一定帮助作用的吐温-80 作为乳化剂，同时有助于水在土样表面形成水膜，切断或减少四氯化碳与土壤颗粒间的吸附联系，增加微生物与四氯化碳的接触，使微生物数量最多、最活跃，促进四氯化碳的降解。不同含水率下四氯化碳降解情况如图 6-36 所示。结果表明，当水分含量在 25%时，白腐真菌生长最好，四氯化碳的降解效率最高，可达到 95%，这说明白腐真菌的代谢需要一定的空隙度和较高的空气相对湿度，在有利于气体交换的同时，保持菌体表面的湿润，但又不能浸泡在水溶液中，使其无法进行气体交换，窒息死亡。

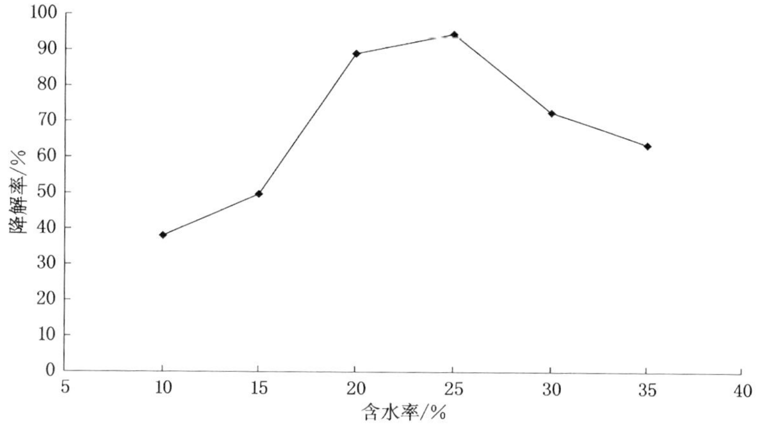

图 6-36　不同含水率对白腐真菌降解四氯化碳的影响

（九）不同接种量对白腐真菌降解四氯化碳的影响

将孢子悬浮液依照(1～3)×10^9 个/mL 的细胞浓度，按照不同的接种量与填充物混合均匀，装入实验装置中。实验依照接种量共分 5 个实验组，填充柱层由四氯化碳污染土壤与分散物(细砂)混匀混合而成，同时加营养物(葡萄糖 3.0%，硝酸铵 0.25%，氯化钠 0.3%，磷酸二氢钾 0.4%，磷酸氢二钾 0.39%，硫酸镁 0.8%，土温-80 0.05%，硫酸铁 0.04%)，以确保微生物的正常生长需要。不同接种量下四氯化碳的降解情况如图 6-37 所示。结果表明，接种量在 400～600 mL 之间时，四氯化碳的降解率随接种量的增加而加大；当接种量达到 800 mL 时，降解率达到最大值即 89.1%；当接种量在 800～1 800 mL 的范围内，随接种量的增加降解率不断降低，这可能是随着接种量的增加，填充柱土样中含水量加大，使大量微生物浸泡在水中，无法进行有效的气体交换，影响微生物对四氯化碳的吸收和降解。同时，由于接种量过高，微生物大量生长，菌体密度大大增加，导致生物量过大，造成碳源的短缺，从而不利于后来单个菌的生长。因此，接种量应控制在一定范围内，本实验菌以 800 mL 接种量为最好。

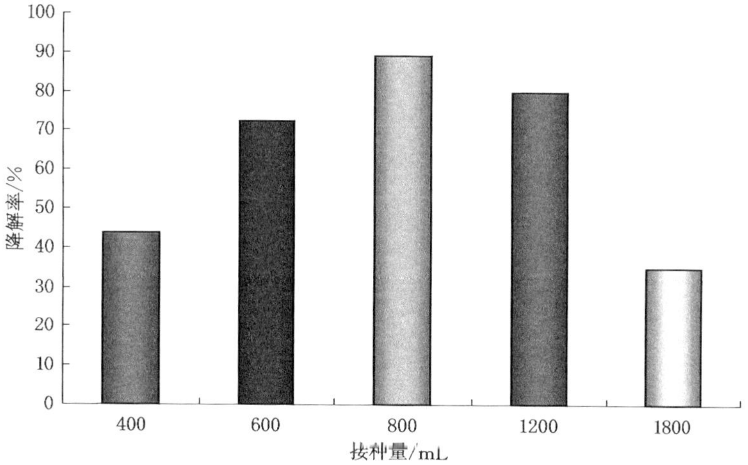

图 6-37　不同接种量对四氯化碳降解的影响

第六节　动态条件下污染土壤环境中白腐真菌对四氯化碳的降解特征模拟研究

本实验利用白腐真菌在土柱中对污染土样进行动态模拟研究，模拟污染物在土壤中淋溶和渗滤对微生物生长的影响，并通过预设的饱和微生物与土样混合形成砂壤土层，分别研究在动态环境条件中，不同四氯化碳淋溶强度下的微生物降解性能、土壤分散剂类型对降解四氯化碳性能的强化、温度对降解率的改变、翻耕对降解的促进作用。

一、材料与方法

（一）材料和仪器

所用实验材料和仪器以及四氯化碳的检测方法，同本章第五节。

实验装置采用第五节静态模拟实验中所使用的设备，并在此基础上加以改进，所用的模拟装置见图 6-38，其主体部分为有机玻璃柱，大小规格与第五节相同，与之不同之处在于增加一个四氯化碳流加系统，通过蠕动泵按照设定的流速，将四氯化碳滴入装置中。

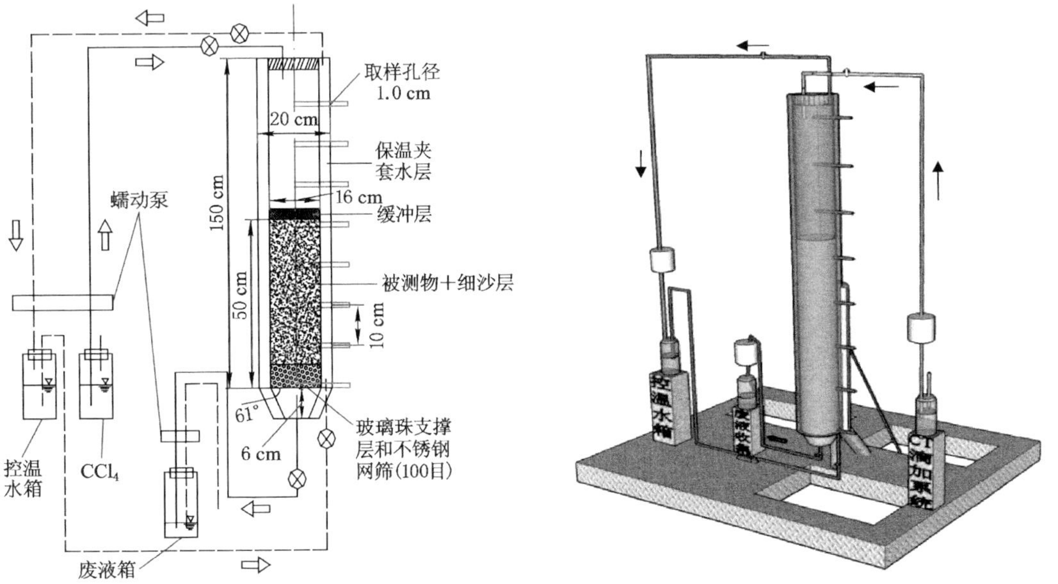

图 6-38　实验装置示意图

（二）实验运行

（1）土柱填充

柱高 120 cm，实际填充土壤高度为 50 cm；柱内径 20 cm；柱填充示意图见图 6-38。在装置的夹套层，用控温水箱与水泵连接，以循环供水的方式，保证系统温度恒定在 10 ℃，以近似模拟地下水的自然环境。顶部安装顶盖，在 50 cm 填充层中，自上而下有 5 个插入柱内的取水管（D_1、D_2、D_3、D_4、D_5），整个装置固定在钢质平台上。

（2）实验实施

① 为研究不同淋溶强度下白腐真菌降解四氯化碳的性能，采用淋溶柱流加污染物的动态实验。首先将孢子悬浮液依照设定项目配置一定细胞浓度（$1\times10^{9}\sim3\times10^{9}$ 个/mL），并与填充物（细砂）混合，按照图 6-38 所示装入实验装置中。

② 实验中选用土样来自某农药厂附近土壤，经处理后，以每个土样大约重 500 g 与菌体孢子悬浮液和细砂混匀。填充层高约 50 cm，补加营养液（葡萄糖 2.0%，硝酸铵 0.25%，氯化钠 0.3%，磷酸二氢钾 0.4%，磷酸氢二钾 0.39%，硫酸镁 0.8%，土温-80 0.05%，硫酸铁 0.04%），以确保微生物的正常生长需要。

③ 使用蠕动泵以 100 r/min 的转速向土柱中注入营养液，保持 10 cm 的水头压力，直至土柱最下端出口开始出水为止，提高夹套循环水温，促进白腐真菌正常生长。详细记录营养液渗透到各层所需要的时间，作为注入四氯化碳溶液过程中，从每个取样孔取样时间的参照。当土柱最下端开始出水，且出水量基本稳定时停止注入营养液，等待土柱下端不再有明显出水时，打开排放水阀，淋滤出多余营养液。

④ 换取配制的四氯化碳溶液，调节蠕动泵以 50 r/min 的转速向土柱中滴加四氯化碳溶液，由于渗透速度限制，采取间歇式注入；参照步骤③中所记录的溶液到达各层的时间，从各取样孔抽取溶液进行监测，每个取样孔每次需取样 10 mL，装入顶空瓶，密封检测。如此取样，直至最下端 D_5 孔所取出的溶液中四氯化碳浓度基本不发生变化为止，停止四氯化碳溶液的注入。使用角匙从各取样孔取土壤样测定此时各层土壤中四氯化碳含量，各孔取土样量为 10 g，检测其四氯化碳量。

⑤ 按照设定的时间间隔采样，随着土壤中四氯化碳降解率的变化进行调整，处理时间为 20 d，取样测定填充物中四氯化碳含量、翻耕处理方式以及 pH 值等的变化规律。实验时夹套循环水温度保持在 9～10 ℃。

二、结果与讨论

（一）四氯化碳在土柱中的降解进程

为了了解在土柱每一个层面四氯化碳降解的动态信息，实验中在土柱的侧面每隔 10 cm设置一个取样孔。配制四氯化碳溶液浓度为 42.2 μg/L，以 50 r/min 蠕动泵转速，滴加四氯化碳至土柱中。孢子悬浮液与填充物用培养基混合均匀，进行培养 2～3 d 后做上述实验。图 6-39 是不同取样口四氯化碳降解情况。结果表明，D_5 取样孔降解效果较好，最终降解率达到 60.1%，其次是 D_4 和 D_3 取样孔最终降解率分别达到 50.4%和 44.3%。相应的土壤残留浓度分别为 16.9 μg/L、21.0 μg/L、23.6 μg/L。D_5 取样孔最终降解率好于各孔，分析原因可能是由于 D_5 处于底部，与外部有一定的空气交换，因此提高了它的降解率，这也表明土壤中的氧浓度和四氯化碳的浓度都会对菌体的生长产生影响，在氧充足的条件下，基质浓度越高，白腐真菌生长越好；但在缺氧条件下，高浓度四氯化碳反而会抑制菌体的生长。

（二）温度对白腐真菌降解四氯化碳的影响

本实验力求模拟岩溶含水层的自然环境，考虑到地下水现场温度的变化，实验期间利用水温控制器，通过外层保温层夹套，设定温度为 10 ℃、14 ℃、18 ℃，以验证温度对菌体降解的影响。实验中选择 D_3 测试孔作为数据分析点，用砂壤土为填充物，使用蠕动泵以 42.3 μg/L 四氯化碳质量浓度滴入实验装置中，结果见图 6-40。结果表明，温度影响微生物酶的

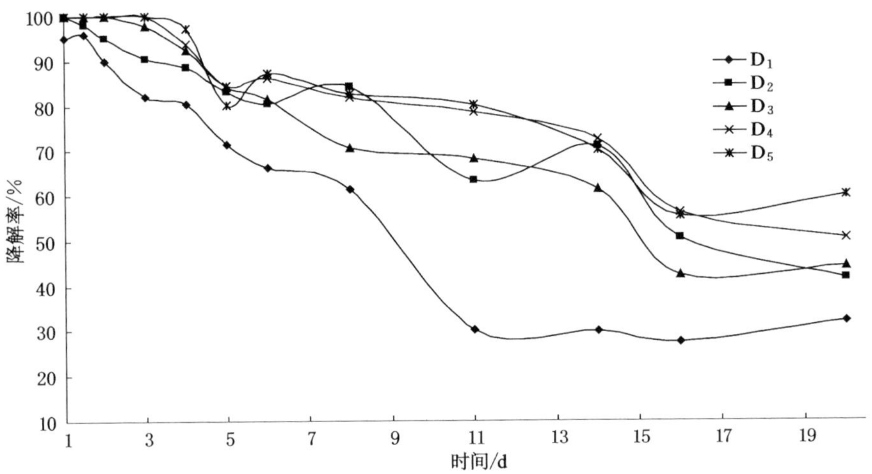

图 6-39　各取样口四氯化碳降解率随时间的变化

活性，进而影响微生物对四氯化碳的降解。在实验初期阶段，仅有少量的四氯化碳渗滤到 D_3 测试孔所在区域，经过该段沙壤土层中菌体的作用，表现出该时段四氯化碳降解率较高，随着时间的推移，降解率趋于稳定。从图 6-40 看出，温度是影响白腐真菌降解率的重要因素之一，提高温度能有效地增加菌体的降解能力，通过计算，温度每增加 4 ℃，其降解率则提高 14％～23％。

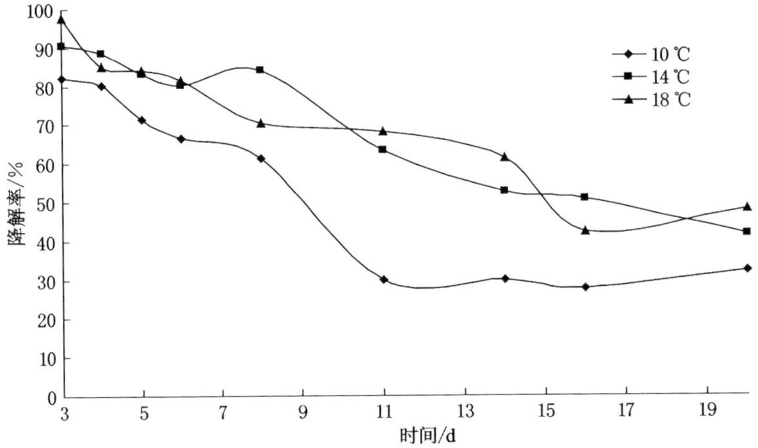

图 6-40　温度对白腐真菌降解四氯化碳的影响

（三）淋溶强度对降解能力的影响

生物修复过程中，土壤中污染物的浓度对微生物降解能力有一定制约。当污染物浓度过高时，生物降解的速率会受到影响，甚至对微生物产生毒性作用，阻止和减缓代谢反应的速度，以至于降解无法进行。当污染物浓度过低（尚未达到环境质量安全标准）时，生物修复也难于顺利进行。有两种说法对此做出解释：其一是微生物细胞内完成反应的调节机制不适合低浓度污染物的分解；其二是低浓度污染物不能激活、刺激用于分解底物的酶系，因而无法对其降解。

为研究淋溶强度对四氯化碳污染土壤生物修复作用的影响，以滴加不同四氯化碳浓度的方式，间接地反映淋溶强度对降解菌的影响，实验设计了三种四氯化碳浓度分别是 42.3 μg/L、57.6 μg/L、88.7 μg/L。各组实验均考虑到地下水温度，实验期间利用水温控制器，通过外层保温层夹套，设定温度为 10 ℃。选择 D_3 采样孔为测试点，以沙壤土为填充物，尽量使土壤水分保持 15%～25%。开始时每隔 2～4 d 采样，随土壤中四氯化碳降解率的降低，采样间隔逐渐增大。

图 6-41 给出了不同浓度条件下四氯化碳降解率的变化规律。从图中可以看出浓度为 88.7 μg/L 时四氯化碳降解量最大，其次是浓度为 57.6 μg/L，而在浓度为 42.3 μg/L 的条件下四氯化碳最终降解率最小。在同一处理方式下，随着浓度的增大四氯化碳降解量增大，表明菌株的忍耐能力很强，而且浓度越大，优势越明显。降解初期降解率较高，这是因为菌体数量多，而四氯化碳浓度低。经过 20 d 的处理后，上述三种浓度下的四氯化碳最终降解率分别为 35.1%、52.2%、64.2%，相应的土壤残留浓度分别为 7.2 μg/L、5.4 μg/L、24.5 μg/L。研究发现，残留的四氯化碳污染物容易滞留在土壤空隙中，被土壤所吸附，限制了白腐真菌对残留四氯化碳的利用，所以 20 d 后四氯化碳降解速率变慢，降解总量基本不变。这表明投加的高效菌株对高浓度四氯化碳浓度有强烈的分解作用，能保持较高的降解效率，它广泛用于各种四氯化碳浓度的土壤生物修复，同时也适合于实际工程应用。

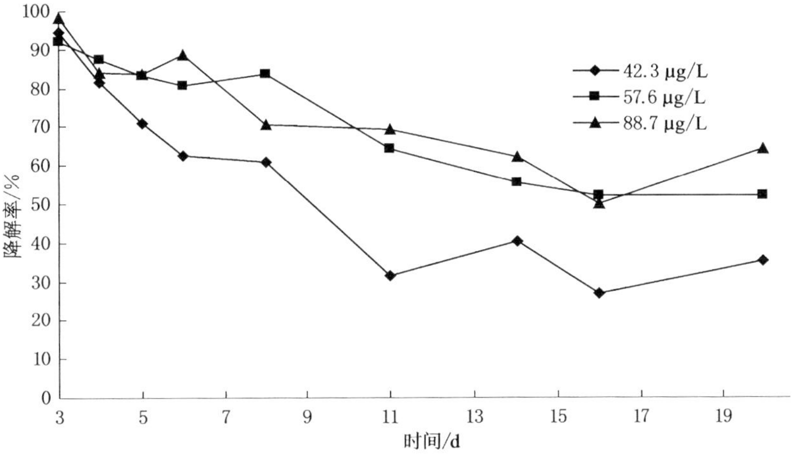

图 6-41　四氯化碳初始浓度对白腐真菌降解四氯化碳的影响

（四）分散剂（膨松剂）成分对白腐真菌降解四氯化碳的影响

膨松剂可以增加土壤的通透性，有利于空气中氧的传输和土壤中水分的保持，而氧和水分是好氧微生物生长过程中必不可少的条件。前文探讨了静态实验中，麸皮、秸秆末、锯末、棉籽壳和稻壳作为膨松剂对四氯化碳降解效率的影响。

本实验在初始条件下，对上述五种不同的膨松剂与砂壤土做对比实验，使用蠕动泵以 42.3 μg/L 四氯化碳质量浓度滴入实验装置中，研究四氯化碳降解率，实验结果如图 6-42。结果表明，五种添加物对四氯化碳的降解率均明显高于砂壤土，添加稻壳时微生物的降解效果最好，达到 81.2%，相应的土壤残留浓度为 8.0 μg/L。其次为锯末、棉籽壳，降解率分别达到 80.4%、72.1%。不加膨松剂的砂壤土降解率仅为 37.5%，相应的土壤残留浓度为

26.4 μg/L。

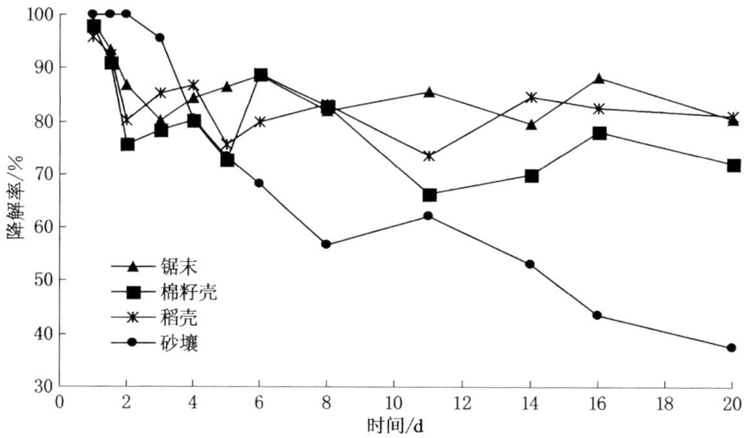

图 6-42　填充物成分对四氯化碳降解的影响

（五）滴加速度（流量）对白腐真菌降解四氯化碳的影响

四氯化碳流量大小对降解率的影响有很大关系。在实验过程中，以蠕动泵转速来反映单位时间内四氯化碳滴加的速度，设定转速分别为 40、50、80、100 r/min（对应流量分别为 35、42.4、70、90 mL/min），得到滴加速度对四氯化碳降解的影响，具体见图 6-43。

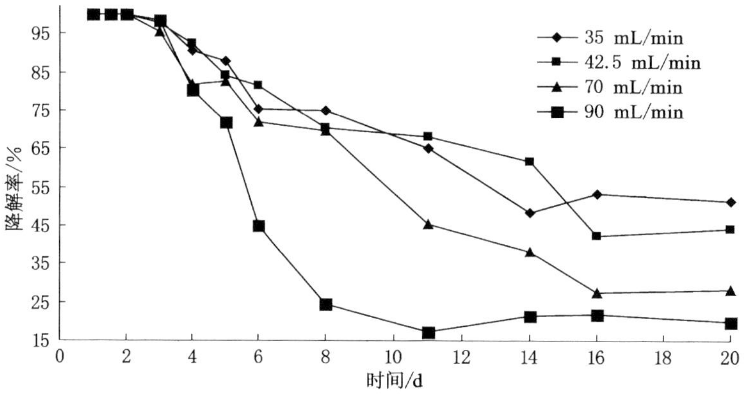

图 6-43　滴加速度对四氯化碳降解的影响

从图 6-43 可知，在四组填充柱土样中，四氯化碳最终降解率的大小关系为：35 mL/min ＞42.5 mL/min＞70 mL/min＞90 mL/min，这说明流量越低，四氯化碳降解率越好。实验发现，当流量为 90 mL/min 时，土壤上层形成 10 cm 的水压头，相当于填充层整体浸泡在水中，没有氧气供给，微生物难以进行有效气体交换，使得降解过程几乎停止。而流量越低，对土壤的通透性影响较小，降解率相应得到提高。

（六）填充层翻耕对白腐真菌降解四氯化碳的促进作用

自然界绝大多数微生物为好氧生物，翻耕就是给微生物创造一个良好的有氧环境。图 6-44 显示，翻耕对微生物的强化作用明显，翻耕土样的降解率明显高于不翻耕土样。这说明，实验室分离的白腐真菌属于好氧菌，土壤中氧对该微生物的活性影响显著。实验 20 d 后降解速率放缓，可能是四氯化碳含量降低，不足以激活降解酶，另一方面是土壤中微生物所需的氮、磷等营养成分不充足，微生物没有足够的有机营养物，不能正常生长，因而也就无法继续降解有害物质。

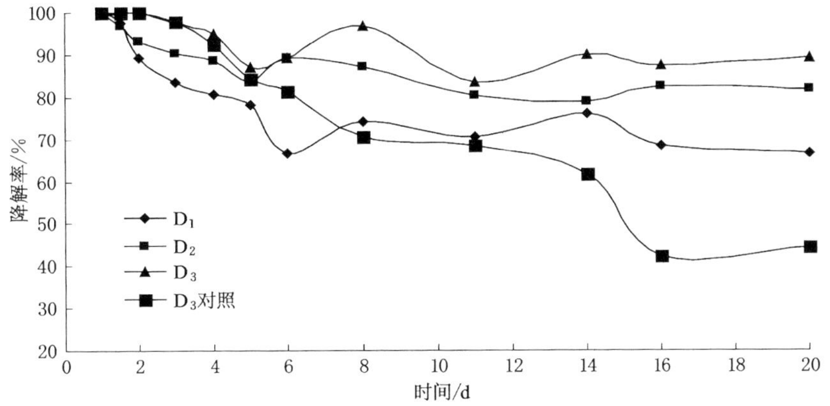

图 6-44　翻耕对四氯化碳降解的影响

（七）四氯化碳降解过程中 pH 值的变化

土壤中的 pH 值对于微生物的生长和对底物的代谢是一个重要影响因素。实验中，整个体系初始 pH 值为 7.0，利用四氯化碳质量浓度为 42.3 μg/L 进行滴加，调节蠕动泵的流量，使其达到 42.5 mL/min，选择砂壤土 D_3 测试孔，分析动态降解过程中 pH 值的变化规律，结果见图 6-45 所示。

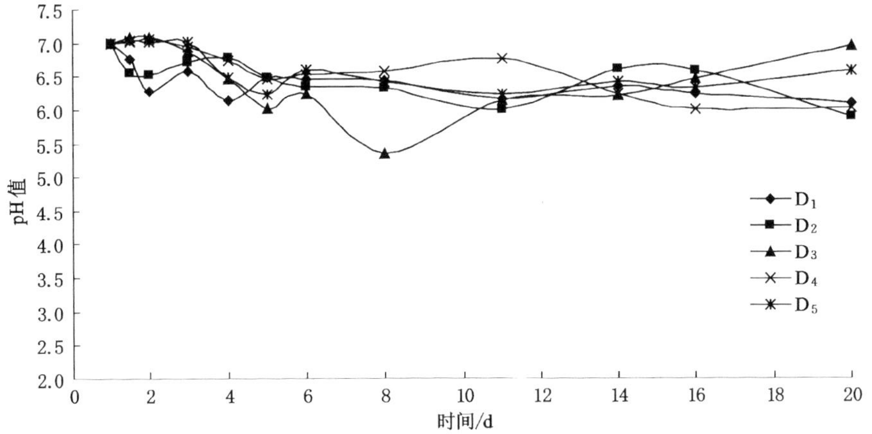

图 6-45　降解过程中 pH 值的变化

本实验对土壤 pH 值进行定期检测，结果如图 6-45 所示。在整个降解体系中，pH 值基本保持在 5.5～7 之间，维持平稳状态，变化不大。这对于促进微生物的生长，提高降解率都有很大的影响。适宜的 pH 值范围，对微生物酶的活性有一定影响，主要表现在两个方面. ① 改变底物分子的带电状态，从而影响酶和四氯化碳污染物的结合；② 过高和过低的 pH

值都会影响酶的稳定性，甚至使酶遭到不可逆的破坏。

（八）葡萄糖浓度对白腐真菌降解四氯化碳的影响

微生物的生长过程离不开营养物质，在填充层中添加葡萄糖可以间接地反映土壤中有机质对降解的影响。实验中将葡萄糖质量浓度设定为 15、25、30、35 g/L 四个实验组，设定四氯化碳浓度为 42.3 μg/L。用砂壤土和菌体孢子悬浮液混合制成填充层，利用水温控制器，通过外层保温层夹套，使温度为 10 ℃，同时选择 D_3 采样孔为测试点，测试葡萄糖浓度对白腐真菌降解四氯化碳的影响，结果见图 6-46。不同葡萄糖浓度对四氯化碳降解的促进作用各不相同，从动态降解的分析观点来看，其中葡萄糖浓度为 25 g/L 的降解曲线性能最好，它的最终降解率达到 44.3%；当葡萄糖浓度为 35 g/L 时，其最终降解率最低，这反映了葡萄糖浓度虽然对四氯化碳的降解有促进作用，但浓度过高对微生物的降解不利，说明高浓度葡萄糖溶液改变了环境中的渗透压，使菌体处于高渗压溶液中，细胞失水从而抑制了菌体生长，影响到它的降解率。同时，由于葡萄糖浓度增加，使土壤的黏度增大，对四氯化碳的吸附滞留能力增加，四氯化碳的淋溶迁移性降低，与微生物的接触机会减小，因而影响到它的降解率。

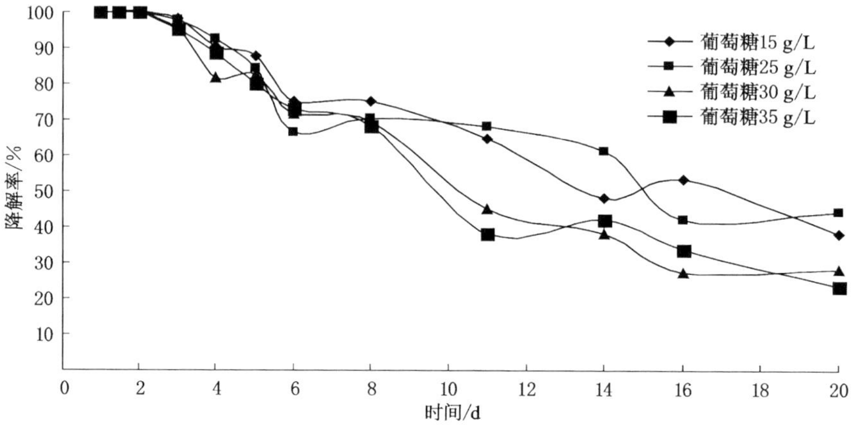

图 6-46 葡萄糖浓度对四氯化碳降解的影响

第七节 本章小结

（1）从污染源区筛选出了能高效降解四氯化碳的白腐真菌，通过白腐真菌发酵进程实验，建立了菌体生长、产物生成、底物消耗动力学模型，为白腐真菌菌剂的大量培育提供了技术指导。

（2）通过批实验、静态和动态原样土柱实验，分析了环境条件对白腐真菌降解四氯化碳的影响，建立了四氯化碳白腐真菌降解反应动力学模型，为后续的原位强化生物修复工程提供了理论依据。

第七章　零价铁还原降解四氯化碳的实验研究

历时十余年的监测表明，岩溶含水层中四氯化碳衰减较缓慢，目前污染区内许多水井中四氯化碳浓度仍远高于国家标准。为恢复七里沟水源地供水功能，必须采取工程措施。零价铁渗透性反应墙(ZVI-PRB)技术被证实可以有效去除地下水中的氯代有机物。但在实际场地应用中，仍有许多不确定因素影响着 ZVI-PRB 的长期性能，如污染物类型、场地水文地球化学特性等。本章以七里沟水源地四氯化碳污染场地现场条件为基础，研究零价铁还原降解水中四氯化碳的反应机理、影响因素，为编制完整的七里沟水源地四氯化碳污染场地修复方案提供技术支撑。

第一节　零价铁去除氯代烃类的作用机理

零价铁对污染物的去除主要通过氧化还原、沉淀和吸附等作用，具体的反应依赖于污染物和地下水的化学组成，如图 7-1 所示。

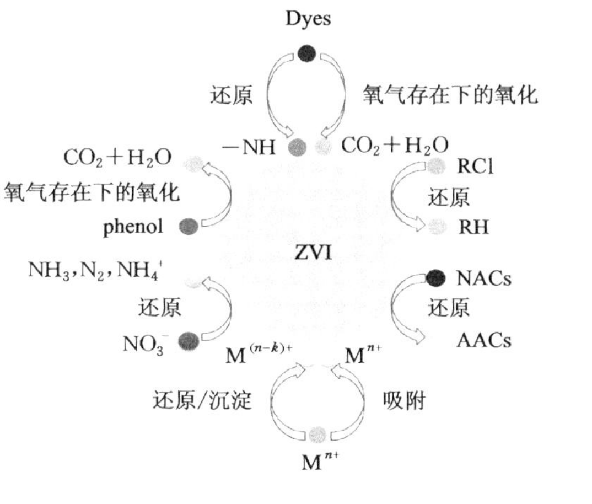

图 7-1　ZVI 去除污染物的反应机理示意图[97]

图 7-2 表明铁是中等强度的还原剂，其标准还原电位为−0.44 V[式(7-1)]，在 pH=7 时，不同氯代有机物相应的半反应标准还原电位为 0.5～1.5 V[式(7-2)][98]。因此零价铁可以在热力学上自发地还原氯化程度较高的氯代有机物，且氯代程度越高，反应越易发生，如 PCE、TCE、CCl_4 等。以 CCl_4 为例，其还原电位为 0.673 V[99]，它与零价铁的氧化还原反应的净电位为 1.113 V，因此一般情况下该反应可自发进行。

$$Fe^0 \rightarrow Fe^{2+} + 2e^-, E^0 = -0.44\ V \quad (7\text{-}1)$$

$$RCl + 2e^- + H^+ \rightarrow RH + Cl^-, pH=7 时, E^0 = 0.5 \sim 1.5\ V \quad (7\text{-}2)$$

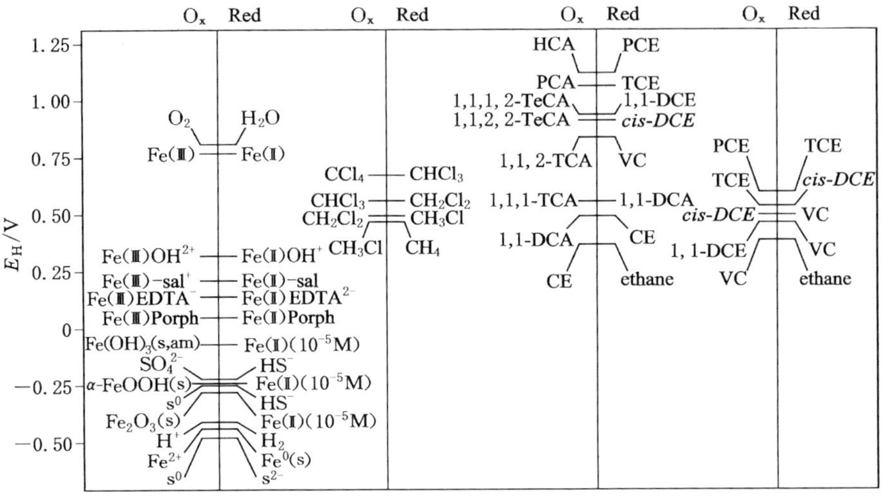

图 7-2 部分与环境有关的还原剂和氯代有机物的还原电位(E_H 值)[11]

目前国内外学术界对 ZVI 去除氯代有机物的机制已开展了研究。通常认为该反应是异质性的,包括零价铁表面对污染物的吸附和碳-卤键的破裂。研究初期,有些学者认为零价铁对氯代烃类的还原途径是逐级氢解过程[100]。逐级氢解反应的主要缺点是可能会生成氯乙烯(VC),这种中间产物较 PCE、TCE 更具毒性。而随后的研究发现,多卤代乙烯烃[101]和乙烷烃[102]的邻位取代基主要是通过 β 消除反应完成的。对于氯代乙烯烃,还原 β 消除反应形成乙炔,而乙炔可以与 ZVI 迅速反应而生成完全脱氯产物,如乙烯和乙烷。而对于只有在一个碳中心上多氯取代基的物种,发现有 α 消除反应,如 ZVI 对 1,1-DCE 的降解产物主要是乙烯[101]。

零价铁还原氯代烃类有机物有三种基本模式[98]:① ZVI 表面的直接反应,氯代烃类被吸附至 ZVI 表面后接受 ZVI 腐蚀释放的电子而发生还原脱氯反应;② ZVI 腐蚀产物 Fe^{2+} 的还原脱氯作用;③ ZVI 腐蚀过程中产生的 H_2 的还原脱氯反应,若体系中存在合适的催化剂时,会发生催化氢解,以达到还原脱氯的效果。

研究表明,ZVI-H_2O 体系中污染物的还原转化是一个表面介导反应过程(surface-mediated process)[103]。通常,表面反应可以分为五个步骤[98]:① 反应物从本体溶液传递至 ZVI 颗粒表面;② 反应物吸附在 ZVI 表面;③ 在 ZVI 表面发生化学反应;④ 生成物从 ZVI 颗粒表面脱附下来;⑤ 生成物扩散至水溶液中。上述五个步骤中的任何一步都可能限制 ZVI 还原脱氯的速率。有机氯化物在零价铁上的吸附是零价铁降解有机氯化物的必要步骤[104]。然而,M. M. Scherer 等(1997)证实传质过程对氯代脂肪烃的还原影响非常小[105],而电子传递在还原反应中最重要[106]。

ZVI-PRB 技术是最早进入实用的被动式原位处理技术,其主要通过下列三种途径修复地下水污染[107]:① 传统的 PRB,反应区由毫米级的粒状铁组成,主要处理溶解性的污染羽;② 原位纳米铁 PRB 技术,反应区主要采用纳米铁颗粒作为反应介质,该纳米铁颗粒在孔隙介质中流动性很弱,通过顺序注射纳米铁颗粒以形成被天然含水层介质吸附的重叠区来处理污染羽;③ 流动性 PRB 技术,反应区一般由流动的纳米铁颗粒组成,主要用于处理

DNAPL 污染。

尽管 ZVI-PRB 技术已成为标准的地下水污染被动修复技术，但其反应机制比较复杂，不同污染物的去除依赖于污染物的类型、ZVI-污染物的界面反应、ZVI 粒径、初始 pH 值、批实验和柱实验条件、地下水的温度、硬度、DO、天然有机化学物的存在等因素，因此 PRB 长期性能的预测仍存在着很大的不确定性[108]。

第二节　零价铁降解四氯化碳的影响因素研究

一、实验材料与方法

（一）实验材料

主要实验材料见表 7-1。海绵铁粉（Spongy iron powder），形状不规则，粒径小于 100 目，比表面积为 0.078 m^2/g（N_2-BET 法，ASAP2460 全自动比表面积和孔径分析仪），其元素化学成分见表 7-2。

表 7-1　　实验所用主要试剂

试　剂	等级规格	生产厂家
四氯化碳	AR 级	上海凌峰化学试剂有限公司
甲醇	AR 级	上海苏懿化学试剂有限公司
甲醇中四氯化碳溶液	1 mg/mL	环境保护部标准样品研究所
甲醇中三氯甲烷溶液	1 mg/mL	环境保护部标准样品研究所
甲醇中二氯甲烷溶液	1 mg/mL	环境保护部标准样品研究所
氯化钠	AR 级	上海苏懿化学试剂有限公司
硫酸钠	AR 级	上海苏懿化学试剂有限公司
碳酸氢钠	AR 级	上海苏懿化学试剂有限公司
硫酸亚铁	AR 级	上海苏懿化学试剂有限公司
腐殖酸钠	CR 级	天津市光复精细化工研究所
氢氧化钠	AR 级	上海苏懿化学试剂有限公司
盐酸	AR 级	溧阳市东方化学试剂有限公司

表 7-2　　ZVI 的化学成分分析结果（%）

Ca	Cr	Fe	Mg	Mn	O	P	S	Si
0.13	0.048	96.52	0.043	0.29	2.4	0.038	0.031	0.50

注：XRF 分析（德国布鲁克 S8 TIGER 型 X 射线荧光光谱仪）。

（二）实验仪器

美国 Agilent 6890N 自动顶空进样气相色谱仪；常州国华 ZD-85 恒温振荡器；上海精宏 DZF-6050 真空干燥箱；上海高鸽微量取样器（10 μL、50 μL、100 μL）。

（三）实验方法

（1）酸洗预处理

0.5 kg 铁粉置于 2 L 烧杯，加入 1.5 L 0.1 mol/L H_2SO_4，以 300 rpm 搅拌 0.5 h，采用 1.5 L 超纯水淋洗 0.5 h，重复 5 次。

(2) ZVI 降解四氯化碳批实验

将 100 mL 去离子水(未进行曝氮气处理)倒入 100 mL 血清瓶中并添加 2 g ZVI(未预处理和酸洗预处理)，然后注入 100 μL 浓度为 2×10^4 mg/L(甲醇促溶)的 CCl_4，即供试溶液 CCl_4 浓度为 20 mg/L。然后将反应瓶置于恒温振荡器上，在 25±0.2 ℃、200±5 rpm 下反应。定时用微量取样器取样分析 CCl_4 及其降解产物的浓度。

(3) pH 值的影响

将 100 mL 去离子水(未进行曝氮气处理)倒入 100 mL 血清瓶中，采用 0.1 mol/L 的 HCL 或 0.1 mol/L NaOH 调节 pH 值为 5、6、7、8，随后添加 2 g ZVI，然后注入 100 μL 浓度为 2×10^4 mg/L(甲醇促溶)的 CCl_4，即供试溶液 CCl_4 浓度为 20 mg/L，然后置于 25±0.2 ℃、200±5 rpm 恒温振荡器中反应。定时用微量取样器取样分析 CCl_4 及其降解产物的浓度。

(4) 投加量影响

实验过程同(2)，仅改变 ZVI 的投加量。

(5) 地下水化学成分对 ZVI 降解四氯化碳影响的批实验

本部分主要考察 Fe^{2+}、Cl^-、SO_4^{2-}、HCO_3^- 和腐植酸对零价铁降解 CCl_4 的影响。所用 ZVI 颗粒均未酸洗预处理。实验条件设定如表 7-3 所示。2007 年七里沟岩溶水源地水质分析结果表明，岩溶水 Cl^- 浓度为 46.6～130.0 mg/L，平均值为 82.3 mg/L；SO_4^{2-} 浓度为 47.0～116 mg/L，平均值为 79.3 mg/L。同时我国《生活饮用水卫生标准》(GB 5749—2006)规定的 Cl^- 和 SO_4^{2-} 的限值均为 250 mg/L。据此，本实验将 Cl^- 浓度设定为 109、255 和 510 mg/L，SO_4^{2-} 浓度为 144 mg/L、288 mg/L、576 mg/L。徐州市张集水源地的水质分析结果显示，岩溶水中 HCO_3^- 浓度为 362.7～409.5 mg/L，平均值为 386.1 mg/L。张集水源地和七里沟水源地水文地质条件相似，因此本实验设定 HCO_3^- 浓度为 183 mg/L、366 mg/L 和 610 mg/L。岩溶地下水中溶解性有机物(DOM)含量通常低于 1 mg/L[109]，为了探讨腐植酸对 ZVI 降解 CCl_4 的影响，本实验将腐植酸浓度设置为 5 mg/L、10 mg/L 和 25 mg/L。

表 7-3　地下水化学成分对 ZVI 降解 CCl_4 影响的实验条件设置

实验项目	ZVI 添加量/(g/L)	CCl_4 初始浓度/(mg/L)	离子浓度/(mg/L)
Fe^{2+} 效应	20	20	56、112、224
Cl^- 效应	20	20	109、255、510
SO_4^{2-} 效应	20	20	144、288、576
HCO_3^- 效应	20	20	183、366、610
腐植酸效应	20	20	5、10、25

(四) 分析方法

(1) 四氯化碳及降解产物测试

采用 Agilent 6890N(带 G1888 自动顶空进样器)气相色谱仪分析 CCl_4、$CHCl_3$、CH_2Cl_2

的质量浓度。仪器运行条件：HP-5 石英毛细管柱（30 m×0.32 mm×0.25 μm）、电子捕获检测器（ECD）；顶空部分：顶空瓶温度 40 ℃、瓶平衡时间 40 min、Loop 85 ℃、传输线 105 ℃；仪器运行条件：Agilent7890A 型气相色谱仪，ECD 检测器，进样口温度 150 ℃，检测器温度 250 ℃，载气（99.999%N_2）流量 2.0 mL/min（分流比 10：1），程序升温如下：30 ℃（保持 1 min，10 ℃/min）→80 ℃（保持 1 min）。

（2）XRD 表征

德国 Bruker 公司产 D8 ADVANCE 型 X 射线衍射仪（XRD）。测试条件为——X 射线管：电压 40 kV，电流 30 mA；阳极靶材料：Cu 靶，Ka 辐射；测角仪半径：250 mm；狭缝系统：DS（发散狭缝）0.6 mm；SS（防散射狭缝）：8 mm；Ni 滤片滤除 Cu-Kβ 射线；检测器开口：2.82 度；入射侧与衍射侧索拉狭缝均为 2.5 度；采样间隔：0.019450（step）；测量范围（2θ）：3～90 度。

（3）微观形态与结构观测

美国 FEI 公司产 Quanta 250 型环境扫描电子显微镜，带德国 Bruker 公司产 QUANTAX400-10 电制冷能谱仪。高真空模式，放大倍数为 6 倍～100 万倍，加速电压为 0.2～30 kV。样品经真空干燥和高真空镀膜仪喷金处理。

（五）数据处理

ZVI 对 CCl_4 的还原脱氯动力学可以用准一级反应动力学模型描述[110]：

$$\frac{\mathrm{d}C_{\mathrm{CT}}}{\mathrm{d}t}=-k_{\mathrm{obs}}C_{\mathrm{CT}} \tag{7-3}$$

其中，C_{CT} 为某一时刻 CCl_4 的浓度；k_{obs} 为表观准一级反应速率常数。

研究表明，还原脱氯速率常数对氯代烃初始浓度的变化不敏感（如 TCE 浓度 1.21～61 mg/L）[111]，因此，准一级反应动力学模型适用于一般浓度范围内氯代烃类的还原脱氯。

ZVI 对 CCl_4 的还原脱氯属于表面反应，CCl_4 的脱氯速率依赖于 ZVI 的有效表面积，因此 CCl_4 的还原脱氯动力学也可以用表面积标准化速率常数公式（7-4）表示[112]：

$$\frac{\mathrm{d}C_{\mathrm{CT}}}{\mathrm{d}t}=-k_{\mathrm{SA}}a_{\mathrm{s}}\rho_{\mathrm{m}}C_{\mathrm{CT}}=-k_{\mathrm{SA}}\rho_{\mathrm{a}}C_{\mathrm{CT}} \tag{7-4}$$

其中，k_{SA} 为表面积标准化速率常数，[L/(h・m^2)]；a_{s} 为 ZVI 的比表面积，m^2/g；ρ_{m} 为 ZVI 的质量浓度，g/L；ρ_{a} 为 ZVI 的表面积浓度，m^2/L。

利用 $k_{\mathrm{SA}}=k_{\mathrm{obs}}/\rho_{\mathrm{a}}$ 计算 k_{SA}，k_{SA} 与 ZVI 质量、ZVI 比表面积以及反应溶液体积无关。由于变化范围小，k_{SA} 较 k_{obs} 适合表征 ZVI 的反应活性，更适用于不同材料反应活性的比较。公式（7-4）还表明，材料的比表面积越大，准一级反应速率常数也越大，这也意味着可以减小材料的尺寸来提高材料的性能。但是，通常细颗粒材料的渗透性较低，因此在具体应用时需权衡反应活性和渗透性。

二、酸洗预处理对 ZVI 还原脱氯的影响

（一）酸洗预处理对四氯化碳去除效果的影响

从理论上讲，酸洗可以去除 ZVI 颗粒表面的氧化物，增大其表面积，从而促进其对氯代烃的还原脱氯作用[113]。但一些实验研究表明，酸洗预处理后 ZVI 对 Cr（VI）的去除效果低于未酸洗预处理的，其原因是酸洗可能会导致在 ZVI 表面出现更严重的矿物沉淀，从而降

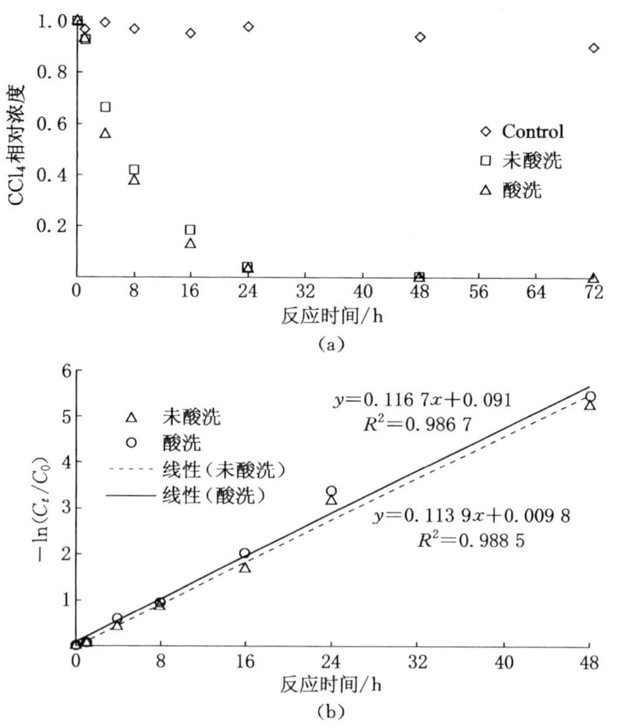

图 7-3　酸洗预处理对 ZVI 降解四氯化碳的影响

(a) 四氯化碳浓度随时间的变化曲线；(b) 四氯化碳的降解反应动力学

低 ZVI 的反应活性和长效性[114]。本实验对比了酸洗前后 ZVI 对 CCl_4 的还原脱氯效果（图 7-3），结果表明：反应 48 h、72 h 后空白对照组中 CCl_4 相对浓度（与初始浓度的比值，下同）分别为 93.7%、90.1%，这种减小可能是因挥发或吸附所致。因此，在后续实验中可以忽略因挥发或反应瓶吸附等因素造成的 CCl_4 损失。酸洗预处理的 ZVI 对 CCl_4 的降解效率与未酸洗预处理的 ZVI 基本一致，反应 16 h 后 CCl_4 的去除率分别为 87.4% 和 82.7%，24 h 后 CCl_4 的去除率分别为 96.6% 和 95.9%，表明酸洗预处理并未明显改变 ZVI 对 CCl_4 的还原脱氯能力，实验条件下两者的表观准一级反应速率常数分别为 0.116 7 h^{-1} 和 0.113 9 h^{-1}。酸洗的目的是去除 ZVI 表面的氧化膜，而扫描电镜（SEM/EDS）结果显示酸洗前 ZVI 粗糙，具有较多的孔洞，而酸洗后 ZVI 表面较平滑，但总体上来说酸洗前后表面结构并无明显变化，且 EDS 能谱结果显示均不含 O 元素（或含量低于检测限）（图 7-4），由此推测酸洗前后 ZVI 表面氧化物覆盖度较低，因此酸洗预处理对 CCl_4 的还原脱氯效率和速率基本无影响。后续研究所用 ZVI 均未经酸洗处理。实验中 CF 浓度变化如图 7-5 所示。

（二）ZVI 还原降解四氯化碳的反应动力学

CCl_4 的降解可以用连续准一级反应动力学过程来表示，如图 7-6 所示。任意时刻 CCl_4 和 $CHCl_3$ 的浓度可以用式（7-5）和式（7-9）表示[115,116]。

CCl_4 的降解：

$$[CCl_4]_t=[CCl_4]_0 e^{-k_1 t} \tag{7-5}$$

$CHCl_3$ 的生成：

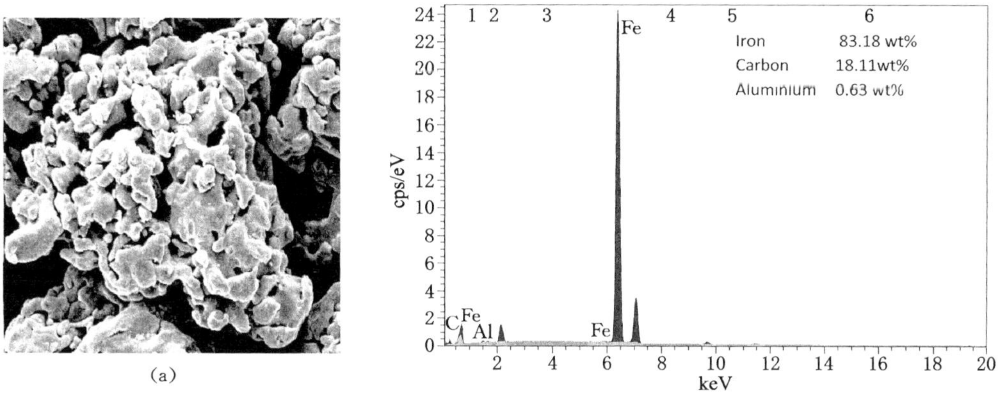

(a)

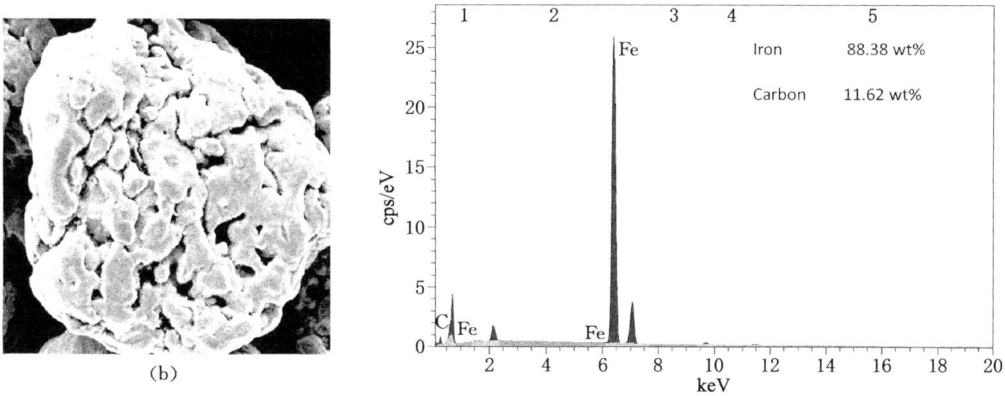

(b)

图 7-4 酸洗前后 ZVI 颗粒形貌扫描电镜和能谱图

(a) 未酸洗处理;(b) 酸洗预处理

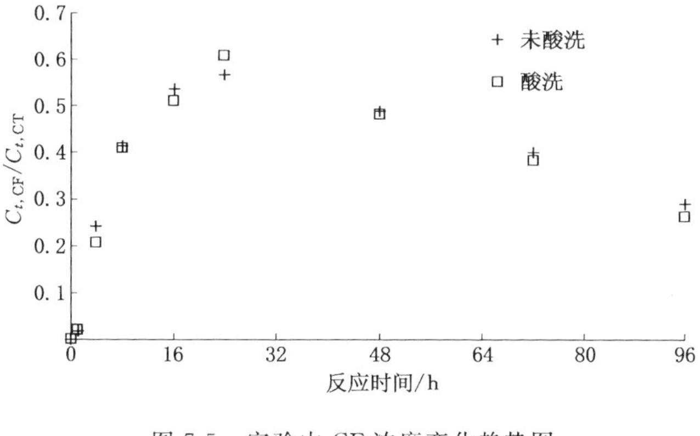

图 7-5 实验中 CF 浓度变化趋势图

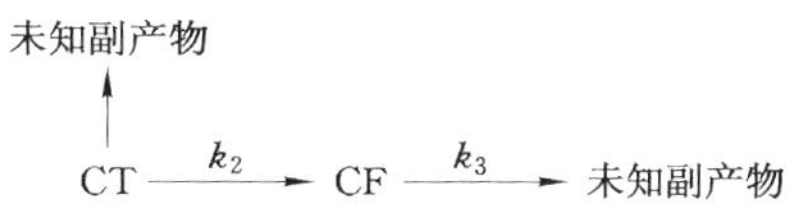

图 7-6 CCl_4 还原降解的反应历程

$$CCl_4 \xrightarrow{k_2} CHCl_3 + Cl^- \tag{7-6}$$

$$[CHCl_3]_t = \alpha[CCl_4]_0(1-e^{-k_1 t});\alpha = \frac{k_2}{k_1} \tag{7-7}$$

$CHCl_3$ 的降解：

$$\frac{d[CHCl_3]_t}{d_t} = \alpha k_1[CCl_4]_0 - k_3[CHCl_3]_t \tag{7-8}$$

$CHCl_3$ 浓度：

$$[CHCl_3]_t = \frac{k_2[CCl_4]_0}{k_3 - k_1}(e^{-k_1 t} - e^{-k_3 t}) \tag{7-9}$$

其中 $[CCl_4]_t$、$[CHCl_3]_t$——t 时刻 CCl_4 和 $CHCl_3$ 的浓度；

$[CCl_4]_0$——CCl_4 的初始浓度；

k_1——CCl_4 降解的总一级反应速率常数；

k_2——$CHCl_3$ 生成速率常数；

k_3——$CHCl_3$ 转化速率常数；

α——CCl_4 转化为 $CHCl_3$ 的比例。

表 7-4 为 ZVI 对 CCl_4 和 CF 降解的准一级表观反应速率常数拟合值(图 7-7)。从中可以看出，在 ZVI-H_2O 体系中 ZVI 对 CF 的去除能力显著低于 CCl_4，CF 的表观反应速率常数约为 CCl_4 的 10%，表明 CF 在 ZVI 系统中存在的时间更久。CCl_4 转化为 $CHCl_3$ 的比例小于 1(分别为 0.798 0 和 0.756 9)，表明在 CCl_4 的还原脱氯过程中存在着其他竞争性反应，如生成二氯卡宾或三氯甲烷自由基的还原水解，这是 CCl_4 还原脱氯反应的特点[117]。

表 7-4　　酸洗预处理前后 ZVI 对四氯化碳、CF 的降解的表观反应速率常数

反应介质类型	k_1/h^{-1}	k_2/h^{-1}	k_3/h^{-1}	α
酸洗预处理 ZVI	0.116 7	0.093 12	0.012 2	0.798 0
ZVI	0.113 9	0.086 52	0.010 9	0.756 9

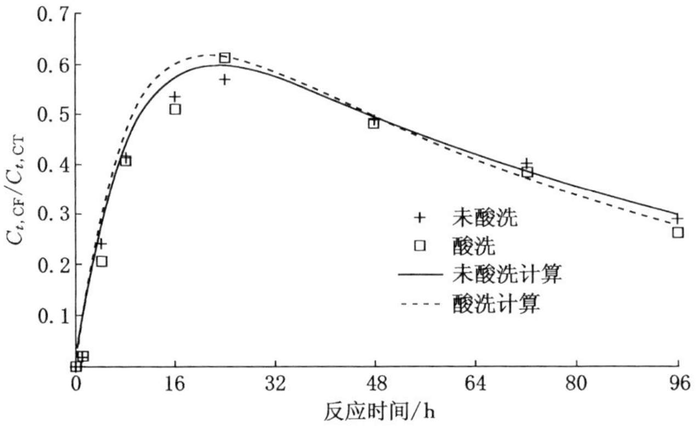

图 7-7　CF 浓度观测值与拟合值的对比图

（三）实验结果对 PRB 设计的指导意义

PRB 设计过程中需要考虑的关键因素之一是污染物达到目标浓度所需的停留时间，一般通过 PRB 的厚度来体现。由于污染物降解发生在 PRB 内部，在确定停留时间时，除了要考虑目标污染物的浓度，还需考虑污染物的降解途径及其中间产物。依据室内实验获取的反应介质降解污染物的反应速率常数、污染场地水文地质条件（流速）资料及目标污染物控制浓度，就可以估算所需的反应墙的厚度。PRB 的厚度可以根据式(7-10)、式(7-11)估算[118]：

$$b = v \times t_{ref} \times SF \tag{7-10}$$

$$t_{res} = \frac{-\ln \frac{C_t}{C_0}}{k_{obs}} \tag{7-11}$$

其中，b 为 PRB 的厚度；v 为反应介质中的地下水流速；t_{res} 为污染物停留时间；SF 为安全系数；C_0 为污染物初始浓度；C_t 为 PRB 下游污染物目标浓度；k_{obs} 为污染物降解的反应速率常数。

假设某一污染场地地下水中 CCl_4 和 CF 初始浓度分别为 1 000.0 μg/L 和 0.0 μg/L。CCl_4 和 CF 在 ZVI-H_2O 系统的转化参数取值为表 7-4 中的结果（投加量为 20 g/L），依据公式(7-5)和公式(7-9)，可以建立不同停留时间下 CCl_4 和 CF 的浓度变化曲线（图 7-8）。从图中可以看出，反应 27 h 后，CCl_4 浓度由 1 000.0 μg/L 下降到 57.0 μg/L，CF 浓度从 0.0 μg/L增加到 460.5 μg/L，随后 CF 浓度开始逐渐下降。根据《生活饮用水卫生标准》(GB 5749—2006)，CCl_4 和 CF 的最高允许浓度分别为 2.0 μg/L 和 60.0 μg/L，为了实现控制目标，若仅考虑 CCl_4，则污染物在 PRB 的最小停留时间为 59 h，此时 CCl_4 和 CF 浓度分别为 1.9 μg/L 和 377.2 μg/L；若同时考虑 CCl_4 和 CF，则最小停留时间为 277 h，此时 CF 浓度为 59.8 μg/L，低于最高允许浓度，此时，CF 的生成及其降解成为最小停留时间的决定因素。

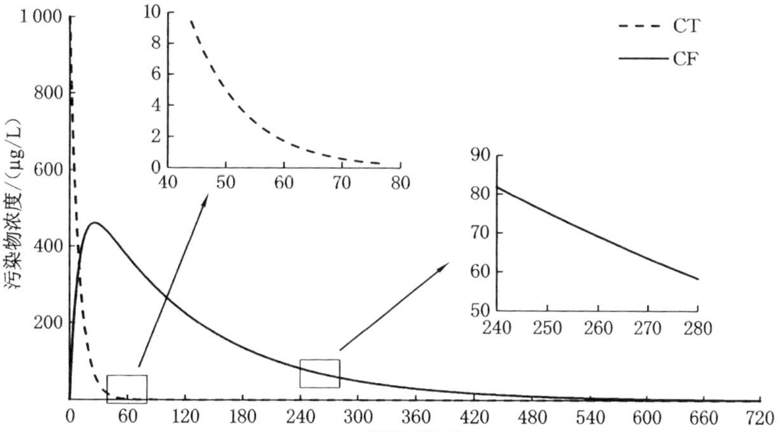

图 7-8　ZVI-H_2O 体系中四氯化碳及其降解产物的浓度变化趋势

三、零价铁投加量对还原脱氯效果的影响研究

ZVI 对 CCl_4 的还原脱氯属于表面反应，CCl_4 的脱氯速率很大程度上依赖于有效表面

积浓度。ZVI投加量可以改变ZVI-H_2O体系中有效活性反应位点的数量。本节主要考察ZVI投加量对还原脱氯的影响，以确定合适的ZVI投加量。图7-9是不同投加量下CCl_4的降解效率图，从中可以看出CCl_4的去除效率随着投加量的增加而增加，反应16 h后，投加量为5 g/L的体系中CCl_4的去除率仅为42.2%，而投加量为40 g/L时，CCl_4的去除率可高达95.4%；反应48 h后，5～40 g/L ZVI体系对CCl_4的去除率分别为79.6%、98.7%、99.5%、99.5%、99.5%，表明当ZVI初始浓度大于10 g/L时基本可以彻底去除CCl_4。

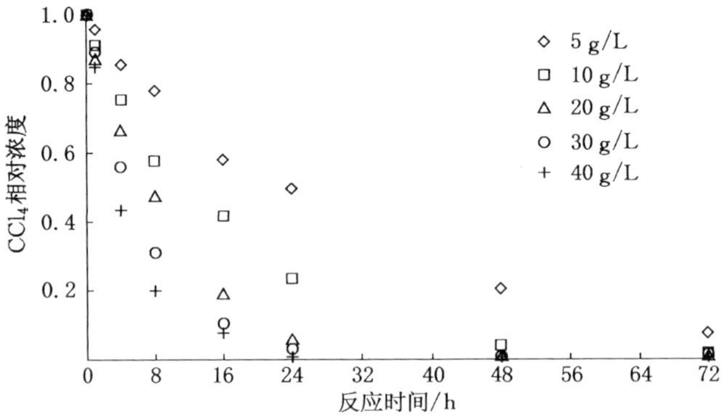

图7-9　ZVI投加量对四氯化碳去除效率的影响

（CCl_4初始浓度实测值为20.24、19.40、19.62、19.90、19.31 mg/L）

图7-10显示了不同投加量下CCl_4还原脱氯的反应动力学过程（相关参数未列出），ZVI投加量分别为5、10、20、30、40 g/L时，CCl_4降解的表观准一级反应速率常数（k_{obs}）分别为0.032 5 h^{-1}、0.064 9 h^{-1}、0.105 8 h^{-1}、0.143 7 h^{-1}、0.178 8 h^{-1}，而且k_{obs}随着投加量的增加而线性增加，并符合下列方程：

$$k_{obs}=0.004\ 1ZVI_{dosage}+0.019\ 3,\ R^2=0.992 \tag{7-12}$$

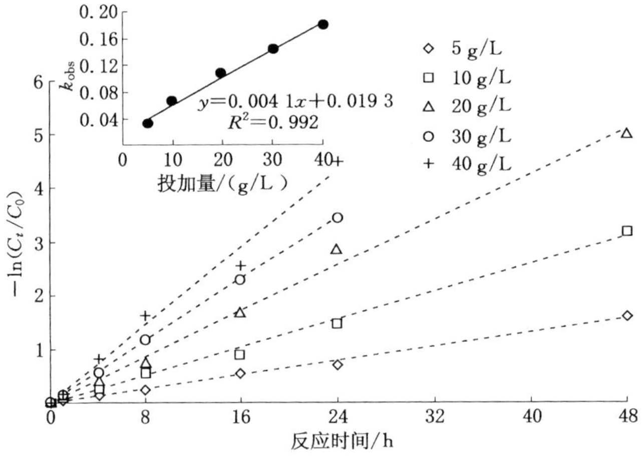

图7-10　不同投加量下四氯化碳还原脱氯的反应动力学

ZVI的比表面积为0.078 m^2/g，将k_{obs}转化为表面积标准化反应速率（k_{SA}），则可以得到不

同投加量下的 k_{SA}，它们分别为 0.083 33、0.083 21、0.067 82、0.061 41、0.057 31 $L/(h \cdot m^2)$。与 k_{obs} 相反，k_{SA} 呈现出随投加量增加而减小的趋势，这表明当投加量大于 20 g/L 时，体系提供的活性反应位点是充足的。因此，在后续实验中 ZVI 颗粒的投加量采用 20 g/L。

图 7-11 为实验过程中 CF 相对浓度变化曲线。CF 相对浓度呈现出先增加后减小的趋势，其峰值时间随着 ZVI 投加量的增加而提前，如当 ZVI 投加量为 30 g/L、40 g/L 时，CF 的峰值浓度时间为 16 h；当 ZVI 投加量为 10 g/L 时，CF 的峰值浓度时间为 48 h；而当 ZVI 投加量为 5 g/L 时，CF 相对浓度峰值可以延续至 72 h 以后。然而，实验结果也表明不同投加量下 CF 峰值浓度变化不大，变化范围为 0.592～0.637。

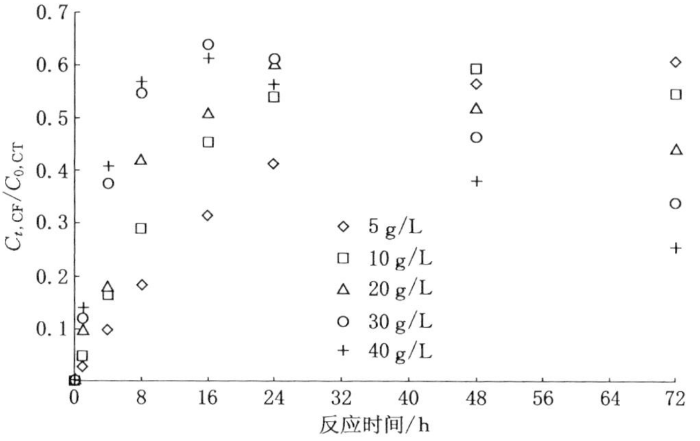

图 7-11　不同 ZVI 投加量下 CF 变化曲线图

表 7-5 是不同投加量下 CCl_4、CF 的降解速率常数拟合结果，从中可以发现 CF 的表观生成速率常数和表观转化速率常数随着投加量的增加而线性增加，符合下列方程：

$$k_2 = 0.003\ 2\ ZVI_{dosage} + 0.012\ 8,\ R^2 = 0.994\ 7 \tag{7-13}$$

$$k_3 = 0.000\ 4\ ZVI_{dosage} + 0.000\ 8,\ R^2 = 0.993\ 8 \tag{7-14}$$

不同 ZVI 投加量下 CCl_4 转化为 CF 的比例在 0.729 4～0.762 8 之间变化，这说明投加量的变化只是改变了 CCl_4 的降解速率，而没有改变 ZVI 对 CCl_4 的降解途径。

表 7-5　　不同 ZVI 投加量下四氯化碳、CF 的降解表观反应速率常数

投加量/(g/L)	k_1/h^{-1}	k_2/h^{-1}	k_3/h^{-1}	α
5	0.032 5	0.024 2	0.002 36	0.743 8
10	0.064 9	0.047 3	0.005 46	0.729 4
20	0.106 1	0.078 5	0.008 46	0.740 1
30	0.143 7	0.108 8	0.012 4	0.756 8
40	0.178 8	0.136 4	0.016 6	0.762 8

四、反应体系初始 pH 值对四氯化碳降解的影响

溶液 pH 值可以促进 Fe 的腐蚀或钝化，同时公式(7-2)表明 H^+ 直接参与氯代有机物的直接还原脱氯过程，因此，pH 值是 ZVI 还原脱氯 CCl_4 的重要影响因子。图 7-12 显示了

CCl_4 在 pH 值为 5、6、7、8 时的去除率，从中可以看出 pH 值对 CCl_4 的去除具有重要的影响。反应 8 h 后，在 pH 值为 5、6、7、8 体系中 CCl_4 的去除率分别为 72.1%、69.6%、59.7%、50.0%；反应 48 h 后，CCl_4 去除率均超过 99.0%。图 7-13 是不同 pH 值下 CCl_4 的准一级反应动力学，从中可以看出不同 pH 值下 ZVI 对 CCl_4 的降解符合准一级反应动力学。溶液 pH 值对 CCl_4 降解的表观反应速率常数的影响近似线性，k_{obs}随着 pH 值的增加而减小，并可用如下方程表示。

$$k_{obs} = -0.0239\ pH + 0.2837,\ R^2 = 0.9684 \tag{7-15}$$

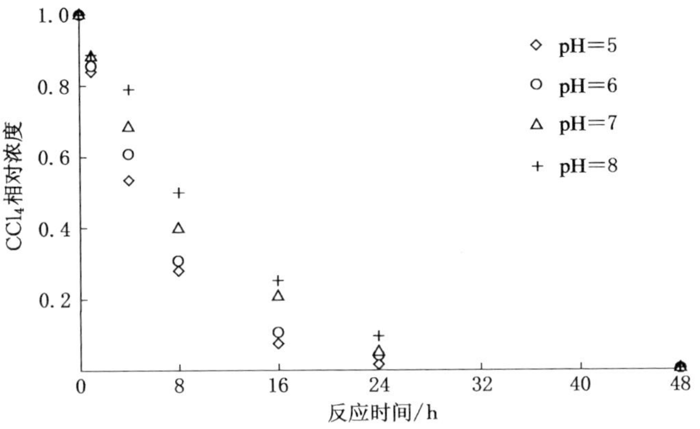

图 7-12　pH 值对 ZVI 降解四氯化碳的影响

（CCl_4 初始浓度实测值为 19.94、19.83、19.68、19.71 mg/L）

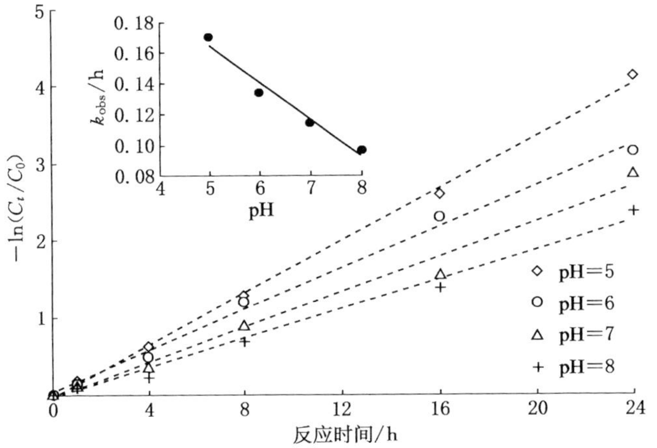

图 7-13　不同 pH 值下四氯化碳还原脱氯的反应动力学

初始 pH 值对 CCl_4 还原脱氯的影响可以归因于反应过程中质子的参与。Fe 在溶液中的电化学腐蚀过程可以表述如下[119]。

酸性条件下：

$$2Fe + 4H^+_{(aq)} + O_{2(aq)} \rightarrow 2Fe^{2+} + 2H_2O \quad E = 1.67\ V \tag{7-16}$$

$$4Fe^{2+} + 4H^+_{(aq)} + O_{2(aq)} \rightarrow 4Fe^{3+} + 2H_2O \quad E = 0.46\ V \tag{7-17}$$

中性和碱性条件下：

$$2Fe + 2H_2O \rightarrow 2Fe^{2+} + H_{2(g)} + 2OH^- \quad E = -0.39\ V \tag{7-18}$$

$$2Fe^{2+} + 2H_2O \rightarrow 2Fe^{3+} + H_{2(g)} + 2OH^- \quad E = -1.60\ V \tag{7-19}$$

因此弱酸性条件下，体系可以为 ZVI 的腐蚀提供充足的 H^+ 而产生稳定的 H_2 用于 CCl_4 的降解[120]；同时低的 pH 值可以消除氢氧化亚铁和其他钝化膜在 ZVI 表面的积累而产生更多新的活性反应位点[121]。而在碱性条件下可能形成一系列复杂铁的氢氧化物离子（如$[Fe(OH)]^+$、$[Fe(OH)_3]^-$、$[Fe(OH))_4]^{2-}$）覆盖在 ZVI 表面，从而抑制还原脱氯反应的进行。

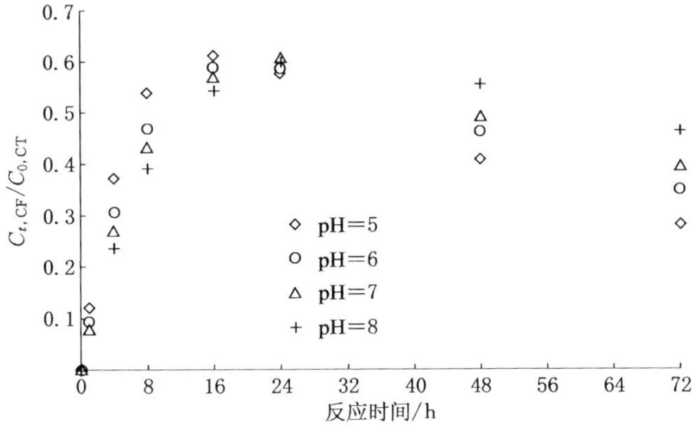

图 7-14　不同 pH 值下 CF 浓度的变化图

从图 7-14 可以看出，伴随着 CCl_4 浓度的下降，CF 浓度逐渐升高；而当 CCl_4 降解基本完成后，CF 浓度也开始下降，CCl_4 转化为 CF 的比例在 0.730 7～0.756 1 之间变化。

五、地下水化学成分对零价铁降解四氯化碳的影响

国内外研究表明，地下水的化学组成对 ZVI 的反应活性具有重要影响，是 ZVI-PRB 持续长期性的关键因素之一。地下水化学组成通过影响 ZVI 的腐蚀速率、脱氯速率、H_2 产生、微生物活动、铁颗粒表面次生矿物的生成、ZVI 表面铁氧化物层的溶解等影响 PRB 的性能[122]。本节重点讨论地下水常见的阴离子，包括 Cl^-、SO_4^{2-} 和 HCO_3^- 对 ZVI 降解 CCl_4 的影响。

（一）Cl^- 的影响

Cl^- 对零价铁降解四氯化碳的影响实验结果如图 7-15、图 7-16 所示。与无 Cl^- 的体系相比，Cl^- 对零价铁降解 CCl_4 的影响与 Cl^- 浓度有关，既有促进作用，也有抑制作用：当 Cl^- 浓度低于 255 mg/L 时，Cl^- 的存在略微提高了 ZVI 对 CCl_4 的降解速率和效率；而当 Cl^- 浓度达到 510 mg/L 时，Cl^- 的存在抑制了 ZVI 对 CCl_4 的还原脱氯效率，其表观反应速率常数由 0.115 1 h^{-1}（无 Cl^-）下降到 0.094 6 h^{-1}。CCl_4 的还原脱氯发生在零价铁和溶液的固液界面上，电子传递是重要的控速步骤。当体系中添加 Cl^-（以 NaCl 形式添加，良好的电解质）时，可以增大体系的电导率，加速反应过程中的电子传递，从而促进 CCl_4 的去除。同时，作为腐蚀促进剂，Cl^- 的存在可以加快金属产生电子并在金属表面形成新的反应活性位点。

J. Clausen 等(2001)发现,Cl^- 可以有效地破坏粒状铁的钝化膜,加速 2-硝基甲苯的降解速率[123]。另一方面,当溶液中存在 Cl^- 时,依据勒沙特列原理(Le Chatelier's principle),Cl^- 浓度的增加会促使反应平衡向左移动,从而抑制 CCl_4 的还原脱氯。当促进作用大于抑制作用时,整体表现为 Cl^- 促进 ZVI 对 CCl_4 的降解;当抑制作用大于促进作用时,则表现为 Cl^- 抑制了 ZVI 对 CCl_4 的降解。

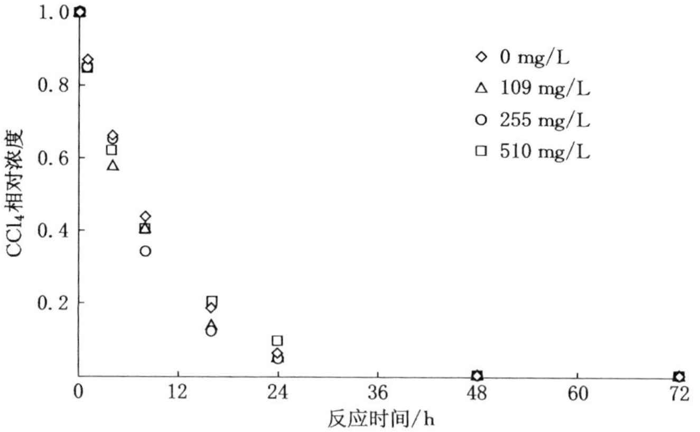

图 7-15　Cl^- 对 ZVI 降解四氯化碳的影响

(CCl_4 初始浓度实测值分别为 19.62、20.17、20.99、20.04 mg/L)

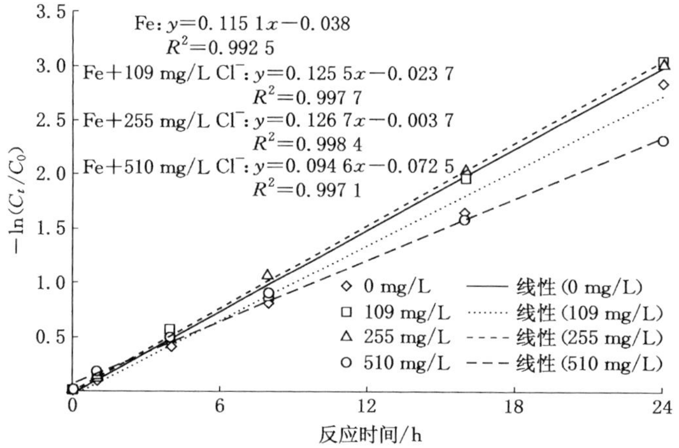

图 7-16　Cl^- 存在下 ZVI 降解四氯化碳的反应动力学

图 7-17 为 Cl^- 存在下 CF 的浓度变化曲线。CF 浓度呈现先升高后降低的趋势,CF 浓度在反应 24 h 后达到峰值,CCl_4 转化为 CF 的比例在 0.720 6～0.730 9 之间变化。与 ZVI 投加量的影响相似,Cl^- 只是改变了 CCl_4 的降解速率而没有改变 CCl_4 的降解途径。

(二) SO_4^{2-} 的影响

图 7-18 显示了实验中 SO_4^{2-} 对 ZVI 降解 CCl_4 的影响。有 SO_4^{2-} 存在时,CCl_4 的降解速率较无 SO_4^{2-} 存在时快,但是当 SO_4^{2-} 浓度过高时,又会抑制降解反应的进行。当 SO_4^{2-} 浓度分别由 0 mg/L 增加至 144 mg/L、288 mg/L 时,反应 16 h 后 CCl_4 的去除率分别由

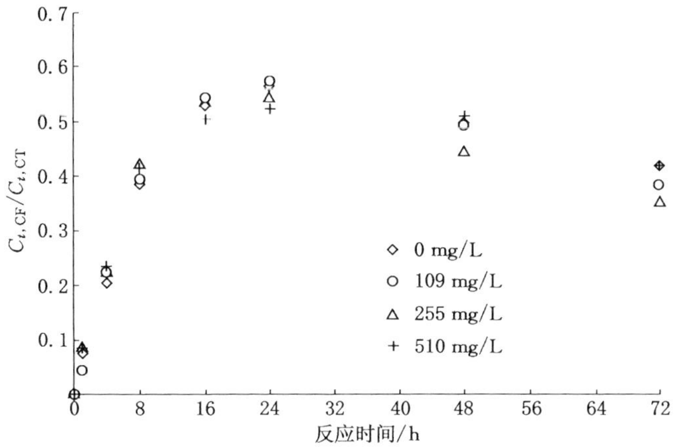

图 7-17 Cl^- 存在下 CF 浓度变化图

81.9%增加至 91.9%和 96.9%，而当 SO_4^{2-} 浓度增加到 576 mg/L 时，去除率下降到 87.9%。由图 7-19 可知，当 SO_4^{2-} 浓度由 0 mg/L 增大到 288 mg/L，相应的表观反应速率常数 k_{obs} 也由 0.115 1 h^{-1} 升高至 0.205 9 h^{-1}；而当 SO_4^{2-} 的浓度由 288 mg/L 增大到 576 mg/L 时，相应的表观反应速率常数 k_{obs} 则由 0.205 9 h^{-1} 降至 0.126 0 h^{-1}。

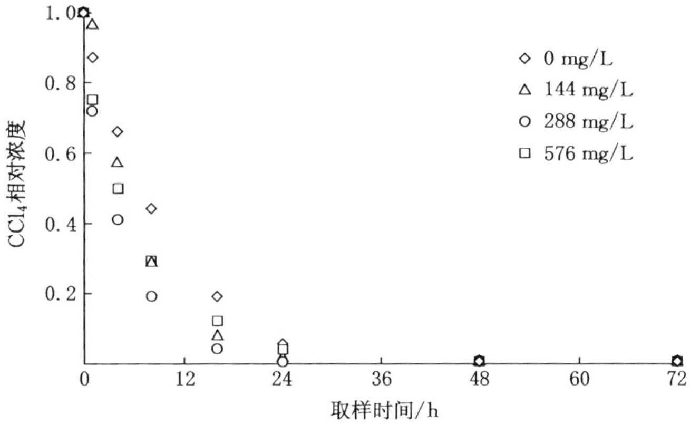

图 7-18 SO_4^{2-} 对 ZVI 降解四氯化碳的影响

（CCl_4 初始浓度实测值依次为 19.62、19.31、20.72、20.79 mg/L）

向反应溶液中加入 SO_4^{2-} 后，体系的电导率增大而加速了 ZVI 的腐蚀，强化了 ZVI 与 CCl_4 反应过程中的电子传递，提高了 CCl_4 降解效率。同时，SO_4^{2-} 可以去除颗粒表面铁的氧化物和氢氧化物，同时降低体系的 pH 值，如式(7-20)、式(7-21)所示[124]，具有破坏钝化膜而增加有效表面积的作用，从而促进 CCl_4 的还原脱氯[125]。然而，当高浓度的 SO_4^{2-} 存在时，会吸附在铁粉表面或在铁粉表面产生次生沉淀覆盖了一些反应位点，从而抑制 CCl_4 的降解[126]。ZVI 与 SO_4^{2-} 共存时，SO_4^{2-} 还会接受 ZVI 表面释放的电子而发生还原反应，转化为 HS^-［式(7-22)］[127]，造成 CCl_4 降解效果的降低。因此，SO_4^{2-} 对 CCl_4 的还原脱氯促进作用呈现随着 SO_4^{2-} 浓度的增加先增强后减弱的变化。

$$Fe(OH)_{2(s)} + SO_4^{2-} \rightarrow FeSO_4 + 2OH^- \tag{7-20}$$

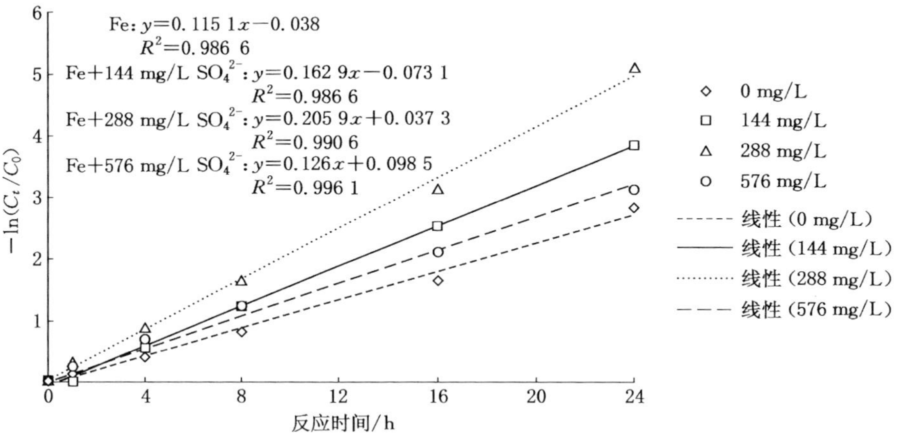

图 7-19 SO_4^{2-} 存在下 ZVI 降解四氯化碳的反应动力学

$$FeSO_4 + 3H_2O \rightarrow Fe(OH)_{3(s)} + SO_4^{2-} + 3H^+ \tag{7-21}$$

$$4Fe + SO_4^{2-} + 9H^+ \rightarrow 4Fe^{2+} + HS^- + 4H_2O \tag{7-22}$$

在反应体系中，伴随着 CCl_4 浓度的下降，CF 浓度逐渐升高；当 CCl_4 降解基本完成后，CF 浓度开始下降(图 7-20)。与 Cl^- 的影响类似，SO_4^{2-} 并没有改变 ZVI 对 CCl_4 的降解途径，CCl_4 转化为 CF 的比例在 0.690 7～0.726 0 之间变化。

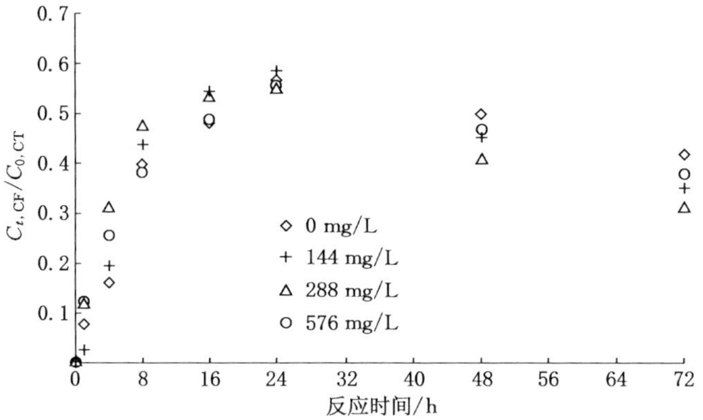

图 7-20 SO_4^{2-} 存在下 CF 浓度变化图

（三）HCO_3^- 的影响

HCO_3^- 对 ZVI 降解 CCl_4 的影响如图 7-21 所示。HCO_3^- 的存在促进了 ZVI 对 CCl_4 的降解，当 HCO_3^- 浓度由 0 mg/L 增加到 183 mg/L、366 mg/L、610 mg/L 时，反应 16 h 后 CCl_4 的去除率依次为 80.9%、95.7%、96.2%和 94.0%。反应 24 h 后，添加 HCO_3^- 体系中 CCl_4 的去除率超过 98.5%。图 7-22 为添加 HCO_3^- 下 ZVI 对 CCl_4 降解的反应动力学，从中可以看出 HCO_3^- 对 ZVI 还原脱氯的促进作用随着 HCO_3^- 浓度的增加呈现先增加后减小的趋势：当 HCO_3^- 浓度由 0 mg/L 增加到 366 mg/L 时，k_{obs} 由 0.115 1 h^{-1} 升至 0.213 5 h^{-1}；当 HCO_3^- 浓度由 366 mg/L 增加至 610 mg/L 时，k_{obs} 由 0.213 5 h^{-1} 下降至 0.174 7 h^{-1}。

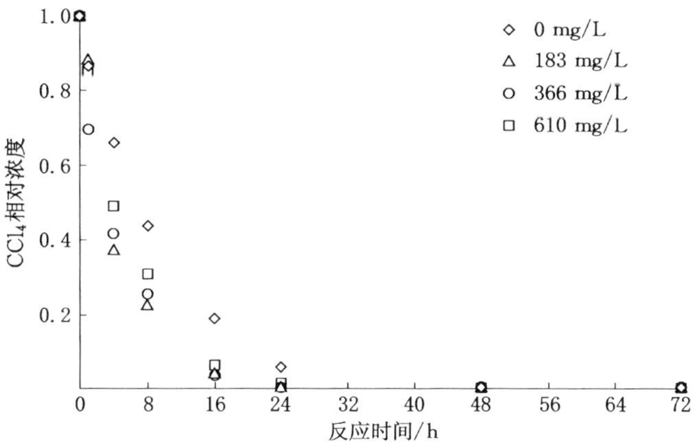

图 7-21　HCO_3^- 对 ZVI 降解四氯化碳的影响

(CCl_4 初始度实测值依次为 19.62、20.11、19.34、18.88 mg/L)

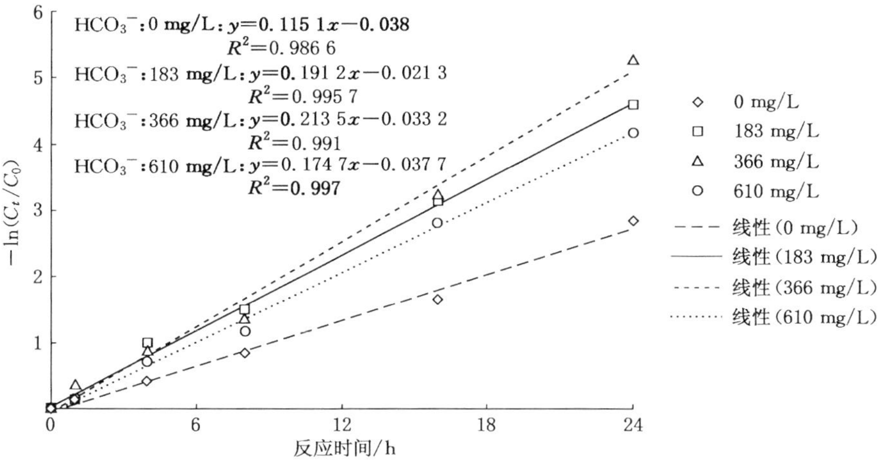

图 7-22　HCO_3^- 存在下 ZVI 降解四氯化碳的反应动力学

HCO_3^- 作为 pH 缓冲剂，在溶液中 pH 值升高时，可以不断释放出 H^+，调节反应环境。在实验的短期内，HCO_3^- 作为氧化剂提供阴极反应[式(7-23)]可以促进铁的腐蚀而促进 ZVI 对氯代烃的还原[128]；但从长期来看，HCO_3^- 的存在会导致钝化膜的生成而抑制 ZVI 的活性，如 $Fe_2(OH)_2CO_3$(ironhydroxyl carbonate)和菱铁矿($FeCO_3$)。总体来看，由于反应时间较短(96 h)，HCO_3^- 促进了 ZVI 对 CCl_4 的还原脱氯效果，强化效应随着 HCO_3^- 浓度的增加呈现先增加后减小的趋势。

$$Fe^0 + 2HCO_{3\ (ads)}^- \rightarrow Fe^{2+} + 2CO_{3\ (ads)}^{2-} + H_{2(g)} \quad (7\text{-}23)$$

在反应体系中，伴随着 CCl_4 浓度的下降，CF 浓度逐渐升高；当 CCl_4 降解基本完成后，CF 浓度开始下降(图 7-23)。与 Cl^-、SO_4^{2-} 影响类似，HCO_3^- 并没有改变 ZVI 对 CCl_4 的降解途径，CCl_4 转化为 CF 的比例在 0.699 4～0.726 0 之间变化。

(四) Fe^{2+} 对 ZVI 降解四氯化碳的影响

通常认为，零价铁降解氯代烃类时，体系中存在着三种电子供体来对污染物进行还

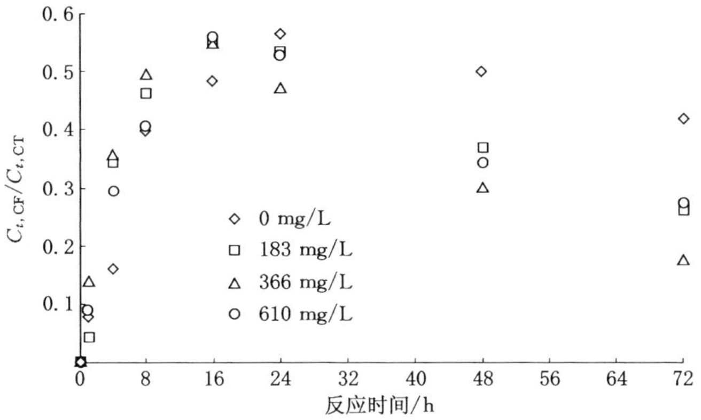

图 7-23　HCO_3^- 存在下 CF 浓度变化图

原脱氯，即 Fe^0、Fe^{2+} 和 H_2。尽管有些文献表明 Fe^{2+} 可以降解某些烷基卤化物（比如：$2Fe^{2+}+CCl_4+H^+ \rightarrow 2Fe^{3+}+CHCl_3+Cl^-$），但其反应非常慢[89]。为了揭示 Fe^{2+} 对 ZVI 降解 CCl_4 的具体作用，本书首先设计了 Fe^{2+} 与 CCl_4 的单独交互作用实验。结果如图 7-24 所示，经过 120 h 的反应，在 Fe^{2+} 初始浓度分别为 56 mg/L、112 mg/L、244 mg/L 的体系中 CCl_4 的相对浓度分别为 0.888、0.883、0.847，而不存在 Fe^{2+} 体系 CCl_4 的相对浓度为 0.861，这表明 CCl_4 减少主要因挥发所致，因此在反应的 120 h 内 Fe^{2+} 对 CCl_4 无直接还原脱氯能力。

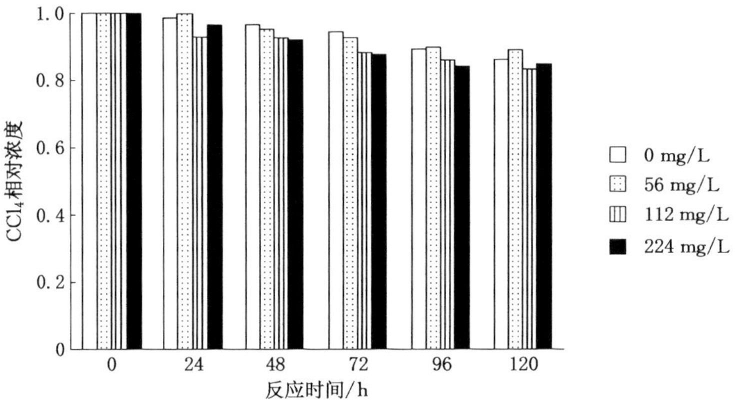

图 7-24　Fe^{2+} 对四氯化碳的降解

图 7-25 为 Fe^{2+} 浓度为 56、112、224 mg/L 时 CCl_4 浓度随时间的变化曲线，表明当存在 Fe^{2+} 时，CCl_4 降解速率随 Fe^{2+} 浓度的增加而增加。当 Fe^{2+} 初始浓度为 0 mg/L 时，8 h 内 CCl_4 的去除率为 59.3%，而当 Fe^{2+} 初始浓度为 224 mg/L 时，CCl_4 的去除率增加到 85.9%。图 7-26 为 Fe^{2+} 存在时，ZVI 降解 CCl_4 的反应动力学曲线。当 Fe^{2+} 浓度由0 mg/L 增加到 224 m/L 时，CCl_4 降解的拟一级反应速率常数由 0.111 2 h^{-1} 升至 0.221 9 h^{-1}，增幅为 99.5%。

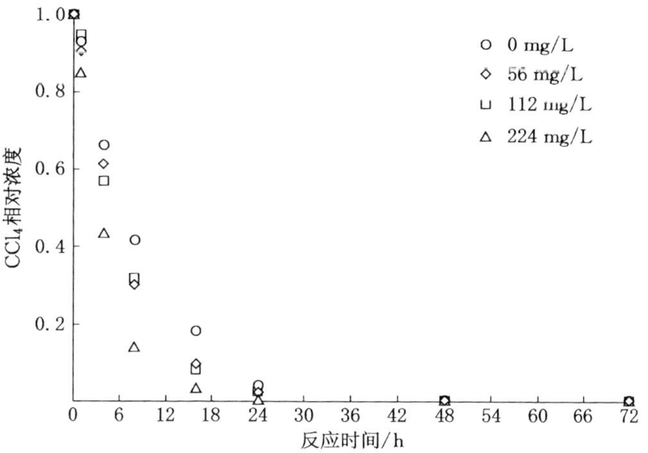

图 7-25　Fe^{2+}对 ZVI 颗粒降解四氯化碳的影响

（CCl_4 初始浓度实测值为 20.48、20.86、20.45、19.31 mg/L）

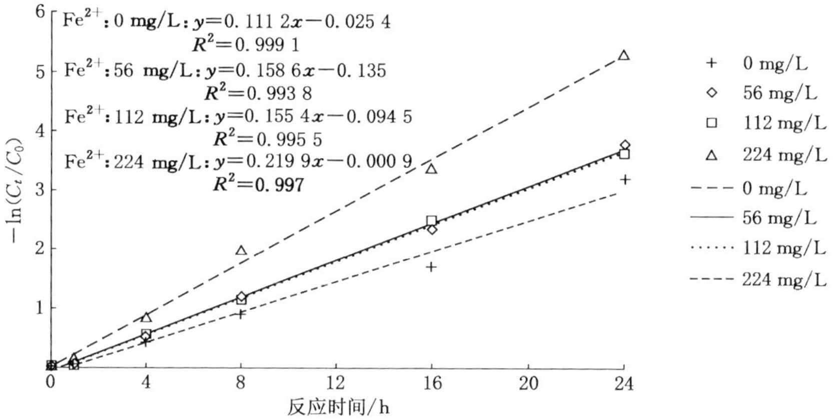

图 7-26　Fe^{2+}存在下 ZVI 降解四氯化碳的反应动力学

Fe^{2+}的存在促进了 ZVI 对 CCl_4 的还原脱氯。J. Farrell 等研究发现铁粉表面覆有铁氧化物，其中，靠近铁粉表面的为磁铁矿，较外层者为赤铁矿。Fe_3O_4 因其价带与导带间能阶较小，故其导电性接近于金属；而 Fe_2O_3 由于价带与导带间能阶较大，导电性差，故被视为钝化氧化物[129]。但是，当水溶液中存在 Fe^{2+} 时，Fe^{2+} 会被吸附至赤铁矿的晶格中，与之结合后，赤铁矿转化为磁铁矿，促进钝化膜的导电性，引发电子由零价铁转移至钝化膜表面，从而加速与污染物间的氧化还原反应。T. Liu 等(2013)指出，当 Fe^{2+} 浓度在 0～1.6 mmol/L 时，TCE 的降解速率随着 Fe^{2+} 浓度的增加而增加。如图 7-27 所示，Fe(Ⅱ)的存在可以在老化的 ZVI 颗粒表面形成 Fe(Ⅱ)表面络合物时释放质子(即 H^+)，降低局部的 pH 值，并形成相对易于还原的[$>FeOH_2^+$]，铁氧化物(氢氧化物)的溶解导致底层的 ZVI 直接暴露于溶液中而促进了 CCl_4 的降解。另一方面，当 ZVI 颗粒氧化产生的 Fe(Ⅱ)转化为晶相更好的 Fe(Ⅲ)氧化物时，则对污染物的降解速率较 ZVI 大幅度降低[130]。

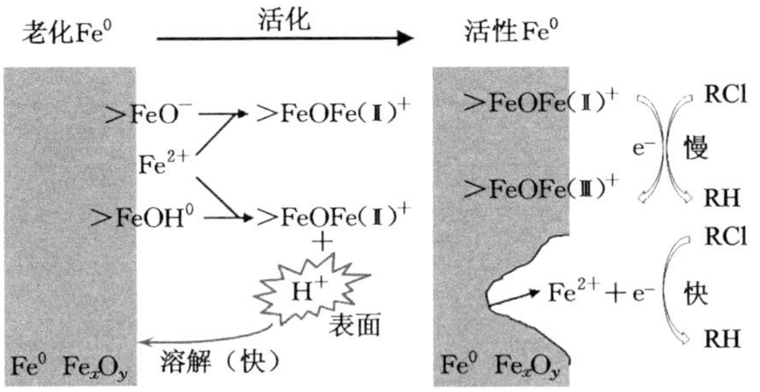

图 7-27　Fe^{2+}存在下老化 ZVI 的活化过程图[130]

图 7-28 为 CF 的浓度变化曲线。伴随着 CCl_4 浓度的下降，氯仿的浓度逐渐升高。当 CCl_4 基本降解完后，氯仿的浓度开始下降。与 ZVI 投加量、pH 值不同，Fe^{2+} 存在下 CCl_4 转化为 CF 的比例略有增加，Fe^{2+} 浓度为 56、112、224 mg/L 时 α 分别为 0.794 6、0.802 6、0.833 9。这表明，在 Fe^{2+} 的体系中可能存在其他的反应机制。

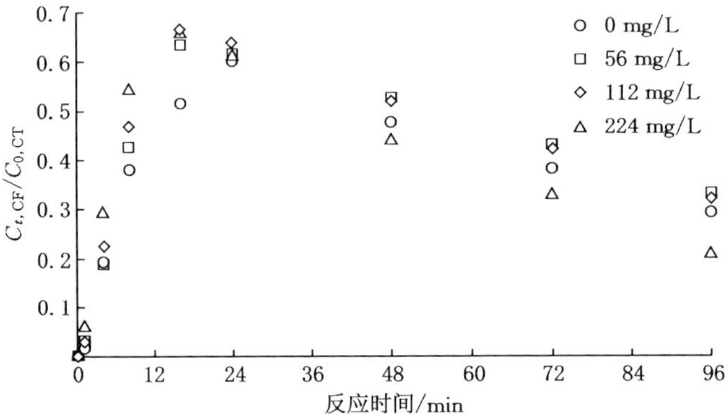

图 7-28　Fe^{2+}存在下 CF 浓度变化图

（五）腐植酸（HA）对 ZVI 降解四氯化碳的影响

图 7-29 是不同浓度 HA 对 ZVI 降解 CCl_4 的影响，从中可以看出 HA 的存在明显影响 CCl_4 的去除。随着 HA 投加量的增加，CCl_4 的去除率明显降低，反应 24 h 后，0、5、10、25 mg/L HA 体系中 CCl_4 的去除率分别为 94.0%、91.7%、89.5%和 82.6%；相应地，CCl_4 降解的表观反应速率常数依次为 0.111 2 h^{-1}、0.102 3 h^{-1}、0.089 5 h^{-1}、0.071 1 h^{-1}，25 mg/L HA 体系中 CCl_4 的去除速率较无 HA 体系下降 36.1%；反应 48 h 后，无论 HA 添加与否，CCl_4 基本被完全降解。研究表明，HA 单独存在时对 PCE 脱氯反应是起抑制作用的，其原因是 HA 会被吸附到粒状铁的表面，占据一定的粒状铁表面反应点，抑制反应的进行[131]。图 7-30 是反应过程中体系中 HA 的变化情况。反应 1 h 后 5 m/L、10 mg/L、25 mg/L HA 体系中 HA 浓度降低到初始浓度的 73.3%、81.7%和 78.1%，随后其浓度基本保持不变，说明 HA 可以快速吸附在 ZVI 表面。HA 浓度的稳定性降低（15%～25%），表明 HA 吸附在 ZVI 的表面。弱的抑制作用表明吸附的 HA 并未有效阻碍活性位点或者表明 CCl_4 和腐植酸吸附在 ZVI 表面的不同位点[132]。

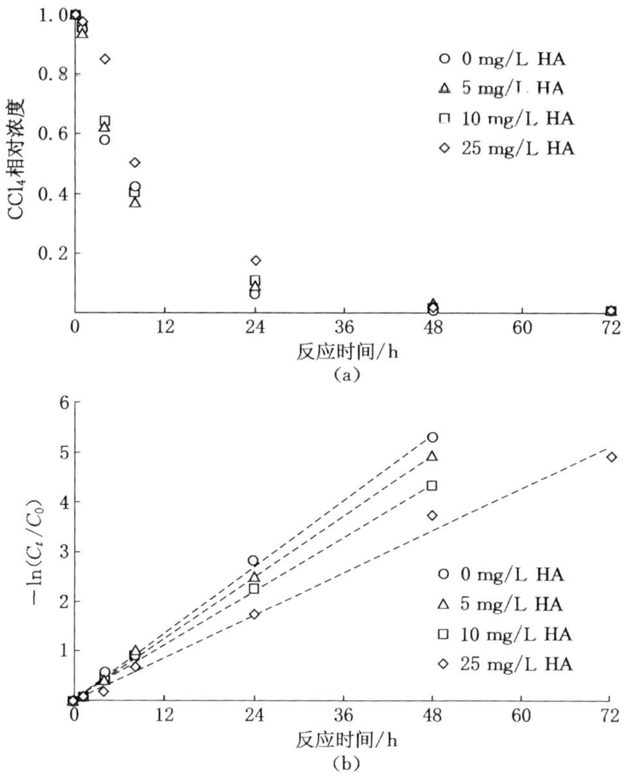

图 7-29　腐植酸对 ZVI 降解四氯化碳的影响

（CCl_4 初始浓度实测值为 20.48、19.83、19.85、19.79mg/L）

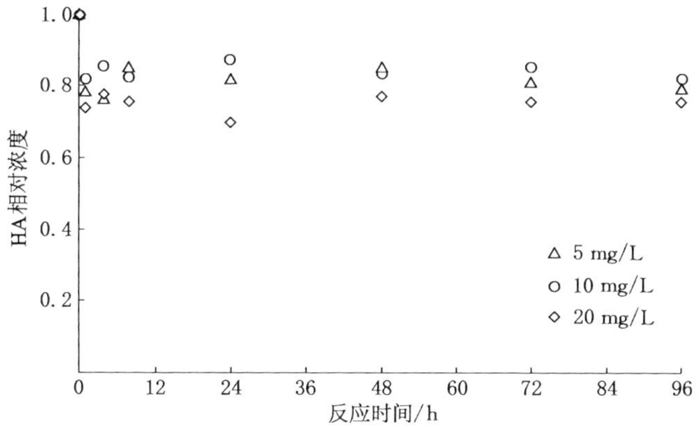

图 7-30　反应过程中 HA 浓度变化情况

第三节　双金属强化零价铁降解四氯化碳的研究

零价铁对氯代烃还原脱氯反应属于表面反应，电子传递是重要的控制步骤，可以通过强化零价铁与污染物间的电子传递来提高零价铁对氯代烃的还原脱氯能力。通常可以通过两方面来强化电子零价铁与污染物之间的电子传递[133]:一是增加零价铁的电子密度,降解速率是电子密度的函数,而电子密度是金属表面积的函数,一般来说,颗粒粒径越小,表面积越大,相应的电子密度也就越大,微米尺度和纳米尺度的零价铁因为比表面积大而有更好的降解性能;二是在零价铁表面镀上第二种金属形成双金属系统以强化电子传递,从而促进氯代烃的还原脱氯。本节主要通过置换沉积法制备不同类型的双金属,并通过实验探讨双金属体系降解 CCl_4 的效率及其影响因素,以图揭示双金属体系还原降解 CCl_4 的反应机理和协同机理。

一、实验材料与方法

(一) 实验材料

$NiCl_2 \cdot 6H_2O$,分析纯;$AgNO_3$,分析纯,$CuSO_4 \cdot 6H_2O$,分析纯,均为上海国药集团生产。CCl_4,分析纯,上海凌峰化学试剂有限公司;甲醇,分析纯,上海苏懿化学试剂有限公司;NaOH,分析纯,上海苏懿化学试剂有限公司;HCl,分析纯,溧阳市东方化学试剂有限公司;腐植酸钠,化学纯,天津市光复精细化工研究所;海绵铁粉,形状不规则,粒径小于 100 目。

(二) 双金属颗粒的制备

双金属体系制备有两种方法:一是将贵金属直接与铁颗粒混合;二是将贵金属沉积到铁颗粒表面,即通常所说的负载法。研究表明,通常后者效果显著优于前者,主要原因是前者铁颗粒与第二种金属颗粒的接触受到了限制。一般地,添加的第二种金属具有较高的电极电势,如 Pd、Pt、Au、Ni、Cu、Ag、Pb[134],其中 Pd 具有良好的催化性能和稳定性,因此 Pd—Fe 可以有效还原降解包括氯代有机物在内的多种污染物,是研究最为广泛的双金属还原剂。但是,Pd 作为贵金属,其成本大大限制了它的广泛应用。相对于 Pd—Fe、Ni—Fe,关于 Ag—Fe 双金属体系对氯代有机物降解的研究较少。有鉴于此,本书选择 Ni、Cu、Ag 作为催化金属,采用置换沉积法制备双金属颗粒。制备过程中所用去离子水氮气曝气 20 min,以去除其中的溶解氧。双金属制备在 100 mL 血清瓶中进行,未进行氮气保护。

(1) Ni—Fe 双金属颗粒

按照 D. M. Cwiertny 等人的制备方法[135],在 100 mL $NiCl_2$ 棕色血清瓶中,添加 5 g 铁粉(未酸洗),置于摇床上振动 30 min(200 rpm),然后真空抽滤得到具有 Ni 涂层的 Ni—Fe 双金属颗粒;再将制备的 Ni—Fe 双金属颗粒用 4∶1 的乙醇—水清洗 3 次,固体样品于 50 ℃下真空干燥 12 h,得到 Ni—Fe 双金属颗粒。Ni 的理论负载量通过改变 $NiCl_2$ 溶液的浓度来实现。

(2) Fe—Cu 双金属颗粒

按照 B. Lai 等人的制备方法[136],向 100 mL $CuSO_4$ 溶液中添加 5 g 铁粉(未酸洗),置于摇床上振动 20 min(200 rpm),然后真空抽滤并用 4∶1 的乙醇—水清洗 3 次;固体样品于 50 ℃下真空干燥 12 h,得到 Cu—Fe 双金属颗粒。Cu 的理论负载量通过改变 $CuSO_4$ 溶液的浓度来实现。

(3) Ag—Fe 双金属颗粒

按照高珊珊等人的制备方法[137],先向 100 mL $AgNO_3$ 溶液中添加 5 g 铁粉(未酸洗),置于摇床上振动 30 min(200 rpm),然后真空抽滤并用 4∶1 的乙醇—水清洗 3 次;固体样品于 50 ℃下真空干燥 12 h,得到 Ag—Fe 双金属颗粒。Ag 的理论负载量通过改变 $AgNO_3$ 溶液的浓度实现。

（三）双金属体系降解 CCl_4 的批实验

将 100 mL 去离子水(未进行曝氮气处理)倒入 100 mL 血清瓶中并添加一定量的零价铁双金属,然后注入 100 μL 浓度为 2×10^4 mg/L(甲醇促溶)的 CCl_4,即供试溶液 CCl_4 浓度为 20 mg/L。然后将反应瓶置于恒温振荡器上,使之在 25±0.2 ℃、200±5 rpm 下反应。定时用微量取样器取样分析 CCl_4 及其降解产物的浓度。

二、铁基双金属材料的表征

(1) SEM 表征

利用扫描电镜(SEM,自带 X 射线电子能谱仪 EDS)分析了双金属材料的表面形态及其表面主要元素组成。供试样品中催化金属的理论负载量均为 1.0 wt%。

图 7-31 是双金属材料的 SEM 图。从中可以看出,负载后的零价铁表面粗糙,表面非均匀地分散着微米级的颗粒,由此在零价铁表面形成了异构盖层,改变了零价铁的表面

(a)

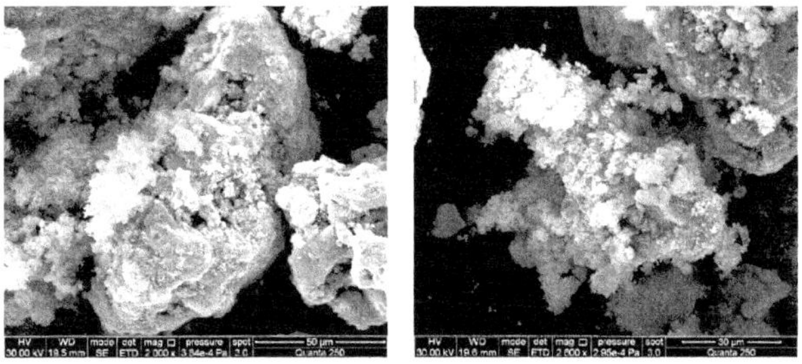

(b)

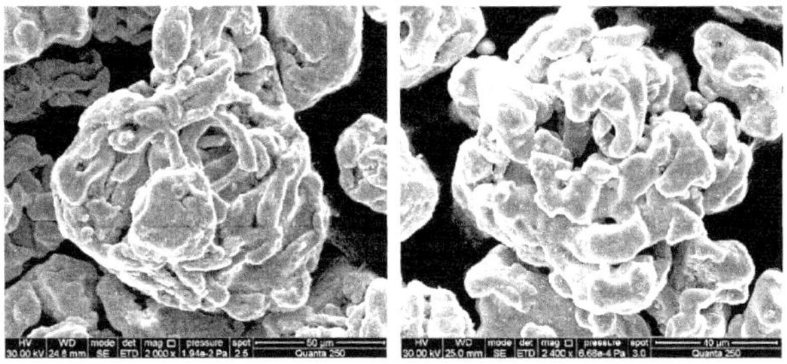

(c)

图 7-31 双金属颗粒表面形态的 SEM 图

(a) Ni—Fe;(b) Cu—Fe;(c) Ag—Fe

形貌，增加了反应材料的比表面积，粗糙的表面可以提供更多的活性反应位点。依据EDS结果，推测这些微米级的颗粒为负载的 Ni^0、Cu^0、Ag^0（图 7-32），证明了双金属催化还原材料的形成，其含量的差异进一步说明了负载金属颗粒表面的非均质性。从图 7-32 还可以看出，双金属材料中以零价铁为主，O 元素峰的存在表明在双金属材料制备和保存过程中发生了氧化。

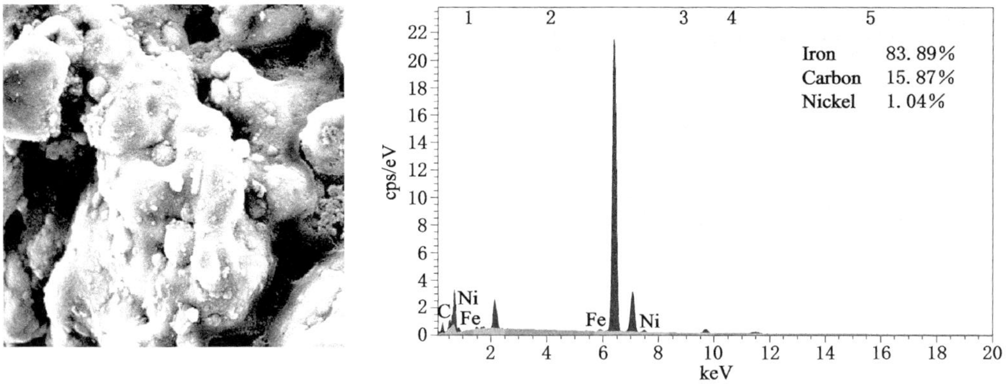

(a)

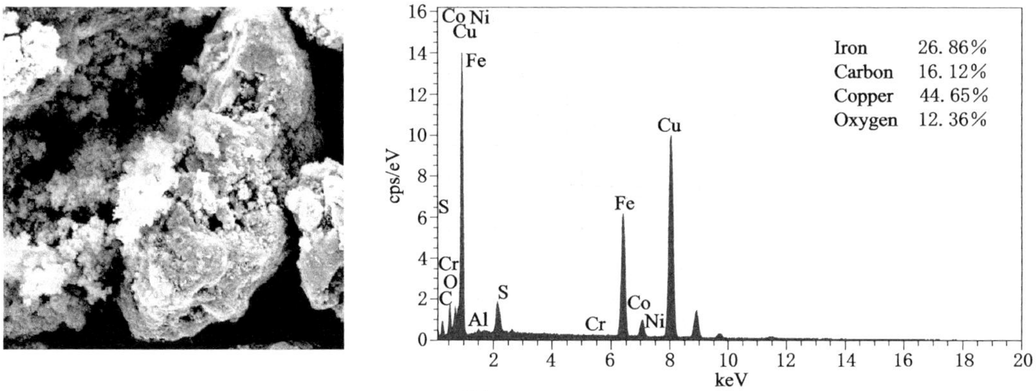

(b)

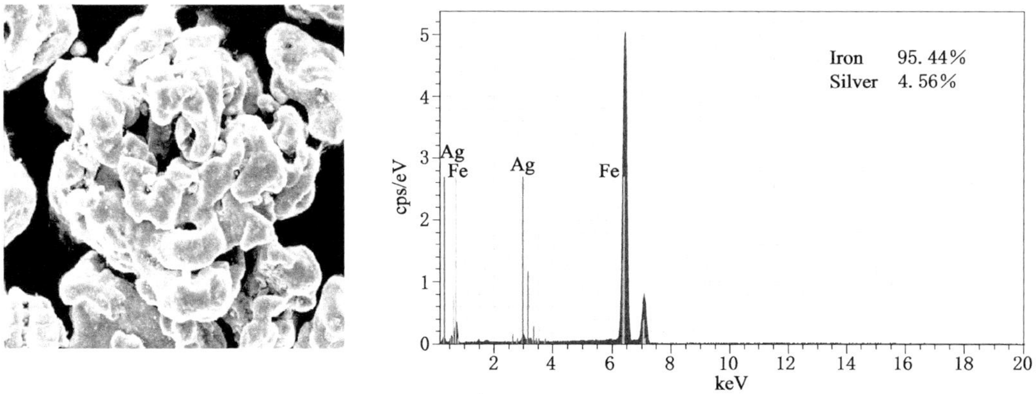

(c)

图 7-32　双金属颗粒的 X 射线电子能谱(EDS)图

(a) Ni—Fe；(b) Cu—Fe；(c) Ag—Fe

三、铁基双金属体系的四氯化碳降解性能研究

（一）负载金属类型对四氯化碳降解的影响

过渡金属催化剂的类型和含量直接影响到双金属体系对 CCl_4 的还原脱氯效果。图 7-33～图 7-35 是 Ni—Fe、Cu—Fe、Ag—Fe 双金属体系对 CCl_4 的降解实验结果，过渡金属催化剂的理论负载量均为 0.2wt%、0.4wt%、1.0wt%、2.0wt%和 4.0wt%几种含量。结果表明，Ni、Cu、Ag 的负载可以增加 ZVI 的反应活性，提高 CCl_4 的还原脱氯速率。图 7-33 显示，随着 Ni 含量的增加，CCl_4 的降解效率先增加后减小，反应 8 h，CCl_4 的降解效率分别为 75.03%、72.87%、90.26%、84.59%和 65.53%，而 ZVI 体系的 CCl_4 降解效率仅为 59.4%。不同 Ni 负载量（0.0 wt%、0.2 wt%、0.4 wt%、1.0 wt%、2.0 wt%、4.0 wt%）的 k_{obs}分别为 0.112 4 h^{-1}（R^2=0.999）、0.218 2 h^{-1}（R^2=0.985）、0.219 1 h^{-1}（R^2=0.981）、0.244 5 h^{-1}（R^2=0.974）、0.234 5 h^{-1}（R^2=0.995）、0.213 8 h^{-1}（R^2=0.961）。增加双金属量可以增加发生脱氯反应的活性表面[138]，在纳米 Pd/Fe 降解氯代烯烃[139]和微米级 Fe/Pd—CEM 降解 TCE 体系中均观察到这种趋势[140]。其强化机理主要包括：① Ni 的催化作用，负载在 ZVI 上的 Ni 与 Fe 形成无数微小的原电池，加速了铁的腐蚀，从而在颗粒表面形成无数个点蚀区域而形成更多的新鲜表面，增加了活性反应点，能够有更多的释放电子区域参与 CCl_4 的还原脱氯反应，从而强化了 CCl_4 的脱氯降解；② ZVI 负载 Ni 后可以减少颗粒表面的铁氧化物，增加了铁的有效吸附点位，有利于污染物的吸附[141]。同时，Ni 是良好的电子导体，当 CCl_4 吸附到 ZVI 表面的 Ni 颗粒上，电子也可以通过 Ni 传递给有机物，由此增加了颗粒表面的有效反应区域。③ Ni 原子表面因具有空的电子轨道，因此对含有未饱和电子对的化学物，具有很强的化学吸附能力，在含氯有机物氢解过程中，能促使氢气分子分解成氢原子，且吸附于 Ni 金属表面，增加了氢原子还原的几率[142]。具有催化作用的 Ni 增强了双金属表面原子氢的生成，从而改变了铁的电子特性；随后吸附在 Fe—Ni 表面的氯代烃的 C—Cl 发生断裂，Cl 被 H 所取代[143]。沉积在 ZVI 颗粒表面的 Ni 对 CCl_4 的还原脱氯具有较强的催化作用，随着 Ni 负载量的增加，在 ZVI 颗粒表面的 Ni 颗粒数量增多，与基体金属形成更多的 Ni—Fe 电偶电池，导致体系的表观准一级反应速率常数明显增加。当催化金属的质量增大到一定程度后，其强化作用趋于平缓，甚至造成降解效率的降低。在本项研究中，负载量为 1.0%的 Ni—Fe 体系的 CCl_4 脱氯速率最高，是 ZVI 体系的 2.17 倍。

与 Ni—Fe 体系相似，Cu—Fe、Ag—Fe 两个双金属体系中 CCl_4 的降解效率随着 Cu、Ag 负载量的增加也呈现出先增加后减小的趋势（图 7-34、图 7-35）。但这两种体系对 CCl_4 的降解速率较 Ni—Fe 体系快很多。对于 Cu—Fe 体系来说，反应 120 min 时 CCl_4 的降解率达到 90%以上；不同 Cu 负载量（0.0 wt%、0.2 wt%、0.4 wt%、1.0 wt%、2.0 wt%、4.0 wt%）的 k_{obs}分别为 0.112 h^{-1}（R^2=0.999）、1.261 h^{-1}（R^2=0.999）、1.281 h^{-1}（R^2=0.996）、2.480 h^{-1}（R^2=0.967）、2.345 h^{-1}（R^2=0.958）、2.256 h^{-1}（R^2=0.944）。虽然负载量 1.0 wt%的 Cu—Fe 体系的 CCl_4 还原脱氯速率仅略高于负载量为 2.0 wt%和 4.0 wt%的，但却明显高于 ZVI 体系，是 ZVI 体系的 22.1 倍。与 Fe—Ni 体系类似，ZVI 的直接还原和 Cu 的催化加氢是 Fe—Ni 体系中氯代烃类的主要去除机制[144]。

图 7-35 为 Ag—Fe 双金属颗粒对 CCl_4 的降解，从中可以看出，反应 60 min 后，负载量为 0.2 wt%和 0.4 wt%的体系中 CCl_4 的降解率分别为 94.7%和 98.6%，而负载量为

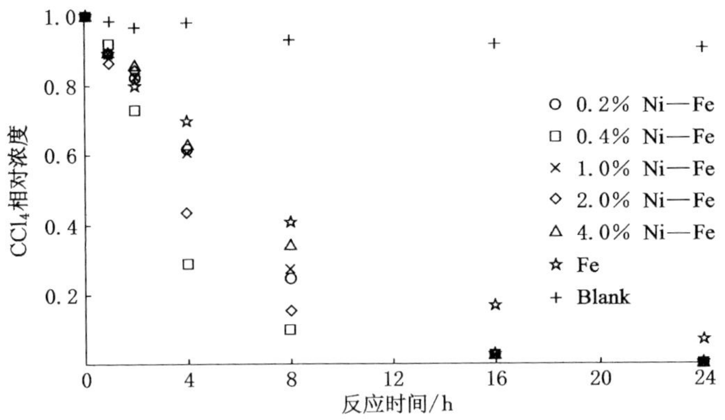

图 7-33　Ni—Fe 双金属颗粒对四氯化碳的降解情况
（Ni 负载量 0.2wt%～4.0wt%）

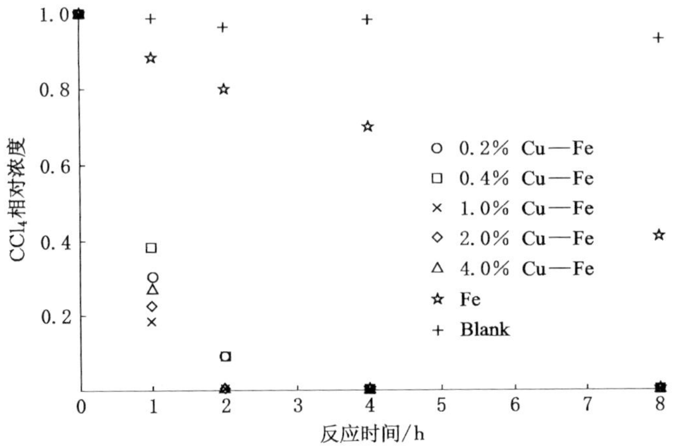

图 7-34　Cu—Fe 双金属颗粒对四氯化碳的降解情况
（Cu 负载量 0.2 wt%～4.0 wt%）

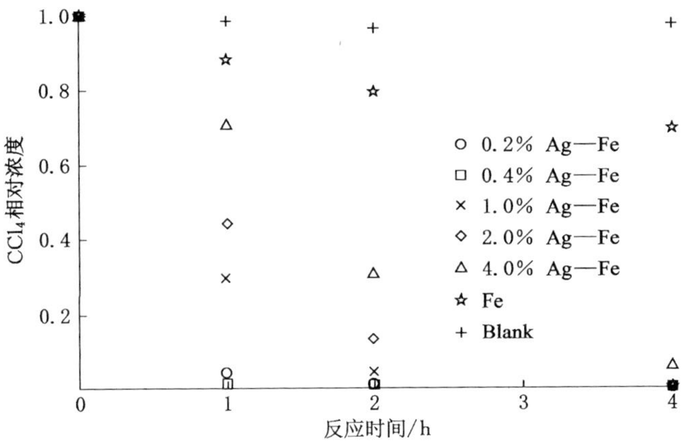

图 7-35　Ag—Fe 双金属颗粒对四氯化碳的降解情况
（Ag 负载量 0.2 wt%～4.0 wt%）

4.0 wt%的 Ag—Fe,其 CCl_4 降解率仅为 30.1%。总体来说,Ag 负载量低于 1.0 wt%的体系的 CCl_4 降解效果较好。沉积在 ZVI 颗粒外层的金属 Ag 在 CCl_4 的还原过程中起着重要的催化作用,它不但可以加速铁的腐蚀和氢气的产生,并且能将所产生的氢气吸附在颗粒外层并加以活化,这就会提供更多的表面活性位点,使其反应活性提高,从而提高了降解效率[145]。

综上所述,负载 Ni、Cu、Ag 等催化剂,可以强化零价铁对 CCl_4 的还原脱氯效果,双金属体系对 CCl_4 的脱氯降解速率顺序为 Ag—Fe>Cu—Fe>Ni—Fe。实验结果显示,CCl_4 在双金属体系中的降解途径为 ZVI 表面的直接还原[式(7-22)]和催化金属的催化加氢还原[式(7-25)～式(7-28)]两种;同时也表明,pH 值是影响氯代有机物降解速率的重要参数。

① ZVI 的直接还原:

$$Fe^0 + CCl_4 + H^+ \rightarrow Fe^{2+} + CHCl_3 + Cl^- \tag{7-24}$$

② 催化加氢还原:

电子传递:

$$Fe \rightarrow Fe^{2+} + 2e^- \tag{7-25}$$

$$2H_2O + 2e^- \rightarrow H_2 + 2OH^- \tag{7-26}$$

活化过程:

$$2M(M=Ni、Cu、Ag) + H_2 \rightarrow 2M\text{-}H^* \tag{7-27}$$

加氢反应:

$$M\text{-}H^* + CCl_4 \rightarrow M + CHCl_3 + H^+ \tag{7-28}$$

(二) 不同铁基双金属体系对四氯化碳降解的差异性分析

一般认为,双金属对污染物的去除作用主要包括两种机制[119]:① 通过复合金属(Ni、Cu、Pd)的氧化还原电位诱导零价铁释放出电子,克服了氧化还原反应中电子传递的自我抑制,加速还原脱氯反应;② 第二种金属作为催化剂,在加氢反应中,可以促进颗粒表面活性氢的生成并改变 Fe 的电子特性,从而有利于电子和活性氢传递到目标污染物,有效提高加氢脱卤反应效率。

溶液中存在不同类型金属元素时,由于其腐蚀电位的差异,导致腐蚀电位较负的金属(阳极)腐蚀速度增大,而腐蚀电位较正的金属(阴极)的腐蚀过程受到抑制,这种现象称之为电偶腐蚀(Galvanic Corrosion)[146]。双金属对氯代有机物的还原脱氯行为与电偶腐蚀类似。零价铁是中强还原剂,Fe/Fe^{2+} 的标准电极电位为 −0.44 V。零价铁负载第二种金属后,沉积在零价铁颗粒表面的金属颗粒(如 Ni、Cu、Ag)与 Fe 组成无数微小的腐蚀电池(如图 7-36 所示,其中 Fe 为阳极,第二种金属为阴极),加速了铁的腐蚀和电子释放速率,从而强化了 CCl_4 的脱氯降解作用。Ni/Ni^{2+}、Cu/Cu^{2+}、Ag/Ag^+ 的标准电极电位分别为 −0.28 V、+0.34 V、+0.80 V[147],所以组成 Ni—Fe、Cu—Fe、Ag—Fe 原电池后,其电池电动势可以达到 0.16 V、0.78 V、1.24 V,因此在上述双金属体系中铁的腐蚀速率大小顺序为:Ag—Fe>Cu—Fe>Ni—Fe 体系。

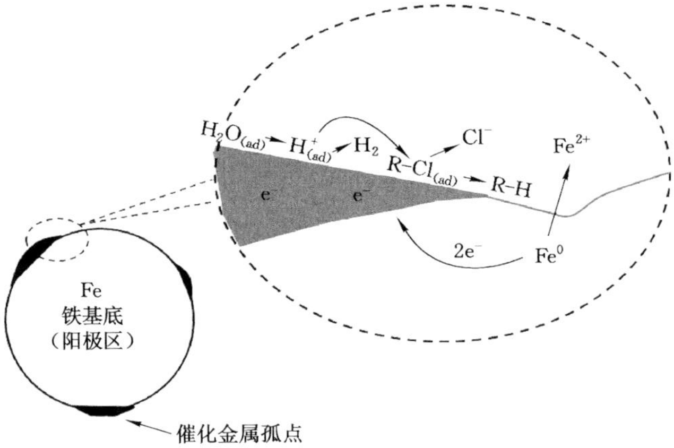

图 7-36　厌氧腐蚀介质中双金属的腐蚀过程示意图

第四节　本章小结

(1) 海绵铁粉可以有效还原降解四氯化碳(CCl_4)，约有 75%的 CCl_4 通过氢解作用转化为氯仿(CF)，但 CF 在 ZVI-H_2O 体系中的降解速率较慢。表面酸洗活化对 ZVI 降解 CCl_4 影响不明显；ZVI 对 CCl_4 的降解符合准一级反应动力学，降解表观反应速率常数随 ZVI 投加量(0～40 g/L)增加而线性增加，表面积标准化反应速率常数表明适宜的投加量为 20 g/L；酸性条件有利于 CCl_4 的降解，其降解表观反应速率常数随着 pH 值的升高而减小。

(2) 地下水化学成分对 ZVI 降解 CCl_4 影响明显。岩溶地下水中常见的 Cl^-、SO_4^{2-}、HCO_3^- 等阴离子促进了 CCl_4 的降解，影响大小次序为 $HCO_3^- > SO_4^{2-} > Cl^-$；$Fe^{2+}$ 可以促进 ZVI 对 CCl_4 的降解，且 Fe^{2+} 浓度越高，CCl_4 降解速度越快；腐植酸的存在抑制了 CCl_4 的还原降解，其抑制效应随着腐植酸浓度的增加而增强。

(3) Ni、Cu、Ag 等催化金属非均匀地负载在铁基体上，改变了 ZVI 颗粒的表面特性和反应活性，显著强化了 ZVI 对 CCl_4 的还原降解效率。CCl_4 在双金属体系中的降解途径为 ZVI 颗粒表面的直接还原及催化金属表面的催化加氢还原，但以催化加氢还原为主。Ni—Fe、Cu—Fe、Ag—Fe 对 CCl_4 的还原降解速率大小顺序与其电偶电池电动势的大小顺序一致，即 Ag—Fe 对 CCl_4 的降解速率最快，Cu—Fe 次之，Ni—Fe 最慢。

第八章　七里沟水源地四氯化碳污染修复工程实践

第一节　四氯化碳污染场地综合修复技术体系

地下水污染场地的控制与修复是一项复杂的系统工程，需要考虑污染源和污染羽的控制，如图 8-1 所示。首先要进行污染源的调查研究，包括污染源的辨析、污染程度和范围的确定等；地下水污染场地污染的控制和修复，首先要去除污染源，控制污染物的来源，然后考虑污染物的削减，包括浓度、毒性的降低，以及污染物在环境中迁移能力的降低等；要研究污染物在地下环境中的迁移和转化作用，建立数值模型进行模拟预报，从污染的途径上阻断污染物的迁移，进行污染羽的控制；最后，进行基于风险评估的污染场地污染物的异位处理和原位修复。

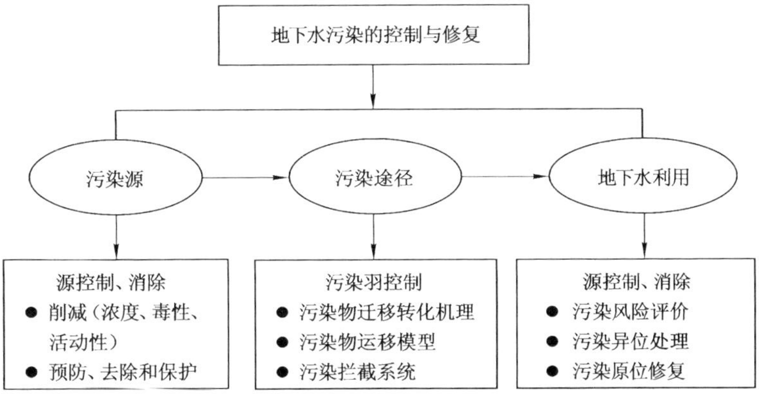

图 8-1　污染场地控制与修复的内容与框架

为保障水源地内以及供水区内人民的身体健康，一方面需要采取一定的应急措施来规避或减轻风险，同时也需要从根本上对污染进行治理以恢复水源地的供水功能。七里沟水源是徐州市重要的供水水源，在受到污染前，水质很好，曾为徐州市的淡水保障发挥了巨大作用。即使是在目前徐州市建立骆马湖供水工程的条件下，主要以地表水作为供水水源的条件下，作为后备应急水源地，七里沟岩溶水的四氯化碳污染治理与修复也具有战略价值与意义。而且，十几年来，七里沟水源地岩溶水中四氯化碳含量已大幅度下降，其治理、修复难度也大大降低。综合考虑污染源去除与污染羽控制，本书提出了全场修复的集成技术体系，即污染源附近松散层的强化生物修复、重污染水井的抽出—曝气—活性炭吸附和轻污染水井的抽出—曝气—回用。全场控制策略如图 8-2 所示。

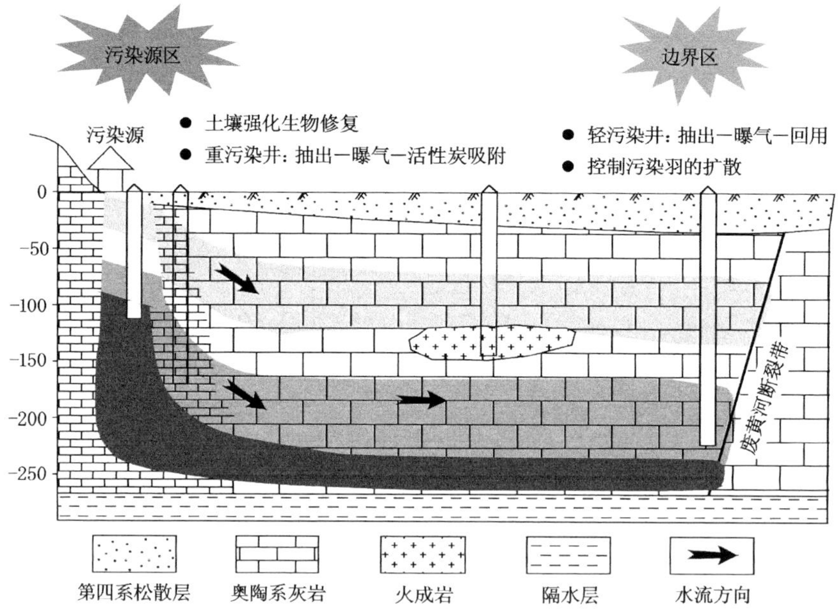

图 8-2　全场修复策略图

第二节　四氯化碳污染曝气—吹脱—回用示范工程实践

一、曝气吹脱技术的原理与适用性

挥发性有机物的去除技术主要包括活性炭吸附、曝气吹脱、生物处理、膜技术和高级氧化等。在这些方法中，去除小分子量挥发性有机物需要使用纳滤膜或者反渗透膜，技术经济成本较高，并且经常面临膜污染和膜稳定性等问题。生物处理需要较长时间，降解效率不高，不适合应急短时间处理要求。高级氧化操作成本较高，并且装置不宜移动，伴随有氧化副产物产生。美国环境保护署（EPA）指定颗粒活性炭（GAC）吸附和填料塔曝气吹脱（PTA）为最佳可行技术（BAT）。

曝气吹脱技术是使水相与空气接触，利用水中溶解化合物的实际浓度与平衡浓度之间的差异，将挥发性组分不断由液相扩散到气相中，达到去除挥发性有机物的目的。曝气吹脱技术的优点主要有以下几点：

① 处理费用较低。吹脱法是一种成本较低的地下水净化技术，其处理费用约为粒状活性炭技术的 1/5。

② 反应时间较短。

③ 无需添加化学物质。在处理过程中，吹脱法不需要加入其他化学物质，这不但降低了操作成本，也降低了后续处理难度，不需要对副产物或者废渣等进行处理。

④ 操作简单。在处理现场，吹脱法可用鼓风机连接穿孔软管或用机械曝气的形式进行操作，技术上难度低，也容易在发生突发污染后立即投入使用。

选择吹脱技术应该考虑污染物的亨利系数和蒸气压。四氯化碳的亨利系数为 2 300 Pa m³/mol(24.8 ℃)、蒸气压为 15.26 kPa(25 ℃),容易挥发或吹脱。

曝气吹脱法的主要缺点是设备动力(电力)需求大,对现场动力源有较高要求;另外,吹脱法只是将挥发性有机物从水体转移至大气,并未将其无害化,有可能造成二次污染。但在符合以下条件时则有较大的价值:

① 污染物质确实是挥发性有机物,吹脱法对其的去除效率高。

② 常规技术对该挥发性有机物无效或者效果极差。例如四氯化碳等挥发性卤代烃等基本不可能在短时间内用活性炭吸附以及氧化等常规应急方法有效去除,此时曝气吹脱才应成为首选技术。

③ 发生污染的水源地适宜安放吹脱设备并能够提供足够的动力(电力)。

徐州首创水务公司的下泵供水井和铜山区自来水公司 10 号供水井,所在场地宽敞,便于布置中试设备;同时,只需对原来的供电设施进行简单的改造即可满足曝气吹脱工程的电力需求,因此被选为处理试验井。

二、示范工程设计简介

对抽出—处理工程进行了持续改进,从凤凰山井的露天混凝土曝气池,到下泵井的封闭式玻璃钢水箱曝气池,再到铜山自来水公司 10 号井的封闭式玻璃钢喷淋—曝气池,处理原水四氯化碳浓度也逐步增加,凤凰山井水中四氯化碳浓度在 4 μg/L 左右,下泵井水中四氯化碳浓度为 6～10 μg/L,铜山自来水公司 10 号井四氯化碳浓度为 10～16 μg/L。现场治理工程如图 8-3～图 8-5 所示。

图 8-3　凤凰山井地下水四氯化碳污染治理工程

图 8-4　下泵井地下水四氯化碳污染治理工程设施

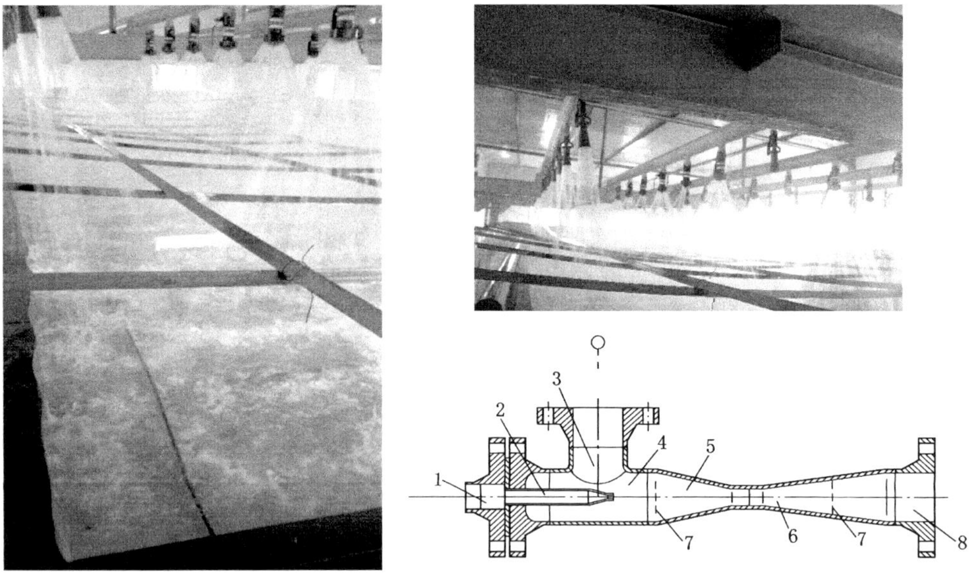

图 8-5 铜山自来水公司 10 号井地下水四氯化碳污染治理设施

铜山自来水公司 10 号井中试工程设备为玻璃钢水箱，尺寸为 12 m×5 m×3 m(长×宽×高)，单块玻璃钢尺寸 1 m×1 m，厚度 10 mm，生产厂家为安丘市北方冷却塔有限公司。运行时，水通过两级射流曝气器喷淋进入集水槽(宽度约 4 m，长度约 9 m，与水池底部距离约 2 m)，然后跌入水池进行曝气，设计示意图如图 8-5 所示。采用鼓风曝气的形式，风机为山东章晃 SSR-150 罗茨风机，主要参数为流量 18.03 m^3/min、升压 58.8 kPa。曝气头主要技术参数见表 8-1 所示。

表 8-1　　陶瓷曝气盘主要技术参数

外形直径/cm	215
服务面积/(m^2/个)	0.3～0.75
通气量/(m^3/h・个)	1.5～3
气孔率/%	36～42
微孔孔径/μm	200
理论动力效率/(kg/kW・h)	4～6

第三节　示范工程运行效果分析

一、运行效果评价

(一) 下泵井处理工程

(1) 总体效果评价

曝气吹脱法的影响因素主要有气水比、有机物溶解度、有机物在水和空气中的扩散力及水温等，其中气水比是除温度外的主要控制因素。本次试验主要考察了不同曝气量、不同水深等因素对曝气吹脱四氯化碳效果的影响。其中曝气量以风机的频率表示，分别为 30、40、50 Hz，相应的曝气量分别为 11.0 m^3/min、14.7 m^3/min、18.4 m^3/min；水深分别设定为 1.3、1.5、1.7 m，进水流量为 240 m^3/h。不同条件下曝气吹脱试验运行结果如图 8-6 所示。

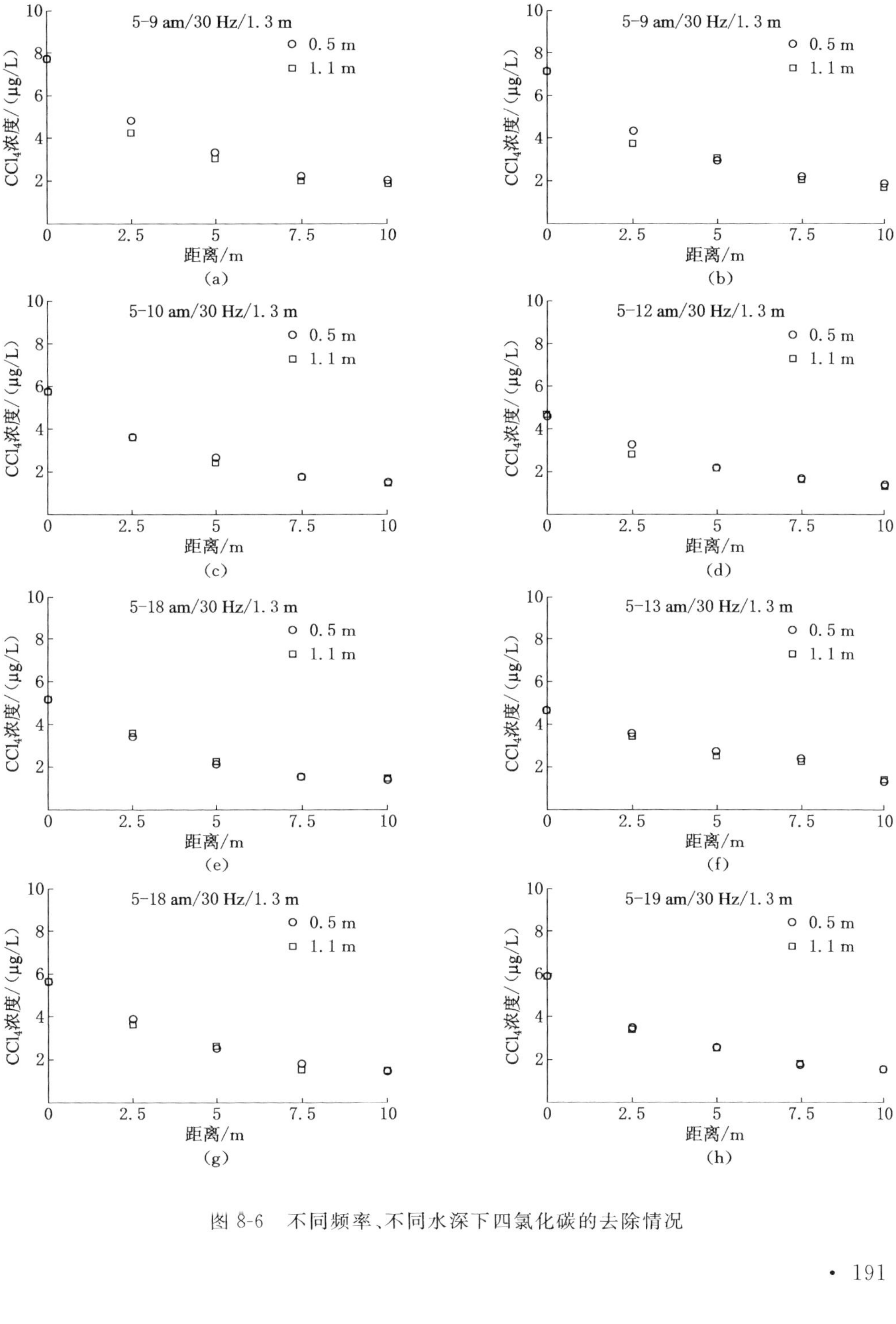

图 8-6　不同频率、不同水深下四氯化碳的去除情况

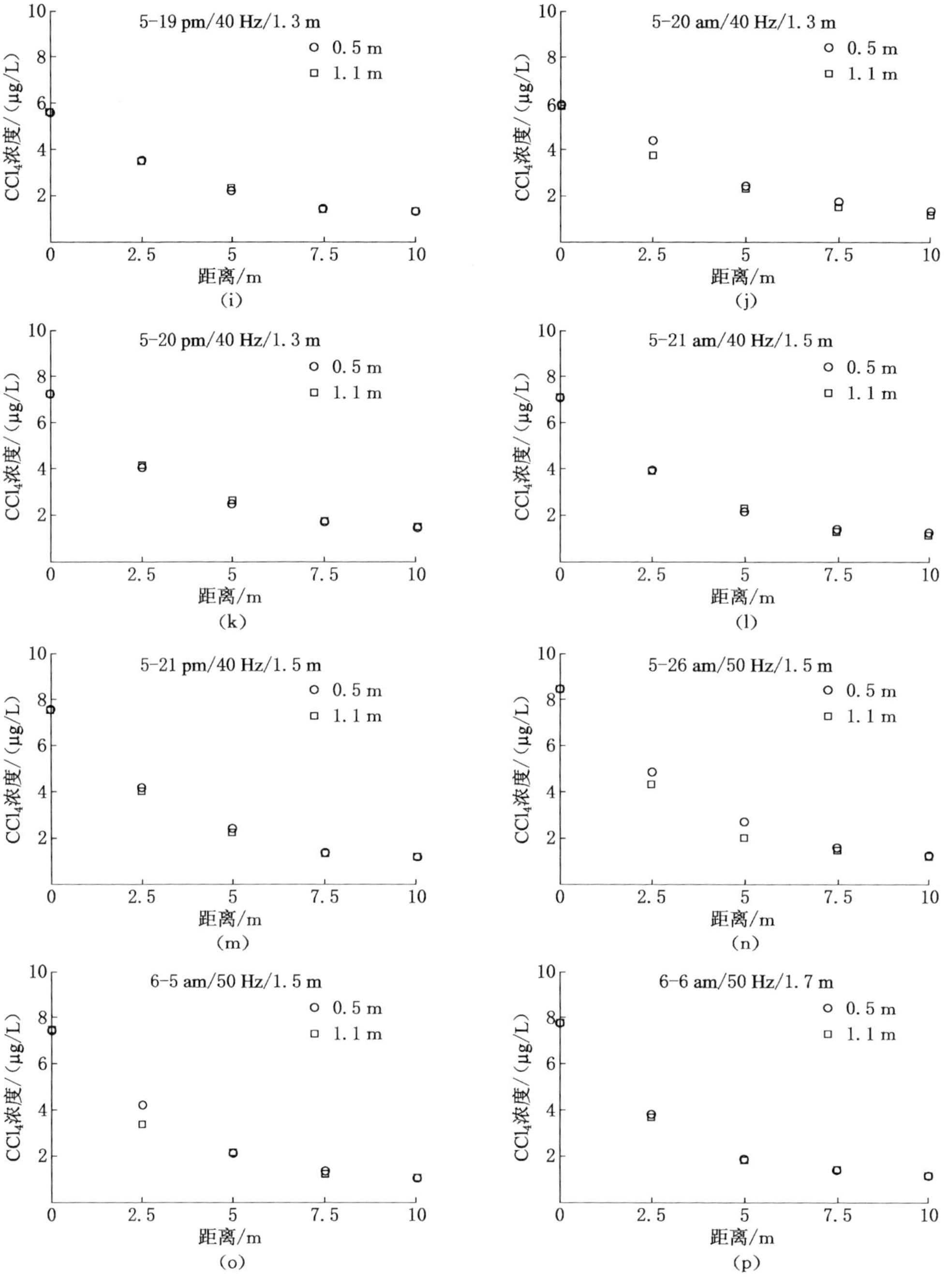

续图 8-6　不同频率、不同水深下四氯化碳的去除情况

注:(1) am、pm 分别表示为上午、下午;

(2) 30 Hz、40 Hz、50 Hz 对应的风量约为 11.0 m^3/min、14.7 m^3/min、18.4 m^3/min

从图 8-6 可以看出,不同曝气量、不同水深条件下,出水中四氯化碳浓度均低于 2 μg/L,符合《生活饮用水卫生标准》(GB 57490—2006)中的规定限值。同时可以看出,随着距离的增加,水中四氯化碳浓度呈指数型规律降低,在距离进水口 0～5 m 的距离范围内,随着距

离的增加，曝气时间的增长，水中四氯化碳的浓度迅速降低，曝气吹脱效率增加显著；距进水口 7.5 m 后，随着距离和曝气时间的增加，曝气吹脱效率增加不明显。

不同条件下地下水中四氯化碳的去除率如表 8-2 所示，从中可以看出：

表 8-2　　不同条件下水中四氯化碳去除率

水深/m	风机频率/Hz	去除率/%	
		0.5 m 处	1.1 m 处
1.3	30	75.6	74.0
		73.3	75.6
		73.0	74.4
		69.8	71.7
		70.4	69.7
		72.8	71.3
		73.0	72.9
		72.8	73.2
	40	77.3	77.9
		77.0	79.7
		79.3	78.5
1.5	40	82.2	83.7
		83.9	83.8
	50	85.2	85.0
		86.0	85.2
1.7	50	84.9	84.9

① 当试验水深为 1.3 m、曝气量为 11.0 m^3/min 时，0.5 m 和 1.1 m 取样口处四氯化碳的去除率分别为 69.8%～75.6%（均值 72.6%）和 69.7%～75.6%（均值 72.8%）。当曝气量增加为 14.7 m^3/min 时，0.5 m 和 1.1 m 取样口处四氯化碳的去除率分别为 77.0%～79.3%（均值 77.9%）和 77.9%～79.7%（均值 78.7%）。

② 当试验水深为 1.5 m、曝气量为 14.7 m^3/min 时，0.5 m 和 1.1 m 取样口处四氯化碳的去除率分别为 82.2%～83.9%（均值 83.0%）和 83.7%～83.8%（均值 83.8%）。当曝气量增加为 18.4 m^3/min 时，0.5 m 和 1.1 m 取样口处四氯化碳的去除率分别为 85.2%～86.0%（均值 85.6%）和 85.0%～85.2%（均值 85.1%）。

③ 当试验水深为 1.7 m、曝气量为 18.4 m^3/min 时，0.5 m 和 1.1 m 取样口处四氯化碳的去除率均为 84.9%。

总体来说，曝气吹脱下四氯化碳的去除率一般不超过 85%。

(2) 水位的影响

随着气泡在曝气池中不断向上运动，气泡中污染物浓度亦随着接触时间的增加而增加，同时水中污染物浓度逐渐降低；当气泡上升到达某一高度时，气泡中污染物浓度与液相中污染物浓度达到平衡，当曝气池中曝气水深超过这个高度时，出口处气体浓度达到饱和。因此在这个高度之上，液体中污染物浓度和气体中污染物浓度不会发生变化，这个高度称之为相平衡高度。从图 8-6 所示不同条件下四氯化碳的浓度变化曲线可以看出，0.5 m、1.1 m 取样口处水中四氯化碳的浓度基本相同，表明本中试工程中，四氯化碳曝气吹脱的相平衡高度应该小于 0.5 m。本次中试试验设定的最低水位为 1.3 m，高于四氯化碳曝气吹脱的相平衡高度。因此水位对水中四氯化碳的曝气吹脱去除的影响主要表现为水力停留时间的影响。通过计算，本次中试试验中 1.3 m、1.5 m、1.7 m 水深对应的水力停留时间分别为 16.25 min、18.75 min、21.25 min。

为了消除温度对吹脱效率的影响，研究选择气温相近的时段来探讨水深对于曝气吹脱效果的影响，如图 8-7 所示。随着水深的增加，水力停留时间也相应增加，即水体与微小气泡的接触时间增加，从而使得水体中更多的四氯化碳转移到气泡中而去除，从图 8-7(a)可以看出，水深 1.5 m 时的四氯化碳去除效率要明显高于 1.3 m，当水深为 1.5 m 时，2.5 m、5 m、7.5 m 及出水口处四氯化碳的去除率比水深 1.3 m 时分别高 4.9%、6.9%、7.1%和 5.3%。但是，由于受到气水平衡的影响，当超过一定停留时间后，继续增加水深对四氯化碳去除效率提高的影响将减弱。从图 8-7(b)可以看出，水深为 1.7 m 和 1.5 m 时，7.5 m 和出水口处四氯化碳的去除率基本一致，表明在本中试试验中，当水深超过 1.5 m 时，再增加水深对于四氯化碳的去除效率意义不明显。同时，停留时间的增加，相应地增加了曝气成本，因此在后续工程应用中水深可以设置为 1.5 m。

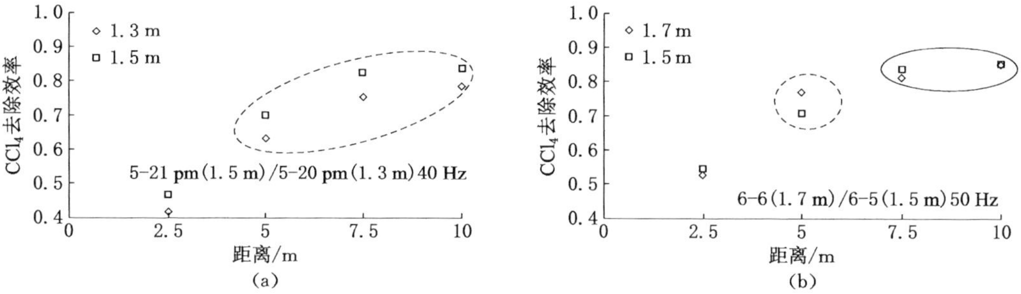

图 8-7　不同水位时的曝气吹脱效果

注：(a) 1.3 m、1.5 m 时初始四氯化碳浓度分别 7.53、7.20 μg/L；

(b) 1.5 m、1.7 m 时初始四氯化碳浓度分别为 7.38、7.76 μg/L

(3) 曝气量的影响

曝气吹脱法主要通过不断向水中通入空气，以气液两相中四氯化碳的实际浓度与平衡浓度之间的差异，将四氯化碳由液相扩散到气相中，从而去除水中的四氯化碳。在一定的气液比范围内，随着空气量的增加，水中四氯化碳的去除率将不断增大，但同时能耗也不断提高，因此，在满足出水水质要求的情况下，合理控制气液比是曝气吹脱法去除水中四氯化碳的关键参数。

本中试试验通过固定进水流量，改变曝气量来研究不同气液比对四氯化碳去除效果的影响，如图 8-8 所示。随着曝气量的增加，将水中四氯化碳浓度吹脱至 2 μg/L 所需的时间越来越短，但消耗的总气量也有所增加。此外，随着曝气吹脱时间的增长，曝气量的增大对水中四氯化碳去除率的影响也越来越不明显。如图 8-8(b)所示，当曝气量由 14.7 m^3/min 增加到 18.4 m^3/min，7.5 m 和 10 m 取水口处四氯化碳的去除率基本相同，说明当曝气量超过 14.7 m^3/min 后，继续增大曝气量对水中四氯化碳去除率的提高影响不大。因此，后续工程应用中，为了节约成本，曝气量可以控制在 14.7 m^3/min。

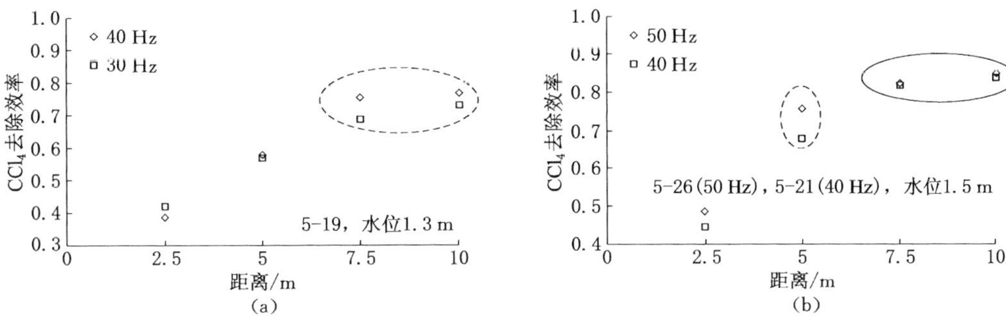

图 8-8　不同曝气量下四氯化碳的去除效率

注：(a) 30 Hz、40 Hz 时初始四氯化碳浓度分别为 5.89、5.64 μg/L；

(b) 40 Hz、50 Hz 时初始四氯化碳浓度分别为 8.45、7.06 μg/L

（二）铜山自来水公司 10 号井示范工程

下泵井中试工程试验结果表明，曝气吹脱对四氯化碳的去除效率一般不超过 80%。而铜山自来水公司 10 号井中四氯化碳一般在 10～15 μg/L，因此仅通过曝气吹脱很难达到供水标准(2 μg/L)。为此，在铜山自来水公司 10 号井示范工程中采用了“喷淋＋曝气吹脱”的联合技术，工程运行效果如图 8-9 所示。结果表明，当原水总四氯化碳浓度在 5.35～6.05 μg/L 时，仅喷淋时，出水中四氯化碳浓度为 1.67～2.2 μg/L，喷淋＋曝气时，出水中四氯化碳浓度为 0.81～0.93 μg/L，完全达到供水要求。

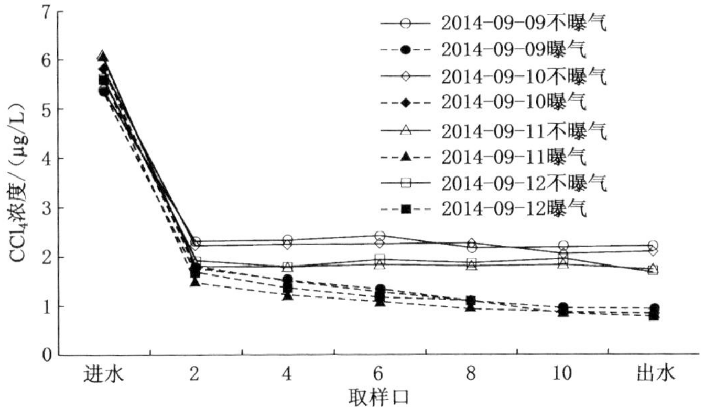

图 8-9　铜山自来水公司 10 号井治理工程运行效果情况

铜山自来水公司 10 号井示范工程 2015 年 1 月～10 月实现了回用，回用量为 151.6 万 m^3。运行期间进水、出水中四氯化碳浓度变化情况如图 8-10 所示，从中可以看出，10 个月的运行过程出水中四氯化碳浓度均能满足生活饮用水卫生标准中规定的限值。但是，实际运行过程中出现了管道结垢的问题。

铜山自来水公司 10 号井示范工程最大处理能力为 400 m^3/h，泵站曝气池及板房建设费用 25 万元，泵站给排水管道、电气安装费用 30 万元。运行费用如表 8-3 所示，与原来供水方式相比较，新增费用为曝气费用，约为 0.062 元/t。

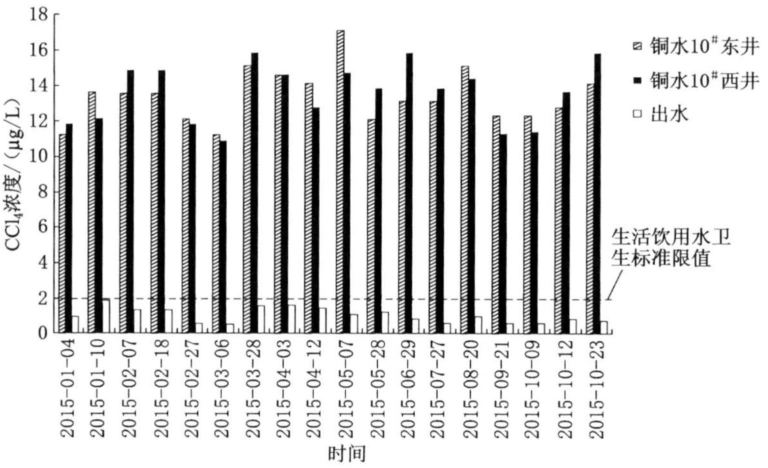

图 8-10　铜山自来水公司 10 号井示范工程进出水中四氯化碳浓度变化情况

表 8-3　　　　　　　　　　**供水成本核算**

项目	费用/(元/t 水)	计算依据
抽水电费	0.18	(55 kWh * 0.829 元/kWh)/(250 m³/h)
曝气水费	0.062	(30 kWh * 0.829 元/kWh)/(400 m³/h)
加压费用	0.18	(55 kWh * 0.829 元/kWh)/(250 m³/h)

说明：曝气为新增费用，0.062 元/t，以曝气机最高频率和最高处理水量 400 m³/h 计算。

二、铜山自来水公司 10 号井示范工程结垢问题

岩溶地下水从地下抽排到曝气池，压力减小导致水中 CO_2 溶解度的下降；另一方面，曝气带走了部分水中溶解的 CO_2，同时，曝气过程中空气温度显著升高，从而造成碳酸钙沉淀析出；但是，碳酸钙溶解—沉淀平衡需要一定的时间，因此碳酸钙的析出还会发生在输水管道中，甚至到用户水表。图 8-11 为管道和曝气盘结垢情况，图 8-12 是回用 10 个月后加压泵叶轮处结垢的微观形貌以及 X 射线能谱图，结果显示沉淀物主要是碳酸钙，且其结构比较致密。表 8-4 是水中硬度沿程变化结果，从中可以看出，喷淋对于硬度没有影响，而曝气后水的硬度减少了 10 mg/L。

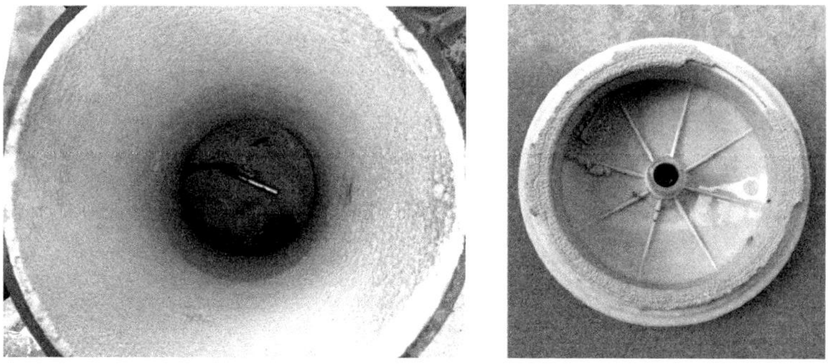

图 8-11　管道和曝气盘结垢情况

图 8-12　二次加压泵叶轮处结垢的微观形貌及 X 射线能谱图

表 8-4　　　**地下水硬度的沿程变化结果**

监测点位	东井	西井	喷头	集水槽	出水	用户(距离约 100 m)
硬度/(mg/L)	355	355	356	355	345	340

三、铜山自来水公司 10 号井示范工程改造工程

为解决运行过程中结垢问题，对铜山自来水公司 10 号井示范工程进行了改进，主要改造的内容有：

① 进水前增加了除砂器，从而缓解了两级射流曝气器的堵塞问题。

② 增加了气路长度。鼓风曝气机鼓入的空气首先经过多路设置在曝气池中的管道进行降温，然后在通过曝气盘进入水中，从而有效降低了气体的问题，如图 8-13 所示。

③ 将曝气池最后一段设置了三层 PP 棉，其结构为外层纤维粗、内层纤维细，外层疏松、内层紧密的渐变渐紧结构。过滤精度 1～5 μm。

④ 曝气池出水后增加了高频处理系统和袋式过滤器。高频处理系统又名电子水处理器，由主机产生电磁场对水质进行处理，起到阻止水垢形成的作用。袋式过滤器滤料为 1 μm 的 PP 棉，具体参数见表 8-5。

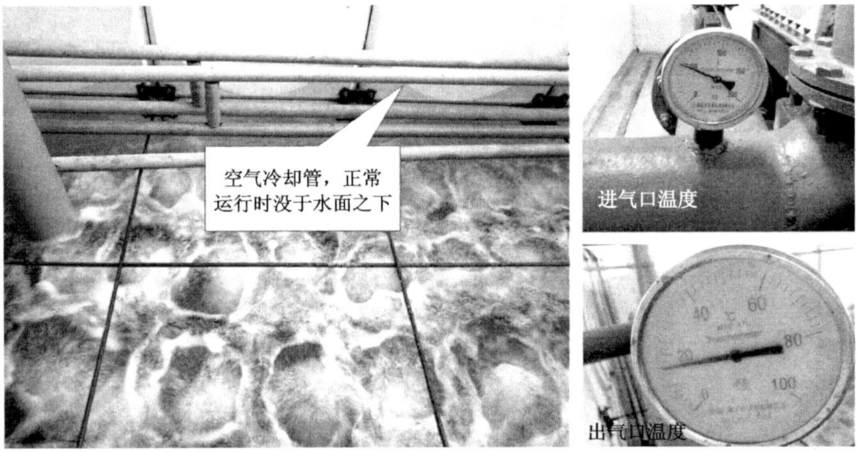

图 8-13　进气口、出气口部位变化

表 8-5　　**袋式过滤器规格参数**

型号	滤器直径/mm	滤袋数量/个	过滤面积/m^2	进出口/mm	理论流量/(m^3/h)	工作压力/MPa
BRD-BA16-2#	1 100	16	8	DN300	640	0～1.0

改造后系统运行效果如表 8-6 所示。从中可以看出，改造后系统出水四氯化碳浓度达标。观察管壁、PP 棉表面未发现结垢现象。但由于系统运行时间较短，其对结垢缓解效应还需要长期运行观察与评估。

表 8-6　　**改造后的示范工程运行效果**

	2016-6-24	2016-6-27	2016-7-1	2016-7-7
处理水量/(m^3/h)	52	215	215	215
风机频率/Hz	26	24	30	24
进水浓度/(μg/L)	22.40	16.70	22.90	18.8
出水浓度/(μg/L)	1.70	1.30	0.90	0.8
处理效率/%	92.4	92.2	96.1	99.5

第四节　本章小结

(1) 设计建设了喷淋—曝气—回用处理示范工程，考察了曝气量、水位等对示范工程处理效果的影响，结果表明该工程可以有效去除水中的四氯化碳。

(2) 针对示范工程运行过程中的结垢问题，进行了技术改造，主要包括进水前增加了除砂器、增加了气路长度、曝气池出水后增加了高频处理系统和袋式过滤器等。

第九章 结论与建议

第一节 结 论

在国家及省等重点计划的支持下，经过 16 年系统监测和调查，对非均质裂隙岩溶含水层中污染物的迁移规律、演变机制及修复技术等进行了深入系统的研究，在探索二元复杂岩溶含水系统中四氯化碳运移机理及控制方面取得了突破，指导了徐州市七里沟岩溶水四氯化碳污染场地的治理。主要成果与结论如下：

（1）系统深入地研究了区内岩溶含水介质的双重特征，确定了岩溶管道的具体空间位置。

① 研究区七里沟水源地含水介质主要为第四系松散层和碳酸盐岩为主的沉积构造地层，具有明显的非均质性：岩溶发育具有明显的方向性和层次性，沿 NE 方向岩溶带发育程度愈来愈好；污染源区和铜山新区岩溶发育Ⅰ～Ⅲ岩溶带，北部七里沟—三官庙地段发育有Ⅰ～Ⅳ岩溶带；岩溶通道结构复杂，存在主运移通道和次一级运移通道。岩溶含水介质属于溶隙孔隙网络—裂隙管道强径流带组合流，具有统一的水动力场。

② 现场示踪试验表明：研究区地下水储量较大，流速较快，管道介质中的最大流速达 3 km/h 以上，说明岩溶含水系统中存在断裂带、溶洞等管道介质，透水性好，地下水运动速度较大，是良好的运移通道。通过示踪试验确定了管道介质在平面上的分布规律，获得了岩溶管道介质的空间具体位置，为后期数值模拟将其作为岩溶地下水和四氯化碳的主运移通道奠定了基础。

（2）系统分析了七里沟岩溶水源地四氯化碳 16 年连续的监测信息，揭示了四氯化碳在岩溶含水层中的空间分布与时间演化特征。

① 四氯化碳在岩溶含水层分布平面上沿强径流带和岩溶发育带（NE 方向）扩展，且表现出南北两个污染重心，污染重心分布在南部污染源附近亚区和北部人工集中排泄亚区，四氯化碳污染主要发生在地下水流场降落漏斗中心内；垂向上表现为在水文地质条件相似的情况下，观测井中四氯化碳浓度随井深增加而升高。

② Mann-Kendall 非参数检验法分析，结果表明，观测井中四氯化碳浓度呈显著下降趋势，且污染源区和北区下降程度更为显著。

③ 含水层中四氯化碳污染羽长度上表现为稳定型、浓度上表现为收缩型。含水层中四氯化碳的衰减主要由区域被动抽出、对流稀释、向上覆松散层挥发、含水介质吸附及微生物降解等过程控制。

④ 四氯化碳在含水层中的运动主要受地下水流场、含水介质不均一性、开采量、降雨量等因素的综合影响。地下水流场决定了四氯化碳的扩散范围；差异性的开采导致污染的岩

溶水向北区富集，造成北区四氯化碳浓度较高，同时开采井形成的局部复杂流场造成了四氯化碳浓度的急剧变化。

(3) 在十几年中，共在污染源区施工松散施工钻孔 18 个，并采集土样进行了四氯化碳和三氯化碳(氯仿)的测试，并设置了 6 口孔隙水观测孔，系统监测孔隙水质变化。在此基础上，利用松散层—岩溶含水层二元结构模型和 Hydrus-1D 软件，系统研究了四氯化碳在松散层中的垂向迁移特征。

① 污染源农药厂排污渠和该农药厂水井附近的土壤中均检测出四氯化碳和氯仿，含量分别为 0.7～42.2 μg/kg 和 2.6～26.5 μg/kg。土壤孔隙水四氯化碳主要在农药厂水井附近检出，含量为 1.4～2.8 μg/L。四氯化碳在土壤中的分布主要受四氯化碳来源、四氯化碳的挥发作用和四氯化碳的自然衰减作用所控制，由此，四氯化碳最高含量均出现在某农药厂井附近，四氯化碳主要在 3 m 以下的土层中被检测到，且随深度增加而增加；表层土壤四氯化碳含量相对较低或未检出。

② 土壤有机质含量是影响四氯化碳在土壤中渗透迁移的重要因素。在有机质含量较高的土壤中，四氯化碳在土壤有机质中的分配起主导作用，本研究中有机质含量分别为 1.60%、0.13%和 0.059%的黏壤土，土壤中四氯化碳平衡浓度分别为 113.3、8.6 和 4.1 μg/kg。土壤夹层的存在对四氯化碳的垂向渗透迁移有很大影响，黏土夹层对四氯化碳的迁移有阻挡、延滞作用，会延缓四氯化碳的垂向迁移，造成四氯化碳的蓄积、浓度的升高。

③ 土壤有机质含量是影响四氯化碳淋溶的主要因素。在有机质含量高的土壤中四氯化碳的淋溶性较差，淋洗较难清除其中的四氯化碳。土壤颗粒是影响四氯化碳淋溶性的另一重要因素，四氯化碳在砂质壤土中的淋溶性优于黏性土壤。

④ 运用 Hydrus-1D 模拟计算了污染源区四氯化碳土壤松散层底部的渗出浓度，结果显示，2004 年 8 月松散层底部四氯化碳平均渗出浓度为 2 773.6 μg/L，可以作为下渗岩溶含水层的初始浓度。由于农药厂污染源区与整个研究区相比，面积较小，因此可概化为点状污染源，作为含水层四氯化碳运移模型的初始条件。

(4) 基于岩溶双重含水介质理论，建立了岩溶含水层孔隙—管道双重介质地下水流场模型与四氯化碳运移模型，对研究区内流场与四氯化碳污染状况进行了模拟预测。

① 基于岩溶双重含水介质理论，根据研究区岩溶含水介质特征，将岩溶地下水运动定义为孔隙介质中符合达西定律的线性流和管道介质中不符合达西定律的非线性紊流，考虑两种介质间的质量交换，引入双重介质水力交换系数，建立岩溶含水双重介质数学模型；根据研究区边界水文地质状况，设定模型边界，将研究区含水层系统概化为孔隙—管道双重介质非承压含水层，并根据钻孔资料定义模型含水层顶底板和管道介质高度，建立双重介质概念模型。运用 ModelMuse 模拟软件，依据渗透系数将管道介质划分为 12 条管道，孔隙介质划分为 13 个区域，选取 2004 年 4 月至 2005 年 4 月一个完整的水文年作为模型识别期，对模型相关参数进行识别以选取最优数据；模型的验证期选取 2005 年 4 月至 2012 年 4 月七个完整水文年的水位观测数据，将模拟值与实测值进行对比拟合。根据 3 个典型井的水位对比曲线得知，误差区间为 0.27～0.43 m，并参照 2009 年 12 月和 2011 年 8 月的水位拟合结果显示，模型较为准确可靠。

② 构建了污染源区四氯化碳污染的概念模型，分析了研究区内 2004 至 2012 年 8 年间四氯化碳的时空分布规律，在此基础上根据 21 口常规监测井、50 口普测井的四氯化碳浓度

连续监测数据，选取 2004 年 8 月至 2005 年 8 月一个完整的水文年，并以 2004 年 8 月松散层底部渗出浓度 2 773.6 μg/L 作为四氯化碳污染源的初始浓度，对溶质运移模型参数进行识别；选取 2005 年 8 月至 2012 年 4 月作为模型验证期，构建了研究区四氯化碳污染运移模型。结果显示，模拟值与实测值平均相对误差为 11.4%～16.7%，模型较为可靠。最后对研究区 2015、2018、2022 和 2025 年的四氯化碳污染羽演变情况进行预测，得知四氯化碳整体衰减速率表现为由快转慢并逐渐趋于稳定，最终达到动态平衡。随着农药厂的搬迁以及南区部分井点的抽水排泄治理工作，区内四氯化碳整体趋势为：污染浓度逐年降低，污染羽范围逐步缩减。从三口典型井浓度变化曲线和趋势线分析，污染羽南部 X-61 井浓度变化线性斜率约为－3.10，衰减速率最快，中部污染井 X-59 由于初始浓度相比较低，线性斜率最小，约为－0.57，衰减速率最慢，中部和北部污染羽分别将在 2022 年和 2025 年彻底消失。

(5) 筛选出了对四氯化碳具有高效降解能力的白腐真菌，探讨了四氯化碳生物降解机理和动力学过程。

① 从污染源区筛选出了能高效降解四氯化碳的白腐真菌，通过白腐真菌发酵进程实验，建立了菌体生长、产物生成、底物消耗动力学模型，为白腐真菌菌剂的大量培育提供了技术指导。

② 通过批实验、静态和动态原样土柱实验，分析了环境条件对白腐真菌降解四氯化碳的影响，建立了四氯化碳白腐真菌降解反应动力学模型，为后续的原位强化生物修复工程提供了理论依据。结果表明，四氯化碳质量浓度为 48 μg/L，稻壳浸出液体积浓度为 50 mL/L，葡萄糖质量浓度为 15 g/L，温度为 30 ℃，摇瓶机转速为 140 r/min，是白腐真菌降解四氯化碳的最佳因素组合。

(6) 采用静态批实验研究了海绵铁粉(ZVI)、铁基双金属对四氯化碳的还原降解过程，考察了投加量、催化金属类型及负载量、初始 pH 值、地下水化学成分等因素对降解效率的影响，运用扫描电子显微镜(SEM)、X 射线衍射(XRD)等表征手段对零价铁、铁基双金属颗粒反应前后的表面结构和成分进行测定，揭示了四氯化碳还原脱氯的反应机理。

① 海绵铁粉可以有效还原降解四氯化碳(CCl_4)，约有 75%的 CCl_4 通过氢解作用转化为氯仿(CF)，但 CF 在 ZVI-H_2O 体系中的降解速率较慢。表面酸洗活化对 ZVI 降解 CCl_4 影响不明显；ZVI 对 CCl_4 的降解符合准一级反应动力学，降解表观反应速率常数随 ZVI 投加量(0～40 g/L)增加而线性增加，表面积标准化反应速率常数表明适宜的投加量为 20 g/L；酸性条件有利于 CCl_4 的降解，其降解表观反应速率常数随着 pH 值的升高而减小。

② 地下水化学成分对 ZVI 降解 CCl_4 影响明显。岩溶地下水中常见的 Cl^-、SO_4^{2-}、HCO_3^- 等阴离子促进了 CCl_4 的降解，影响大小次序为 $HCO_3^- > SO_4^{2-} > Cl^-$；$Fe^{2+}$ 可以促进 ZVI 对 CCl_4 的降解，且 Fe^{2+} 浓度越高、CCl_4 降解速度越快；腐植酸的存在抑制了 CCl_4 的还原降解，其抑制效应随着腐植酸浓度的增加而增强。

③ Ni、Cu、Ag 等催化金属非均匀地负载在铁基体上，改变了 ZVI 颗粒的表面特性和反应活性，显著强化了 ZVI 对 CCl_4 的还原降解效率。CCl_4 在双金属体系中的降解途径为 ZVI 颗粒表面的直接还原及催化金属表面的催化加氢还原，但以催化加氢还原为主。Ni—Fe、Cu—Fe、Ag—Fe 对 CCl_4 的还原降解速率大小顺序与其电偶电池电动势的大小顺序一致，即 Ag—Fe 对 CCl_4 的降解速率最快，Cu—Fe 次之，Ni—Fe 最慢。

(7) 提出了四氯化碳污染场地综合修复技术体系，开发设计了喷淋—曝气—回用处理成套技术装备一套。

① 提出设计了七里沟水源地四氯化碳污染场地综合修复技术体系，即污染源附近松散层的强化生物修复、重污染水井的抽出—曝气—活性炭吸附和轻污染水井的抽出—曝气—回用体系。

② 设计建设了喷淋—曝气—回用处理示范工程，考察了曝气量、水位等对示范工程处理效果的影响，结果表明该工程可以有效去除水中的四氯化碳。铜山自来水公司 10 号井示范工程 2015 年 1 月～10 月实现了回用，回用量为 151.6 万 m^3。

③ 针对示范工程运行过程中的结垢问题，进行了技术改造，主要包括进水前增加了除砂器、增加了气路长度、曝气池出水后增加了高频处理系统和袋式过滤器等。

研究成果在国内外得到较大应用，2012 年获得“江苏省科学技术三等奖”，多家单位来徐学习污染场地研究治理、修复经验。

第二节 建　议

一、开展四氯化碳污染源区的治理工作

(1) 污染源某农药厂厂区详细勘察

为了更加合理、科学地制定修复工作方案，必须首先对污染源区进行详细的监测，以掌握污染源区内四氯化碳分布特征。通过现场踏勘、资料收集等，摸清厂区平面布置、生产工艺流程、化工原料储存和使用清单、原料和废弃物的储存和处置设施，初步确定厂区历史生产活动可能造成土壤和地下水污染的异常区域，如原料堆存和废物处理设施区。在此基础上，依据《场地环境监测技术导则》(HJ 25.2—2014)，采用分区布点法，识别污染源区不同功能区土壤地下水中的关注污染物、污染程度和污染范围、厂区场地特征参数(土壤理化性质、地下水水位等参数)。

(2) 污染源区附近土壤整治

多年监测结果表明，降雨后地下水中四氯化碳浓度上升。因此，需要清除污染源区附近土壤中残留的四氯化碳。前期的研究结果表明，污染源区附近土层较薄，厚度一般不超过 10 m。通过进一步的详细勘察，确定污染源区附近土壤层中四氯化碳的空间分布特征，对四氯化碳浓度较高的土层，进行原位修复或工程去除。

二、地下水四氯化碳监测方案

(1) 加密地下水监测井

污染区范围内已有 50 余眼监测井(主要为供水开采井和自备水井)，主要沿七里沟水源地向斜盆地核部分布，向斜盆地两翼水井分布较少；同时污染源附近区域监测井数量也相对不足。因此，对于污染源区，结合地下水污染源阻控工作，需要新增 3～4 眼排水井，排水井的位置通过水力截获带的计算科学确定；通过观测井的施工，也可以进一步明确污染源区的地质、水文地质条件，以更准确地刻画污染源区岩溶含水层的主运移通道，为地下水污染阻控提供数据支撑。

对于向斜盆地两翼，根据水井分布情况和四氯化碳浓度特征，合理补充部分监测井，主

要作为污染羽边界监测井。

(2) 分层监测

岩溶含水层在垂直方向发育具有不连续性,具有明显的成层分带特征。而四氯化碳是重质非水相液体(DNAPL),密度比水大,具有向隔水底板运动的趋势,导致在不同深度地下水中四氯化碳浓度可能存在一定的差异。现有的监测井均是混层开采井,现有的监测结果不能准确反映不同深度上四氯化碳的分布情况,因此新增监测井应做到分层开采,以实现分层监测的目的。

参考文献

[1] ALLEY W M, HEALY R W, LABAUGH J W, et al. Flow and storage in groundwater systems[J]. Science, 2002, 296(5575): 1985-1990.

[2] MARGAT J, VAN DER GUN J. Groundwater around the world: A geographic synopsis[M]. CRC Press, 2013.

[3] 中华人民共和国水利部. 2014 年中国水资源公报[R]. 2015 年 8 月 28 日.

[4] 环境保护部, 国土资源部, 住房和城乡建设部, 等. 华北平原地下水污染防治工作方案(R), 2013.

[5] 姜建军. 中国地下水污染现状与防治对策[J]. 环境保护, 2007 (10A): 16-17.

[6] 汤灵容. 土壤和地下水中挥发性氯代烃污染的快速检测技术[D]. 上海: 上海师范大学, 2011.

[7] MORAN M J, ZOGORSKI J S, SQUILLACE P J. Chlorinated solvents in groundwater of the United States[J]. Environmental science & technology, 2007, 41(1): 74-81.

[8] ATSDR. Toxicological profile for carbon tetrachloride[R]. 2005. http://www.atsdr.cdc.gov/toxprofiles/tp30.pdf (accessed January 29, 2014).

[9] CALLAHAN M A. Water-related environmental fate of 129 priority pollutants[M]. Office of Water Planning and Standards, Office of Water and Waste Management, US Environmental Protection Agency, 1979.

[10] 周文敏, 傅德黔, 孙宗光. 水中优先控制污染物黑名单[J]. 中国环境监测, 1990, 6(4): 1-3.

[11] STROO H F, WARD C H. In situ remediation of chlorinated solvent plumes[M]. Berlin: Springer, 2010.

[12] FERGUSON J F, PIETARI J M H. Anaerobic transformations and bioremediation of chlorinated solvents[J]. Environmental Pollution, 2000(107): 209-215.

[13] ATSDR. CERCLA priority list of hazardous substances[EB/OL]. Agency for Toxic Substances and Disease Registry, 2008, http://www.atsdr.cdc.gov/cercla/07list.html.

[14] FREIRIA-GADARA M J, LORENZO-PERREIRA R A, ALVAREZ-DEVESA A, et al. Occurrence of halogenated hydrocarbons in the water supply of different cities of Galicia (Spain) [J]. Environmental Technology, 1992, 13 (5): 437-447.

[15] SKROKKI A. Quality of drinking water from one surface water plant and six groundwater plants in the town of Kajaani in Finland [J]. Renewable Resources-Water, 1992 (48): 78-81.

[16] RAM V S. A deterministic and probabilistic analyses of the carbon tetrachloride contaminant plume in groundwater at the former Uunion Carbide India Limited Factory in Bhopal,Madhya Pradesh,India [D]. Atlanta,USA:Emory University,2012.

[17] BROWN R A,BLAKE R C,BRANDSTETTER E R. Livermore ground water protection management program,LLNL Environmental Report for 1995 [R]. U. S. Department of Energy,1995.

[18] HELPERIN A N,BECKMAN D S,INWOOD D. Colifonia's contaminated groundwater [R]. Natural Resources Defense Council,2001.

[19] ALVARADO J,ROSE C,LAFRENIERE L. Degradation of carbon tetrachloride in the presence of zero-valent iron [J]. Journal of Environmental Monitoring,2010,12 (8):1524-1530.

[20] SAUTTER S. BHI ERC Team Zeroes in on Sources of Carbon Tetrachloride Contamination [J]. Hanford Rench,2001(3):1-17.

[21] 方生,陈秀玲. 地下水开发引起的环境问题与治理[J]. 地下水,2001,23 (1):8-11.

[22] 张新钰,王晓红,辛宝东,等. 典型场地四氯化碳污染的健康风险评价[J]. 环境科学学报,2011,31(11):2578-2584.

[23] U. S. EPA. Cost analysis for selected groundwater cleanup projects:pump and treat systems and permeable reactive barriers[R]. Report 542-r-00-013. U. S. EPA,Washington DC,2001.

[24] NATIONAL RESEARCH COUNCIL (US). Committee on Ground Water Cleanup Alternatives. Alternatives for ground water cleanup [M]. National Academies Press,1994.

[25] 韩宝平. 微观喀斯特作用机理研究[M]. 北京:地质出版社,1998.

[26] LERNER D N,KUEPER B H,WEALTHALL G P,et al. An illustrated handbook of DNAPL transport and fate in the subsurface[R],2003.

[27] 韩宝平,王小英,朱雪强,等. 某市岩溶地下水四氯化碳污染特征研究[J]. 环境科学学报,2004,24(6):982-988.

[28] 秦年秀,姜彤,许崇育. 长江流域径流趋势变化及突变分析[J]. 长江流域资源与环境,2005,14(5):589-594.

[29] U. S. EPA. Site Characterization Technologies for DNAPL Investigations[EB/OL]. 2004(EPA 542-R-04-017),http://clu-in. org.

[30] 林进财. 以健康风险评价估订油污染场址之整治目标[D]. 台湾:国立中山大学,2001.

[31] 裴宗平. 某市岩溶地下水水源地四氯化碳污染机理研究[D]. 徐州:中国矿业大学,2010.

[32] SILVA J A K,BRUANT R G,CONKLIN M H,et al. Equilibrium partitioning of chlorinated solvents in the vadose zone:low f(oc) geomedia[J]. Environmental science & technology,2002,36(7):1613-1619.

[33] 江泉观,纪云晶,常元勋. 环境化学毒物防治手册[M]. 北京:化学工业出版社,2004.

[34] JURY W A,SPENCER W F,FARMER W J. Behavior assessment model for trace or-

ganics in soil:III. Application of screening model[J]. Journal of Environmental Quality,1984,13(4):573-579.

[35] DAVIS A,FENNEMORE G G,PECK C,et al. Degradation of carbon tetrachloride in a reducing groundwater environment:implications for natural attenuation[J]. Applied Geochemistry,2003,18(4):503-525.

[36] CURTIS G P,REINHARD M. Reductive dehalogenation of hexachloroethane,carbon tetrachloride,and bromoform by anthrahydroquinone disulfonate and humic acid[J]. Environmental science & technology,1994,28(13):2393-2401.

[37] CARMO A M,HUNDAL L S,THOMPSON M L. Sorption of hydrophobic organic compounds by soil materials: application of unit equivalent Freundlich coefficients [J]. Environmental science & technology,2000,34(20):4363-4369.

[38] 彭胜,陈家军,王红旗. 挥发性有机污染物在土壤中的运移机制与模型[J]. 土壤学报,2001,38(3):315-322.

[39] ILLANGASEKARE T H,RAMSEY J L,JENSEN K H,et al. Experimental study of movement and distribution of dense organic contaminants in heterogeneous aquifers [J]. Journal of Contaminant Hydrology,1995,20(1):1-25.

[40] 娄保锋. 有机污染物在沉积物上的竞争吸附效应及影响因素[D]. 杭州:浙江大学,2004.

[41] CHIOU C T,PETERS L J,FREED V H. A physical concept of soil-water equilibria for nonionic organic compounds[J]. Science,1979,206(4420):831-832.

[42] 王连生. 有机污染化学[M]. 北京:高等教育出版社,2004.

[43] 许秀元,陈同斌. 土壤中溶质运移模拟的理论与应用[J]. 地理研究,1998,17(1):99-106.

[44] 张瑾. 除草剂胺苯磺隆在土壤中的淋溶及其影响因素的研究[D]. 合肥:安徽农业大学,2003.

[45] 张大弟,张晓红. 4 种农药流失性质的研究[J]. 上海环境科学,2000,19(9):444-446.

[46] 刘维屏,季瑾. 农药在土壤-水环境中归宿的主要支配因素——吸附和脱附[J]. 中国环境科学,1996,16(1):25-30.

[47] 徐瑞薇,靳伟,徐家基. 多效挫在土壤中降解、吸附和淋溶作用[J]. 环境化学,1994,11(3):53-59.

[48] ADAMSON A W. Physical Chemistry of Surfaces(5th Edition)[M]. New York:J Wiley & Sons,Inc. ,1990.

[49] WEBER JR W J,MCGINLEY P M,KATZ L E. A distributed reactivity model for sorption by soils and sediments. 1. Conceptual basis and equilibrium assessments[J]. Environmental science & technology,1992,26(10):1955-1962.

[50] HUANG W,YOUNG T M,SCHLAUTMAN M A,et al. A distributed reactivity model for sorption by soils and sediments. 9. General isotherm nonlinearity and applicability of the dual reactive domain model[J]. Environmental Science & Technology,1997,31(6):1703-1710.

[51] YOUNG T M, WEBER W J J. A distributed reactivity model for sorption by soils and sediments. 3. Effects of diagenetic processes on sorption energetics[J]. Environmental science & technology, 1995, 29(1): 92-97

[52] XING B, PIGNATELLO J J, GIGLIOTTI B. Competitive sorption between atrazine and other organic compounds in soils and model sorbents[J]. Environmental Science & Technology, 1996, 30(8): 2432-2440.

[53] XING B, PIGNATELLO J J. Dual-mode sorption of low-polarity compounds in glassy poly (vinyl chloride) and soil organic matter[J]. Environmental Science & Technology, 1997, 31(3): 792-799.

[54] SALAZAR O, WESSTR? M I, YOUSSEF M A, et al. Evaluation of the DRAINMOD-N II model for predicting nitrogen losses in a loamy sand under cultivation in south-east Sweden[J]. agricultural water management, 2009, 96(2): 267-281.

[55] ZHENG C, HILL M C, CAO G, et al. MT3DMS: Model use, calibration, and validation[J]. Transactions of the ASABE, 2012, 55(4): 1549-1559.

[56] ZAMBRANO-BIGIARINI M, ROJAS R. A model-independent Particle Swarm Optimisation software for model calibration[J]. Environmental Modelling & Software, 2013, 43: 5-25.

[57] ZAREI H R, UROMEIHY A, SHARIFZADEH M. Evaluation of high local groundwater inflow to a rock tunnel by characterization of geological features[J]. Tunnelling and Underground Space Technology, 2011, 26(2): 364-373.

[58] ISMAIL W M Z W, YUSOFF I, RAHIM B E A. Simulation of horizontal well performance using Visual MODFLOW[J]. Environmental earth sciences, 2013, 68(4): 1119-1126.

[59] REED P M, KOLLAT J B. Visual analytics clarify the scalability and effectiveness of massively parallel many-objective optimization: A groundwater monitoring design example[J]. Advances in Water Resources, 2013, 56: 1-13.

[60] KORKMAZ S. Transient solutions to groundwater mounding in bounded and unbounded aquifers[J]. Groundwater, 2013, 51(3): 432-441.

[61] TEUTSCH H G, HASENFRATZ M P, LESOT A, et al. Isolation and sequence of a cDNA encoding the Jerusalem artichoke cinnamate 4-hydroxylase, a major plant cytochrome P450 involved in the general phenylpropanoid pathway[J]. Proceedings of the National Academy of Sciences, 1993, 90(9): 4102-4106.

[62] CORTIS A, BERKOWITZ B. Anomalous transport in "classical" soil and sand columns[J]. Soil Science Society of America Journal, 2004, 68(5): 1539-1548.

[63] SCANLON B R, MACE R E, BARRETT M E, et al. Can we simulate regional groundwater flow in a karst system using equivalent porous media models? Case study, Barton Springs Edwards aquifer, USA[J]. Journal of hydrology, 2003, 276(1): 137-158.

[64] SHARP J C, MAINI Y N T. Fundamental considerations on the hydraulic characteris-

tics of joints in rock[C]//Proceedings Symposium on Percolation through Fissured Rock,1972:1-15.

[65] DIFRENNA V J. Effect of scaling on hydraulic conductivity in a karst aquifer[C]// 2004 Denver Annual Meeting,2004.

[66] WORTHINGTON S R H,FORD D C,BEDDOWS P A. Porosity and permeability enhancement in unconfined carbonate aquifers as a result of dissolution[J]. Speleogenesis:Evolution of Karst Aquifers,edited by:Klimchouk,AV,Ford,DC,Palmer,A. N. , and Dreybrodt,W. ,National Speleological Society of America,Huntsville,Alabama, USA,2000:220-223.

[67] WHITE W B,WHITE E L. Conduit fragmentation,cave patterns,and the localization of karst ground water basins:the Appalachians as a test case[J]. Theoretical and Applied Karstology,2001,13(14):9-23.

[68] KIRALY L. Modelling karst aquifers by the combined discrete channel and continuum approach[J]. Bulletin d'Hydrogéologie,1998,16:77-98.

[69] LIEDL R,SAUTER M,HÜCKINGHAUS D,et al. Simulation of the development of karst aquifers using a coupled continuum pipe flow model[J]. Water Resources Research,2003,39(3).

[70] ANWAR S,CORTIS A,SUKOP M C. Lattice Boltzmann simulation of solute transport in heterogeneous porous media with conduits to estimate macroscopic continuous time random walk model parameters[J]. Progress in Computational Fluid Dynamics, an International Journal,2008,8(1-4):213-221.

[71] BIRK S,GEYER T,LIEDL R,et al. Process-based interpretation of tracer tests in carbonate aquifers[J]. Ground Water,2005,43(3):381-388.

[72] WHITE W B,WHITE E L. Ground water flux distribution between matrix,fractures,and conduits:constraints on modeling[J]. Speleogenesis and evolution of Karst aquifers,2005,3(2):1-6.

[73] ABUSAADA M,SAUTER M. Studying the flow dynamics of a karst aquifer system with an equivalent porous medium model[J]. Groundwater,2013,51(4):641-650.

[74] MASCIOPINTO C,PALMIOTTA D. Relevance of solutions to the Navier-Stokes equations for explaining groundwater flow in fractured karst aquifers[J]. Water Resources Research,2013,49(6):3148-3164.

[75] TABOROŠI D,JENSON J W,MYLROIE J E. Field observations of coastal discharge from an uplifted carbonate island aquifer,northern Guam,Mariana Islands:a descriptive geomorphic and hydrogeologic perspective[J]. Journal of Coastal Research,2012, 29(4):926-943.

[76] FAULKNER J,HU B X,KISH S,et al. Laboratory analog and numerical study of groundwater flow and solute transport in a karst aquifer with conduit and matrix domains[J]. Journal of contaminant hydrology,2009,110(1):34-44.

[77] GIUDICI M,MARGIOTTA S,MAZZONE F,et al. Modelling hydrostratigraphy and

groundwater flow of a fractured and karst aquifer in a Mediterranean basin (Salento peninsula, southeastern Italy) [J]. Environmental Earth Sciences, 2012, 67 (7): 1891-1907.

[78] HU B X. Examining a coupled continuum pipe-flow model for groundwater flow and solute transport in a karst aquifer [J]. Acta Carsologica, 2010, 39 (2): 347-359.

[79] SMART C C, FORD D C. Structure and foundation of a conduit aquifer [J]. Canadian Journal of Earth Sciences, 1986, 23 (7): 919-929.

[80] WHITE W B. Karst hydrology: recent developments and open questions[J]. Engineering geology, 2002, 65(2): 85-105.

[81] KUEPER B H, FRIND E O. Two-phase flow in heterogeneous porous media: 1. Model development[J]. Water Resources Research, 1991, 27(6): 1049-1057.

[82] BEAR J. Dynamics of fluids in porous media[M]. Courier Corporation, 2013.

[83] GROUNDWATERGO. A very short review of ModelMuse [EB/OL]. 2013, http://www. groundwatergo. com/blog/a-very-short-review-of-modelmuse.

[84] HALIHAN T, MACE R E, SHARP JR J M. Flow in the San Antonio segment of the Edwards aquifer: matrix, fractures, or conduits[J]. Groundwater flow and contaminant transport in carbonate aquifers, 2000: 129-146.

[85] MURDOCK J W. Mechanics of fluids[J]. Marks' Standard Handbook for Mechanical Engineers, 1996: 3-31.

[86] 丁元芳,迟宝明,易树平,等. Visual MODFLOW 在李官堡水源地水流模拟中的应用[J]. 水土保持研究,2006,13(5):103-106.

[87] 杜超. 下辽河平原地下水水质实时预报模型研究[D]. 长春:吉林大学,2011.

[88] HE L, LIU G, LI X. Modeling and Predicting Groundwater Pollution Caused by Oil Pipeline Leakage Using MODFLOW and MT3D[C]//2009 3rd International Conference on Bioinformatics and Biomedical Engineering. IEEE, 2009: 1-5.

[89] LAUTZ L K, SIEGEL D I. Modeling surface and ground water mixing in the hyporheic zone using MODFLOW and MT3D[J]. Advances in Water Resources, 2006, 29 (11): 1618-1633.

[90] 张晓辉. 含水介质水敏感性的初步研究[D]. 青岛:中国海洋大学,2006.

[91] 许增光. 地下水有机物和重金属迁移与污染修复的数值模拟研究[D]. 上海:上海交通大学,2012.

[92] 刘明颖,李文涛,陈焕贞. 平面非均匀水沙模型的多步特征有限元数值模拟[J]. 应用数学学报,2013,36(5):870-880.

[93] 张纪忠. 真菌鉴定手册[M]. 上海:复旦大学出版社,1990.

[94] 李文灿. 对 Logistic 方程的再认识[J]. 北京林业大学学报,1990,12(2):121-127.

[95] 武秋立,安家彦. 羊肚菌胞外多糖发酵动力学模型[J]. 南开大学学报:自然科学版,2005,38(1):43-48.

[96] HE D W, JIANG Z W, XIAO Y T. Application of white rot fungi on treatment non-biodegradative organic waste water[J]. Industrial Safety and Dust Control, 2000, 3:

11-13..
[97] FU F,DIONYSIOU D D,LIU H. The use of zero-valent iron for groundwater remediation and wastewater treatment:A review[J]. Journal of Hazardous Materials,2014(267):194-205.
[98] MATHESON L J,TRATNYEK P G. Reductive dehalogenation of chlorinated methanes by iron metal [J]. Environmental Science & Technology, 1994, 28 (12): 2045-2053.
[99] DOLFING J,VANECKERT D,MEULLER J. Thermodynamics of low Eh reactions [C]//Proceedings Battelle's Fifth International Conference on Remediation of Chlorinated and Recalcitrant Compounds,2006.
[100] GILLHAM R W,O'HANNESIN S F. Enhanced degradation of halogenated aliphatics by zero-valent iron[J]. Ground Water,1994,32(6):958-967.
[101] ARNOLD W A,ROBERTS A L. Pathways and kinetics of chlorinated ethylene and chlorinated acetylene reaction with Fe0 particles[J]. Environmental Science & Technology,2000,34(9):1794-1805.
[102] SONG H,CARRAWAY E R. Reduction of chlorinated ethanes by nanosized zero-valent iron:kinetics,pathways,and effects of reaction conditions[J]. Environmental Science & Technology,2005,39(16):6237-6245.
[103] WEBER E J. Iron-mediated reductive transformations: investigation of reaction mechanism[J]. Environmental Science & Technology,1996,30(2):716-719.
[104] LIM D H,LASTOSKIE C M. Density functional theory studies on the relative reactivity of chloroethenes on zerovalent iron[J]. Environmental Science & Technology, 2009,43(14):5443-5448.
[105] SCHERER M M,WESTALL J C,ZIOMEK-MOROZ M,et al. Kinetics of carbon tetrachloride reduction at an oxide-free iron electrode[J]. Environmental Science & Technology,1997,31(8):2385-2391.
[106] SCHERER M M,BALKO B A,GALLAGHER D A,et al. Correlation analysis of rate constants for dechlorination by zero-valent iron[J]. Environmental Science & Technology,1998,32(19):3026-3033.
[107] TRATNYEK P G,JOHNSON R L. Nanotechnologies for environmental cleanup [J]. Nano Today,2006,1(2):44-48.
[108] GILLHAM R W,VOGAN J,GUI L,et al. Iron barrier walls for chlorinated solvent remediation[M]//In situ remediation of chlorinated solvent plumes. Springer New York,2010:537-571.
[109] MUDARRA M,ANDREO B,BAKER A. Characterisation of dissolved organic matter in karst spring waters using intrinsic fluorescence:Relationship with infiltration processes[J]. Science of the Total Environment,2011,409(18):3448-3462.
[110] BAE S,LEE W. Influence of riboflavin on nanoscale zero-valent iron reactivity during the degradation of carbon tetrachloride[J]. Environmental Science & Technolo-

gy,2014,48(4):2368-2376.

[111] ORTH W S,GILLHAM R W. Dechlorination of trichloroethene in aqueous solution using Fe^0[J]. Environmental Science & Technology,1995,30(1):66-71.

[112] JOHNSON T L,SCHERER M M,TRATNYEK P G. Kinetics of halogenated organic compound degradation by iron metal[J]. Environmental Science & Technology,1996,30(8):2634-2640.

[113] ALOWITZ M J,SCHERER M M. Kinetics of nitrate,nitrite,and Cr (VI) reduction by iron metal[J]. Environmental Science & Technology,2002,36(3):299-306.

[114] LAI K C K,LO I M C. Removal of chromium (VI) by acid-washed zero-valent iron under various groundwater geochemistry conditions[J]. Environmental Science & Technology,2008,42(4):1238-1244.

[115] HELLAND B R,ALVAREZ P J J,SCHNOOR J L. Reductive dechlorination of carbon tetrachloride with elemental iron[J]. Journal of Hazardous Materials,1995,41(2):205-216.

[116] LIN Y T,LIANG C. Carbon Tetrachloride Degradation by Alkaline Ascorbic Acid Solution[J]. Environmental Science & Technology,2013,47(7):3299-3307.

[117] PULS R W,BLOWES D W,GILLHAM R W. Long-term performance monitoring for a permeable reactive barrier at the U. S. Coast Guard Support Center,Elizabeth City,North Carolina [J]. Journal of Hazardous Material,1999,68(1-2):109-120.

[118] CAREY M A,FRETWELL B A,MOSLEY N G,et al. Guidance on the use of permeable reactive barriers for remediating contaminated groundwater[M]. Environment Agency,National Groundwater & Contaminated Land Centre,2002.

[119] LIU W J,QIAN T T,JIANG H. Bimetallic Fe nanoparticles:Recent advances in synthesis and application in catalytic elimination of environmental pollutants[J]. Chemical Engineering Journal,2014(236):448-463.

[120] HUANG Q,LIU W,PENG P,et al. Reductive dechlorination of tetrachlorobisphenol A by Pd/Fe bimetallic catalysts[J]. Journal of Hazardous Materials,2013(262):634-641.

[121] DONG J,ZHAO Y,ZHAO R,et al. Effects of pH and particle size on kinetics of nitrobenzene reduction by zero-valent iron[J]. Journal of Environmental Sciences,2010,22(11):1741-1747.

[122] PHENRAT T,SCHOENFELDER D,LOSI M,et al. Treatability study for a TCE contaminated area using nanoscale-and microscale-zerovalent iron particles:reactivity and reactive life time[J]. Environmental Applications of Nanoscale and Microscale Reactive Metal Particles,2010(1027):183-202.

[123] KLAUSEN J,RANKE J,SCHWARZENBACH R P. Influence of solution composition and column aging on the reduction of nitroaromatic compounds by zero-valent iron[J]. Chemosphere,2001,44(4):511-517.

[124] ZAWAIDEH L L,ZHANG T C. The effects of pH and addition of an organic buffer

(HEPES) on nitrate transformation in Fe0-water systems[J]. Water Science and Technology,1998,38(7):107-115.
[125] REARDON E J. Anaerobic corrosion of granular iron:measurement and interpretation of hydrogen evolution rates [J]. Environmental Science & Technology,1995,29(12):2936-2945.
[126] GU B,LIANG T J,DICKEY M J,et al. Biochemical dynamics in zero-valent iron columns:Implications for permeable reactive barriers[J]. Environmental Science & Technology,1999,33(13):2170-2177.
[127] BLOWES D W,PTACEK C J,BENNER A G,et al. Treatment of inorganic contaminants using permeable reactive barriers[J]. Journal of Contaminant Hydrology,2000(45):123-137.
[128] AGRAWAL A,FERGUSON W J,GARDNER B O,et al. Effects of carbonate species on the kinetics of dechlorination of 1,1,1-trichloroethane by zero-valent iron [J]. Environmental Science & Technology,2002,36(20):4326-4333.
[129] FARRELL J,KASON M,MELITAS N,et al. Investigation of the long-term performance of zero-valent iron for reductive dechlorination of trichloroethylene[J]. Environmental Science & Technology,2000,34(3):514-521.
[130] LIU T,LI X,WAITE T D. Depassivation of Aged Fe^0 by Ferrous Ions:Implications to Contaminant Degradation[J]. Environmental Science & Technology, 2013, 47(23):13712-13720.
[131] DOONG R A,LAI Y J. Dechlorination of tetrachloroethylene by palladized iron in the presence of humic acid[J]. Water Research,2005,39(11):2309-2318.
[132] LIU T,RAO P,LO I. Influences of humic acid,bicarbonate and calcium on Cr (VI) reductive removal by zero-valent iron[J]. Science of the Total Environment,2009, 407(10):3407-3414.
[133] BROWN R A. Chemical oxidation and reduction for chlorinated solvent remediation [M]//In situ remediation of chlorinated solvent plumes. Springer New York,2010: 481-535.
[134] MARKOVAÁ Z,SIŠKOVÁ K M,FILIP J,et al. Air Stable Magnetic Bimetallic Fe-Ag Nanoparticles for Advanced Antimicrobial Treatment and Phosphorus Removal [J]. Environmental Science & Technology,2013,47(10):5285-5293.
[135] CWIERTNY D M,BRANSFIELD S J,LIVI K J,et al. Exploring the influence of granular iron additives on 1,1,1-Trichloroethane Reduction[J]. Environmental Science & Technology,2006,21(40):6837-6843.
[136] LAI B,ZHANG Y,CHEN Z,et al. Removal of p-nitrophenol (PNP) in aqueous solution by the micron-scale iron-copper (Fe/Cu) bimetallic particles[J]. Applied Catalysis B:Environmental,2014(144):816-830.
[137] 高珊珊,李杰,任明忠,等. 超声辅助海绵铁/银双金属降解四溴双酚 A 及生物毒性初步评价[J]. 兰州交通大学学报,2013,32(3):122-127.

[138] GOTPAGAR J,GRULKE E,TSANG T,et al. Reductive dehalogenation of trichloroethylene using zero-valent iron[J]. Environmental Progress,1997,16(2):137-143.

[139] LIEN H L,ZHANG W X. Nanoscale Pd/Fe bimetallic particles:catalytic effects of palladium on hydrodechlorination[J]. Applied Catalysis B:Environmental,2007,77(1):110-116.

[140] KIM H,HONG H J,LEE Y J,et al. Degradation of trichloroethylene by zero-valent iron immobilized in cationic exchange membrane[J]. Desalination,2008,223(1):212-220.

[141] CLARK C J,RAO P S C,ANNABLE M D. Degradation of perchloroethylene in cosolvent solutions by zero-valent iron[J]. Journal of Hazardous Materials, 2003(B96):65-78.

[142] SHRIMALI M,SINGH K P. New methods of nitrate removal from water[J]. Environmental Pollution,2001,112(3):351-359.

[143] SCHRICK B,BLOUGH J L,JONES A D,et al. Hydrodechlorination of trichloroethylene to hydrocarbons using bimetallic nickel-iron nanoparticles[J]. Chemistry of Materials,2002(14):5140-5147.

[144] NOUBACTEP C,SCHÖNER A. Fe0-based alloys for environmental remediation: Thinking outside the box[J]. Journal of Hazardous Materials, 2009, 165(1): 1210-1214.

[145] LUO S,YANG S,WANG X,et al. Reductive degradation of tetrabromobisphenol A over iron-silver bimetallic nanoparticles under ultrasound radiation[J]. Chemosphere,2010,79(6):672-678.

[146] 王健,王绍青.铝合金表面电偶腐蚀与电子功函数的关系[J].物理化学学报,2014,30(3):551-558.

[147] BREZONIK P L,ARNOLD W A. Water Chemistry[M]. New York:Oxford University Press,2011.

项目实施过程中的国际合作

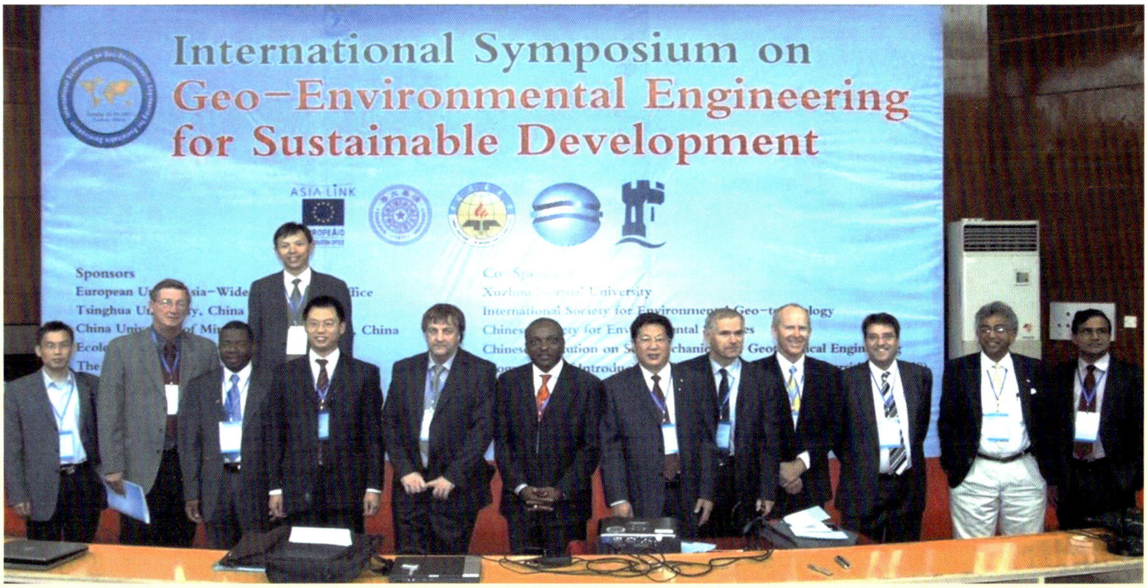

研究团队主办的以土壤、岩溶水有机污染防治为主题的国际研讨会

著者与加拿大滑铁卢大学R.W.Gillham教授利用国家自然基金项目进行了合作（Gillham教授曾受聘为中国矿业大学客座教授，两次来徐州交流，此为野外交流情况）

与加拿大滑铁卢大学R.W.Gillham教授在汉王水文站

2008年6月受邀参加美国岩溶水研究所主办的国际学术会议，期间与国际洞穴协会前主席D.Ford院士等国际著名学者交流

与美国新泽西理工学院J.N.Meegoda教授、清华大学胡黎明教授在野外（Meegoda教授曾受聘为中国矿业大学和徐州工程学院客座教授，并联合承担了市国际项目）

现场调查与采样

吴楼村大口井测深采水样

污染源区附近水库底岩石溶蚀情况

污染区周边盆地地貌

污染区岩溶调查

七里沟盆地裸露区裂隙岩溶发育情况

岩溶大裂隙

岩溶裂隙

望城岗采石场裂隙

污染源工厂后山周边岩溶发育情况

灰岩上发育的X节理

农药厂后山坡岩溶发育情况

白云质灰岩上的强烈溶蚀现象

七里沟盆地中段裸露区岩溶发育情况

山坡裸露区地表溶蚀强烈

七里沟盆地南段山坡裸露区生物溶蚀情况

七里沟盆地南部地段新施工钻孔揭露的地下岩溶发育情况

汉王井岩芯上发育溶蚀孔洞

示踪试验现场测试图片

七里沟盆地南部地段新施工井（铸本井）岩芯的溶蚀孔洞

岩芯上溶孔

岩芯上蜂窝状溶孔

蜂窝状溶孔

蜂窝状溶孔

蜂窝状溶孔

岩芯上的溶蚀

松散层钻孔施工、采样与模拟试验

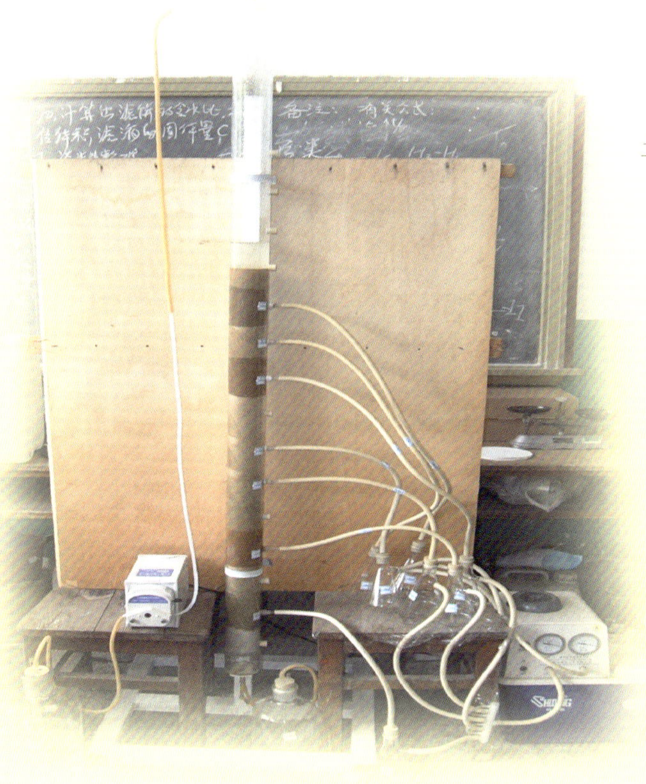

土壤实验装置

土壤采样

岩溶含水层四氯化碳污染数值模拟预测结果

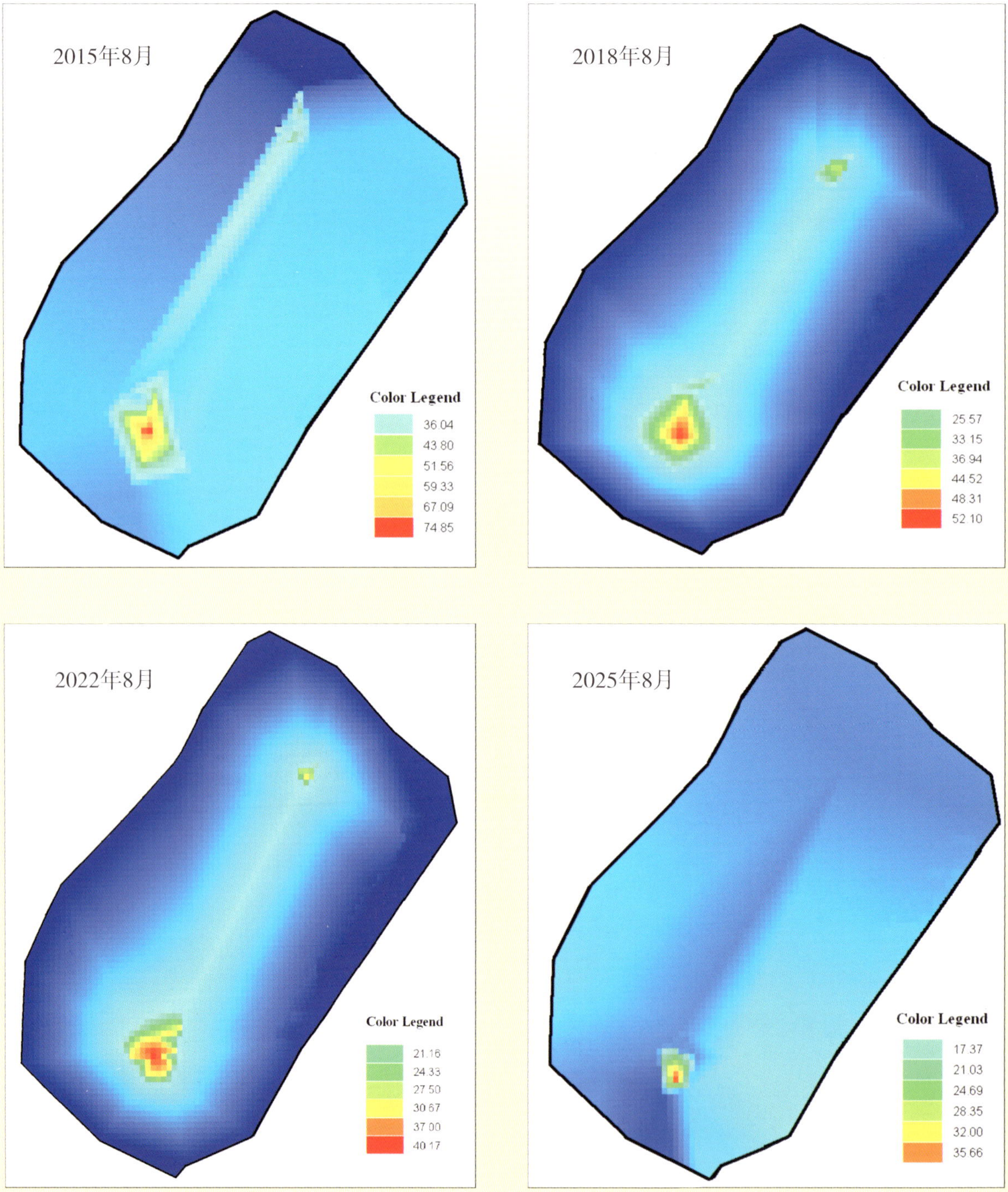